装备科技译著出版基金

锑基红外探测器

Antimonide-Based Infrared Detectors
A New Perspective

安东尼·罗加尔斯基

【波兰】 马尔戈热塔·科佩特科　　著

皮奥特·马蒂纽克

喻松林　雷亚贵　　　译

李春领　邢伟荣　　审校

国防工业出版社
·北京·

内容简介

本书聚焦锑基红外探测器技术的概念与发展，完整介绍了锑基红外材料的特点、锑基及Ⅱ类超晶格（T2SL）红外探测器、势垒型及级联红外光电探测器、红外辐射耦合等内容，详细阐述了锑基红外探测器器件结构与设计、铟砷锑三元合金材料和Ⅱ类超晶格材料在红外焦平面阵列的应用前景，进行了锑基红外探测器与碲镉汞红外探测器的性能比较。

本书适合有现代固态物理和电路基础的物理和工程类研究生阅读，也可供从事红外预警、红外制导、红外成像、红外光谱学等领域工作的工程技术人员阅读参考。

著作权合同登记 图字：01-2022-7034 号

图书在版编目（CIP）数据

锑基红外探测器/（波）安东尼·罗加尔斯基，（波）马尔戈热塔·科佩特科，（波）皮奥特·马蒂纽克著；喻松林，雷亚贵译.—北京：国防工业出版社，2023.8

书名原文：Antimonide-based Infrared Detectors：A New Perspective

ISBN 978-7-118-12860-4

Ⅰ.①锑… Ⅱ.①安…②马…③皮…④喻…⑤雷… Ⅲ.①红外探测器 Ⅳ.①TN215

中国国家版本馆 CIP 数据核字（2023）第 163842 号

Antimonide-based Infrared Detectors：A New Perspective by Rogalski Antoni, Kopytko Małgorzata, Martyniuk Piotr

ISBN：9781510611399

Copyright © 2018 Society of Photo-Optical Instrumentation Engineers（SPIE）

※

国防工业出版社出版发行

（北京市海淀区紫竹院南路23号 邮政编码100048）
北京龙世杰印刷有限公司印刷
新华书店经售

*

开本710×1000 1/16 插页8 印张14½ 字数256千字
2023年8月第1版第1次印刷 印数1—2000册 定价128.00元

（本书如有印装错误，我社负责调换）

国防书店：（010）88540777	书店传真：（010）88540776
发行业务：（010）88540717	发行传真：（010）88540762

译 者 序

红外探测器通常是指能够将 $1 \sim 12.5 \mu m$ 及更长波段范围内的电磁辐射信号转换成电信号，并进行放大输出的一类光电探测器件，是红外成像及探测系统的核心部件，在导弹预警、航天侦察、精确制导、火控观瞄、安防监控、疫情防控等领域得到广泛应用。

红外探测器技术的发展经历了早期较长时间的技术积累，20 世纪 30 年代至 60 年代先后出现硫化铅（PbS）、锑化铟（InSb）、碲镉汞（HgCdTe）等红外探测器，至 20 世纪 80 年代红外探测器技术得到快速发展，红外探测器的响应波段可完整覆盖短波、中波、长波等红外波段，形成了一代、二代、三代等红外探测器，产生了红外焦平面阵列（IRFPA）的概念，进一步推动了红外探测器技术的研究和发展热潮。当前，红外探测器技术正处于第三代水平，制冷型碲镉汞探测器依然是综合性能最好的红外探测器，已在众多国防装备领域得到广泛应用；而锑基红外探测器日益显示出强大的生命力，国内外众多研究机构高度重视锑基红外探测器的发展，投入大量精力和资源开展锑基红外探测器及其应用方面的研究，锑基红外探测器尤其是锑基 II 类超晶格红外探测器的发展十分迅猛。

本书正是在上述背景下应运而生的。本书系统介绍了锑基红外探测器的内涵、材料、器件以及相关技术，包括二元系（InSb、InAs）、三元系（InAsSb）、II 类超晶格（T2SL）、红外势垒、级联红外探测器的原理、结构和最新进展情况。本书从红外探测器的特征谈起，在介绍红外探测器的概念、分类、性能参数基础上，系统论述锑基材料（包括体晶材料和外延材料）的生长和物理性质，详细阐述了 II 类超晶格的概念和技术、各类锑基红外探测器（包括二元和三元锑基光电二极管、II 类超晶格光电二极管、红外势垒探测器、级联红外探测器）的技术和进展情况，并对提高红外辐射耦合的相关技术进行了介绍，最后给出了红外探测器的发展趋势。

本书作者 Antoni Rogalski 为波兰华沙军事技术大学应用物理学院教授，是国际红外光电子领域著名的研究者，对不同类型红外探测器的理论、设计和技术做出了开创性贡献。Antoni Rogalski 教授于 2011 年出版的专著《红外探测器》详细介绍了红外探测器技术的基础知识，对当时各种成熟的红外探测器进行了详细的阐述（该专著第 2 版已翻译成中文并于 2014 年出版）；而本书是在《红外探测器》基础上，系统介绍锑基红外探测器的最新论著。因此，本书堪称《红外探测器》一书的姊妹篇。

本书的翻译由喻松林研究员、雷亚贵高级工程师完成，全书由喻松林统稿，李春领研究员、邢伟荣高级工程师审校了全书。本书翻译过程中，我的研究生刘征、赵玲、程思远、王嘉晨、何佳凯等同学参与了资料整理和插图整理、编辑等工作，为本书的翻译提供了积极的帮助。本书的翻译工作得到华北光电技术研究所的领导和总师办公室、焦平面技术部等部门的大力支持。赵建忠研究员对本书的翻译提供了大量宝贵的建议。国防工业出版社王京涛主任、张冬晔编辑为本书的顺利翻译和出版做了大量细致的工作，他们的工作令人钦佩。此外，本书的出版得到装备科技译著出版基金的资助。在此一并表示诚挚的感谢！

锑基红外探测器尤其是锑基Ⅱ类超晶格红外探测器处于快速发展过程中。在本书翻译过程中，译者力求忠实于原文，将原文的内涵用准确朴实的中文进行表述，对少量地方结合最新发展成果进行了标注。但由于译者水平有限，书中难免会出现疏漏和不妥之处，恳请广大读者批评指正，并欢迎与译者直接沟通交流。

译　者

yusir8511@ sina. com

2021 年 11 月于北京

前　言

在红外探测器领域研究中，窄带隙半导体材料是制作红外光子探测器最重要的材料。尽管第一种被广泛使用的窄带隙材料是铅盐（在 20 世纪 50 年代期间，制作出单元制冷 PbS 和 PbSe 光导探测器，主要用于导弹对抗寻的），但是这类半导体并未得到广泛使用。这主要是两个原因造成的：第一个原因是铅盐光导多晶探测器的制备机理还不是很清楚，只能采用合适的试验配比重现；第二个原因是当时并不确定窄带半导体带隙结构理论能否用于准确解释这些材料的传输和光电性质。

晶体管的发明促进了材料生长和提纯技术的巨大提高。同时，人们当时发现的 III-V 族化合物半导体家族也得到快速发展。这种材料之一就是 InSb，1955 年用其制作出了第一个实用的光伏探测器（G. R. Mitchell，A. E. Goldberg 和 S. W. Kurnick，Phys. Rev. 97，239（1955））。1957 年，P. W. Kane（J. Phys. Chem. Solids 1，249（1957））利用量子微扰理论（所谓的 k·p 方法）准确地描述了 InSb 的能带结构。从那时起，Kane 波段模型便成为窄带隙半导体材料领域中重要的理论模型。

20 世纪 50 年代末，研究人员在 III-V 族（InAsSb）、IV-VI 族（PbSnTe、Pb-SnSe）和 II-VI 族（HgCdTe）材料系统中引入了窄带隙半导体合金。这些合金可以根据用户应用需求裁剪半导体带隙，得到所需的探测器光谱响应。1959 年，Lawson 及其同事发现了可变带隙 $Hg_{1-x}Cd_xTe$（HgCdTe）三元合金（J. Phys. Chem. Solids 9，325 (1959)），使红外探测器设计具有了前所未有的自由度。接下来的 50 年，尽管这种材料系统成功地经受了来自其他不同材料系统的重大挑战，但其目前的竞争对手比以往更多。这些竞争者的可制造性更高，其基本特性目前还无法与 HgCdTe 相比拟，并未表现出超过 HgCdTe 的性能或更高的工作温度（除了热探测器之外）。

最近，III-V 族锑基低维固体材料开发和器件设计创新研究取得了很大进展，其发展主要受两方面因素驱动：第一，在合理成本条件下重复制作有效像元率高的 HgCdTe 焦平面阵列（FPA）很困难；第二，与 HgCdTe 相比，理论预测 II 类超晶格探测器的俄歇复合较低。假如二者肖特基 – 里德 – 霍耳（SRH）寿命相同，俄歇复合较低就成为 II 类超晶格（T2SL）的先天优势，在低暗电流和/或高工作温度方面的性能可超过 HgCdTe。

实际上，锑基材料的研究是在 20 世纪 50 年代（与 HgCdTe 几乎是同时期开始的），此后近50年对Ⅲ-Ⅴ族材料和器件的研究促进了锑基材料技术的快速发展，特别是在低维固体材料方面。然而，伴随着20世纪90年代初出现的复杂物理学和锑基带隙工程的相关概念，一些学院和国家实验室对开发红外探测器新结构产生了兴趣。此外，通过在光导结构中构建势垒，形成势垒探测器，在探测器吸收层中允许少数载流子带中形成电流，而避免多数载流子带中形成电流。这一概念重新激发了人们对锑基焦平面阵列的研究热情，提出了包括锑基Ⅱ类超晶格（T2SL）、势垒结构如低产生－复合漏电机制的nBn探测器、陷光探测器和多级/级联红外器件等多种新结构红外探测器，为锑基红外探测器的应用提供了新的前景。

本书首先介绍锑基红外探测器的新概念，首要聚焦对当今主流红外探测器技术后续发展影响最大的材料结构；其次，概述锑基探测器技术的发展，并阐述锑基材料设计和结构能够作为HgCdTe三元合金替代技术的原因；然后，强调锑基材料和器件在设计FPA中的可应用性，尤其是InAsSb三元合金系统和T2SL材料。作为HgCdTe光电探测器的竞争技术，本书进行了锑基探测器物理性能极限等分析，并与当前HgCdTe光电二极管的性能进行了比较，读者可以很好地了解这些探测器的特点及各自的优缺点。这是对近20多年提高红外辐射感知能力研究结果的总结。

本书适合有现代固态物理和电路基础的物理和工程专业研究生阅读，本书对从事宇航传感器和系统、遥感、热成像、军事成像、光学通信、红外光谱学和激光雷达的技术人员很有价值。为了满足读者的需求，每章都首先讨论原理和历史背景，然后为读者介绍最新发展。本书作为该领域的发展概述，集合了很多有用的材料，可以作为红外探测器研究领域人员的参考文献，也可以作为短期课程的教参书。

本书分为10章。第1章简要介绍锑基材料红外探测器发展历史，并描述了红外探测器分类和性能表征。第2章介绍晶体生长技术，包括体材料和外延层及其物理性质，重点阐述分子束外延（MBE）和金属有机化学气相沉积（MOCVD）等现代外延技术。第3章介绍Ⅱ类超晶格。第4章和第5章聚焦体材料和锑基超晶格红外探测器的技术和性能。第6章、第7章和第8章介绍势垒探测器、陷光探测器和级联探测器等新型红外探测器。第9章对锑基FPA结构进行了总结，预测了后续发展趋势。第10章介绍FPA的可制造性，并进行了总结。

作者

2018年3月

致 谢

本书编写过程中得到了众多帮助和支持。首先感谢波兰华沙军事技术大学应用物理学院为本书编写提供的良好环境和组织工作。本书部分内容的撰写也得到波兰科学和高等教育部、波兰国家科学中心（项目标号：2015/17/B/ST5/01753和 2015/19/B/ST7/02200）和波兰国家研究与发展中心（项目编号：POIR. 04. 01. 04-00-0027/16-00）的财政支持。

与多位从事红外探测器技术研究的科学家进行的友好合作使作者受益匪浅，与华沙军事技术大学应用物理学院的同事们进行的文献信息方面的交流和热烈讨论，也有助于本书的编写准备。感谢以下人员提供了初稿、未发表的资料以及编写本书用的原始图：DRS 红外技术公司的 M. A. Kinch 博士、美国加州理工学院的 S. D. Gunapala 和 D. Z. -Y. Ting 博士、日本立命馆大学的 M. Kimata 博士、美国西北大学的 M. Razeghi 博士、美国陆军 RDECOM CERDEC NVESD① 的 M. Z. Tidrow 和 P. Norton 博士、美国新墨西哥大学的 S. Krishna 博士，以及 Vigo系统公司的 J. Piotrowski 教授，还要感谢 SPIE 出版社，特别是 Nicole Harris 女士，感谢她在本书出版期间的合作与照顾。

---

① 译者注：RDECOM 为研究、开发和工程司令部，CERDEC 为通信和电子研究、开发和工程中心，NVESD 为夜视和电子传感器理事会。这三个单位在同地点办公，工作人员也多有交叉，所以通常列在一起。为避免译文过于啰唆，译者在正文中只列出了这些单位的英文缩写。

目 录

第1章　红外探测器的特征 1

1.1　简介 1

1.2　红外探测器的分类 4

　　1.2.1　光子探测器 4

　　1.2.2　热探测器 9

1.3　探测器的品质因数 11

　　1.3.1　响应率 12

　　1.3.2　噪声等效功率 12

　　1.3.3　探测率 12

　　1.3.4　量子效率 14

1.4　探测器性能的基本限制 15

1.5　红外焦平面阵列的性能 18

　　1.5.1　调制传递函数 18

　　1.5.2　噪声等效温差 18

　　1.5.3　其他问题 20

参考文献 23

第2章　锑基材料 25

2.1　体材料 26

2.2　外延层 30

2.3　物理性质 34

2.4　热产生 – 复合过程 42

参考文献 46

第3章　Ⅱ类超晶格 51

3.1　带隙工程红外探测器 53

3.2　Ⅱ类超晶格的生长 54

3.3　物理特性 56

3.4　载流子寿命 61

3.5　InAs/GaSb 与 InAs/InAsSb 超晶格系统的对比 65

参考文献 67

第4章 锑基红外光电二极管 ···························· 71

4.1 二元Ⅲ-Ⅴ族光电二极管的最新进展 ·············· 71

4.1.1 InSb 光电二极管 ························· 71

4.1.2 InAs 光电二极管 ························· 72

4.1.3 InAs 雪崩光电二极管 ···················· 75

4.2 InAsSb 体光电二极管 ······················ 78

4.2.1 技术和特性 ···························· 78

4.2.2 性能限制 ···························· 83

参考文献 ································· 86

第5章 Ⅱ类超晶格红外光电二极管 ····················· 89

5.1 InAs/GaSb 超晶格光电二极管 ················· 89

5.1.1 MWIR 光电二极管 ······················ 90

5.1.2 LWIR 光电二极管 ······················ 95

5.2 InAs/InAsSb 超晶格光电二极管 ················· 99

5.3 器件钝化 ····························· 101

5.4 Ⅱ类超晶格光电探测器的噪声机制 ··············· 104

参考文献 ································· 108

第6章 势垒型红外光电探测器 ······················· 114

6.1 工作原理 ····························· 114

6.2 SWIR 势垒型探测器 ······················ 118

6.3 MWIR InAsSb 势垒型探测器 ·················· 120

6.4 LWIR InAsSb 势垒型探测器 ··················· 122

6.5 Ⅱ类超晶格势垒型探测器 ···················· 124

6.6 势垒型探测器与 HgCdTe 光电二极管的比较 ········· 131

6.6.1 扩散限制光电探测器的品质因数 $N_{dop}\tau_{diff}$ 乘积 ······ 132

6.6.2 暗电流密度 ··························· 134

6.6.3 噪声等效温差 ························· 137

6.6.4 实验数据比较 ························· 139

6.7 多色势垒型探测器 ······················· 142

参考文献 ································· 145

第7章 级联红外光电探测器 ························ 150

7.1 多级红外探测器 ························· 150

7.2 Ⅱ类超晶格带间级联红外探测器 ··············· 152

7.2.1 工作原理 ···························· 153

7.2.2 MWIR 带间级联探测器 ···················· 154

7.2.3　LWIR 带间级联探测器　157

7.3　与 HgCdTe HOT 光电探测器性能的比较　159

参考文献　162

第 8 章　红外辐射与探测器耦合　164

8.1　标准耦合方法　164

8.2　等离子体耦合方法　166

8.2.1　表面等离子体　167

8.2.2　红外探测器的等离激元耦合　170

8.3　陷光探测器　175

参考文献　180

第 9 章　焦平面阵列　183

9.1　红外焦平面阵列的发展趋势　183

9.2　IRFPA 的考量　186

9.3　InSb 阵列　192

9.4　InAsSb nBn 探测器焦平面阵列　197

9.5　Ⅱ类超晶格焦平面阵列　199

参考文献　206

第 10 章　结束语　210

10.1　p-on-n HgCdTe 光电二极管　211

10.2　焦平面阵列的可制造性　213

10.3　结论　215

参考文献　216

主要缩略语　218

作者简介　221

译者简介　222

第1章 红外探测器的特征

过去几百年里，人们利用光学系统（望远镜、显微镜、眼镜、照相机等）在人类视网膜、照相底板或胶片上实现了成像，而光电探测器的诞生可以追溯至史密斯发现硒具有光导特性的 1873 年。光电探测器的研究进展一直缓慢，直到 1905 年爱因斯坦解释了在金属中观察到的光电效应，普朗克通过引入量子概念解答了黑体发射的困惑，光电探测器进入新的研究发展阶段。20 世纪 20 年代和 30 年代，在真空管传感器新兴技术的推动下，各种新器件大量涌现，新的应用得到蓬勃发展，电视的出现标志其达到了顶峰。著名电视之父 Zworykin 和 Morton 在其《电视》一书（1939 年出版）的最后一页写道："当火箭飞向月球和其他天体时，我们即将看到的第一批图像是用摄像管拍摄的，这将打开人类新的视野。"上述预见随着"阿波罗"和"探险者"空间探测任务变为现实。20 世纪 60 年代初，光刻技术开始用于制造 Si 基可见光单片成像焦平面阵列。这些早期开发成果中的一部分按照计划用于可视电话，而其他成果用于电视摄像机、卫星监视和数字成像。由于红外成像在军事中有重要应用，因此与可见光成像技术一起得到大力发展。1997 年，装载在哈勃太空望远镜上的电荷耦合器件（CCD）相机传回了深空图像。这些图像的积分时间长达 10 天，描述了 30 级星系的特征，即使对于我们这一代的天文学家来说，这也是难以想象的数字。以此方式，光电探测器持续不断地为人类打开最令人惊叹的新视野。

1.1 简介

目前，人们已研究了许多红外探测材料，其发展历史如图 1.1 所示。20 世纪 50 年代，在防空导弹导引头中主要采用单元制冷型铅盐红外探测器。通常铅盐探测器材料是多晶的，可以通过从溶液中真空蒸发和化学沉积、然后经过敏化处理的方式得到这种探测器材料[1]。晶体管出现后的 20 世纪 50 年代初，研究人员报道了首个非本征光导探测器[2]，这极大推动了材料提纯技术的发展和进步。由于人们早期掌握了 Ge 晶体杂质浓度的控制技术，所以首个高性能非本征探测器为 Ge：Hg 探测器，其中 Hg 受主激活能为 0.089eV。Ge 经过 Cu、Zn、Au 掺杂形成的非本征光导红外探测器的响应光谱在 8～14μm 长波红外（LWIR）光谱窗口以及 14～30μm 甚长波红外（VLWIR）区域。

1967 年，Soref 发表了第一篇全面阐述非本征 Si 探测器的文章[4]。然而，非本征 Si 仍然没有得到足够重视。尽管 Si 比 Ge 的优点多，例如，低介电常数使其介电弛豫时间较短、电容较低，高掺杂浓度及光电离截面较大得到的量子效率高，低折射率使其反射低等。但是，在当时这些尚不足以说服人们花费精力去开发这种新型探测器，使其达到当时技术成熟的 Ge 探测器水平。在沉寂了大约 10 年之后，直到 Boyle 和 Smith 发明了 CCD，人们重新将目光转向了非本征 Si[5]。1973 年，Shepherd 和 Yang[6] 提出金属硅化物/硅肖特基势垒型探测器，这种结构使得一种更加复杂精细的探测器方案——在单个通用 Si 片上同时实现探测和读出功能——首次具备了可能性。

与此同时，窄带隙半导体材料因其有助于扩展探测波段范围、提升探测灵敏度等方面的特性而得到迅速发展。窄带隙半导体材料的基本特性（高光学吸收系数、高电子迁移率和低热产生率）与带隙工程相结合，使这些合金材料系统成为各种红外探测器近乎理想的材料。第一种材料就是 InSb[7]，是 Ⅲ-Ⅴ 族化合物半导体家族中的一员，但其局限在中波红外（MWIR）波段工作。LWIR 的探测要求推动了窄带隙三元合金材料系的发展，如 InAsSb、PbSnTe 和 HgCdTe[8-10]。

20 世纪 60 年代末到 70 年代中期的近 10 年时间，在开发用于光电探测二极管方面，HgCdTe 合金探测器与 Ⅳ-Ⅵ 族合金器件（主要是 PbSnTe）进行了激烈的竞争，因为后者存在生产和贮存问题[9]。然而，由于硫族化合物有两个明显缺点：热膨胀系数很高（比 Si 高 7 倍）和肖特基 - 里德 - 霍耳（SRH）载流子寿命短，所以，PbSnTe 探测器开发工作中断了。因为热膨胀系数高的话，从室温到低温工作温度重复热循环会导致 PbSnTe 混合结构中 Si 读出电路和探测器之间的铟（In）柱失效。此外，PbSnTe 的较高介电常数（约 500）也导致当时开发的长波红外（LWIR）扫描系统的探测器响应时间太长。其实，对于目前正在开发的二维凝视成像系统而言，这个问题并不重要。

HgCdTe 材料促进了四代探测器的发展（图 1.1）。主要的军用和民用红外探测器系统可划分为四代：第一代红外探测器（通过机械扫描方式实现成像）、第二代红外探测器（通过电子扫描的凝视方式实现红外成像）、第三代红外探测器（具有大规模像元数和双色功能的凝视红外成像）以及第四代红外探测器（具有超大规模像元数、多色功能和其他具备片上功能的凝视红外成像，例如，具有更好的红外辐射/像元耦合特性、像元雪崩倍增以及偏振/相位敏感特性等）[3]。20 世纪 60 年代末和 70 年代早期，研究人员开发出第一代线列光导探测器阵列，第一代机械扫描成像方式的红外焦平面中不具备多路传输功能。20 世纪 70 年代中期，研究转向被动红外成像用光电二极管（PD）红外探测器。与光导探测器相比，光电二极管探测器的功耗极低，固有阻抗高，$1/f$ 噪声可忽略，并且在焦平面 Si 读出电路上更容易实现多路传输，在当时技术手段支持下已经可以在二维阵列探测器中集成超过百万规模的像素单元。在 Boyle 和 Smith 发明 CCD 之后[5]，全固态电子扫描二维红外探测器阵列概念引起研究者的注意，开始将这种概念用于 HgCdTe 光电二极管。20 世纪 70 年代末，研究重点是针对热成像应用的大规格中波红外和长波红外光伏 HgCdTe 阵列。最近的工作扩展到了星光成像短波红外（SWIR）和超过 $15\,\mu m$ 的 VLWIR 空间遥感的应用。

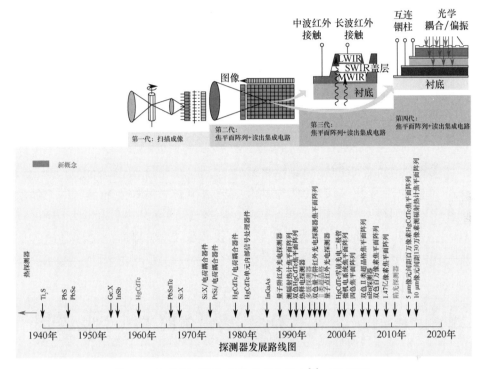

图 1.1　红外探测器和系统的发展历史[3]（见彩图）

研究人员正在持续开发第三代 HgCdTe 和Ⅱ类超晶格（T2SL）系统，最近也提出所谓的第四代红外探测器系统概念。第四代红外探测器系统的定义尚未完全建立。它们在以下方面的性能将会增强：更多像元数、更高帧频、更好的温度分辨率、多色红外成像能力以及其他片上功能。多色成像是先进红外系统迫切需要的能力，可通过收集不同红外波段的辐射数据，来辨别场景内目标的绝对温度和独特特征。与单一波段红外成像相比，多波段红外成像可结合先进的多波段探测处理算法，得到比单波段红外成像器件更高的灵敏度，并可在新的维度上提供不同波段的对比。可以预计第四代红外探测器系统应具备包括多光谱、偏振、相位或动态范围等特征的典型能力，可以从给定场景中提取更多信息[11]。

20 世纪 90 年代初，美国、德国和法国等国家将研究重点转向Ⅲ-Ⅴ低维固体材料（量子阱和超晶格）红外探测器，用来作为 HgCdTe 红外探测器的替代技术。这些国家通过横向整合优秀的材料厂商和器件加工中心制备低成本大规格红外焦平面阵列（FPA），在材料开发和器件设计创新方面已经取得了很大进步。研究人员已经提出提高光电探测器性能的新概念，过去 20 年新概念红外探测器的重要开发工作在图 1.1 中用蓝色标出，特别是在各种Ⅲ-Ⅴ族化合物半导体的带隙工程方面取得了重大进展，已经开发出新的红外探测器结构。这些新的红外探测器包括 T2SL 红外探测器、以 nBn 探测器为代表的低产生 - 复合漏电流的势垒结构红外探测器、陷光红外探测器以及多级/级联红外探测器。最近势垒结构的红外探测器概念被用于提高Ⅲ-Ⅴ族 FPA 的性能，使其工作温度大幅高于那些吸收层中无耗尽区的竞争对手。目前研究人员在Ⅲ-Ⅴ族和Ⅱ-Ⅵ族两种竞争的红外材料技术之间进行对比，可以预计这两种重要思路在未来室温工作的光子探测器开发中会起到至关重要的作用。

1.2 红外探测器的分类

光辐射是指从真空紫外到亚毫米波长（$25nm \sim 3000\mu m$）的辐射。太赫兹（THz）波段（图 1.2）通常被认为是电磁频谱中尚未被开发的最后一个波段，电子和光子探测技术仍面临很大挑战。太赫兹波段通常是频率范围为 $\upsilon \approx 0.1 \sim 10THz$（$\lambda \approx 30\mu m \sim 3mm$）的光谱区域，与不太受重视的亚毫米波段 $\upsilon \approx 0.1 \sim 3THz$（$\lambda = 100\mu m \sim 3mm$）有部分重叠。

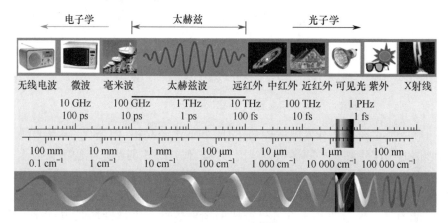

图 1.2 电磁频谱[12]

大多数光学探测器可分为两大类：光子探测器（也称为量子探测器）和热探测器。

1.2.1 光子探测器

光子探测器中，辐射光在材料内部通过与电子的相互作用被吸收，电子来源于自由电子或被晶格原子、杂质原子等束缚的电子。被观察到的电信号输出通常由电子能量分布的变化引起。半导体中光激发的基本过程如图 1.3 所示。在量子阱中（图 1.3（b）），在与导带（n 掺杂）或价带（p 掺杂）有关的量子阱能级之间发生子带间吸收。在 InAs/GaSb T2SL 的情况中（图 1.3（c）），超晶格带隙

由电子微带 E_1 和布里渊区中心的第一个重空穴态 HH_1 之间的能量差决定。Ⅱ类能带排列造成电子和空穴在空间上分离。

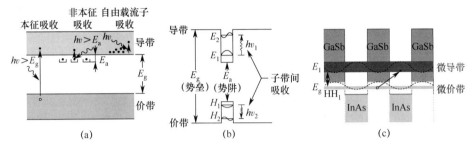

图 1.3 光激发过程

（a）体相半导体；（b）量子阱；（c）InAs/GaSb T2SL。

红外探测器的相对响应特性通常用入射光波长与对应光功率或光子数的函数关系来表述，如图 1.4 所示。光子探测器的相对响应曲线表明，每单位入射辐射功率的响应与入射光波长有关，其响应与到达光子的数量成正比，由于光子能量与波长成反比，因此光谱响应随波长增加而线性增加（图 1.4（a）），直至截止波长。截止波长由探测器材料决定，通常是指探测器响应率降至峰值响应率的 50% 时的波长。

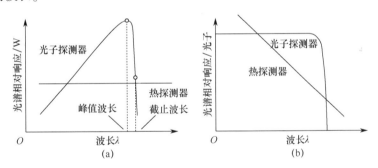

图 1.4 光子探测器和热探测器的相对光谱响应

（a）恒定入射辐射功率条件下；（b）光子通量条件下。

在图 1.4 中，第一种情况下，热探测器光谱响应呈现平坦特性（其响应与吸收的能量成正比），如图 1.4（a）所示；而光子探测器在第二种情况下通常是平坦的，如图 1.4（b）所示。

光子探测器具有良好的信噪比和非常快的响应。但要实现这一点，光子红外探测器可能需要低温制冷，这对于阻止热生电荷载流子是必要的。非制冷器件的热跃迁与光学跃迁相当，使得其噪声非常大。

根据入射光子与探测器材料相互作用的性质可将光子探测器进一步细分为不同类型，最主要的类型有本征探测器、非本征探测器和光电发射探测器（肖特基（Schottky）势垒）[3]。表 1.1 简要介绍了不同类型探测器的特征。

表 1.1　光子探测器

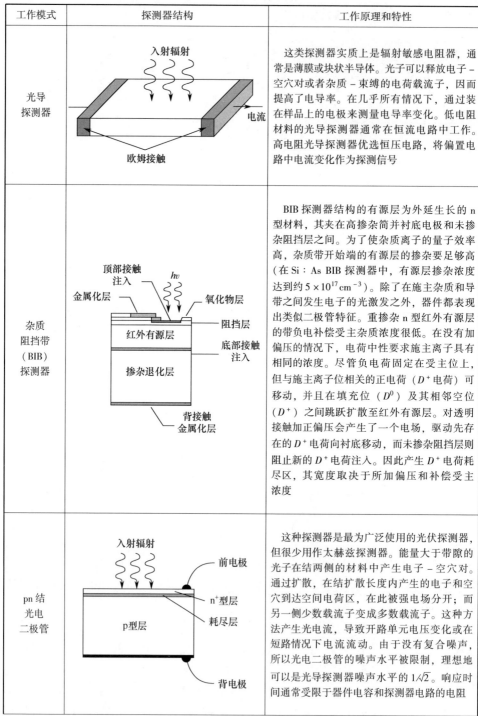

工作模式	探测器结构	工作原理和特性
光导探测器		这类探测器实质上是辐射敏感电阻器，通常是薄膜或块状半导体。光子可以释放电子－空穴对或者杂质－束缚的电荷载流子，因而提高了电导率。在几乎所有情况下，通过装在样品上的电极来测量电导率变化。低电阻材料的光导探测器通常在恒流电路中工作。高电阻光导探测器优选恒压电路，将偏置电路中电流变化作为探测信号
杂质阻挡带（BIB）探测器		BIB 探测器结构的有源层为外延生长的 n 型材料，其夹在高掺杂简并衬底电极和未掺杂阻挡层之间。为了使杂质离子的量子效率高，杂质带开始端的有源层的掺杂要足够高（在 Si：As BIB 探测器中，有源层掺杂浓度达到 $5 \times 10^{17} \mathrm{cm}^{-3}$）。除了在施主杂质和导带之间发生电子的光激发之外，器件都表现出类似二极管特征。重掺杂 n 型红外有源层的带负电补偿受主质浓度很低。在没有加偏压的情况下，电荷中性要求施主离子具有相同的浓度。尽管负电荷固定在受主位上，但与施主离子位相关的正电荷（D^+ 电荷）可移动，并且在填充位（D^0）及其相邻空位（D^+）之间跳跃扩散至红外有源层。对透明接触加正偏压会产生了一个电场，驱动先存在的 D^+ 电荷向衬底移动，而未掺杂阻挡层则阻止新的 D^+ 电荷注入。因此产生 D^+ 电荷耗尽区，其宽度取决于所加偏压和补偿受主浓度
pn 结光电二极管		这种探测器是最为广泛使用的光伏探测器，但很少用作太赫兹探测器。能量大于带隙的光子在结两侧的材料中产生电子－空穴对。通过扩散，在结扩散长度内产生的电子和空穴到达空间电荷区，在此被强电场分开；而另一侧少数载流子变成多数载流子。这种方法产生光电流，导致开路单元电压变化或在短路情况下电流流动。由于没有复合噪声，所以光电二极管的噪声水平被限制，理想地可以是光导探测器噪声水平的 $1/\sqrt{2}$。响应时间通常受限于器件电容和探测器电路的电阻

（续）

工作模式	探测器结构	工作原理和特性
nBn 探测器	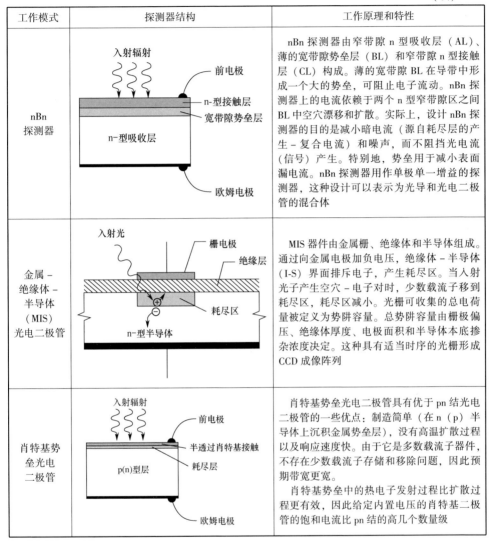	nBn 探测器由窄带隙 n 型吸收层（AL）、薄的宽带隙势垒层（BL）和窄带隙 n 型接触层（CL）构成。薄的宽带隙 BL 在导带中形成一个大的势垒，可阻止电子流动。nBn 探测器上的电流依赖于两个 n 型窄带隙区之间 BL 中空穴漂移和扩散。实际上，设计 nBn 探测器的目的是减小暗电流（源自耗尽层的产生 – 复合电流）和噪声，而不阻挡光电流（信号）产生。特别地，势垒用于减小表面漏电流。nBn 探测器用作单极单一增益的探测器，这种设计可以表示为光导和光电二极管的混合体
金属 – 绝缘体 – 半导体（MIS）光电二极管		MIS 器件由金属栅、绝缘体和半导体组成。通过向金属电极加负电压，绝缘体 – 半导体（I-S）界面排斥电子，产生耗尽区。当入射光子产生空穴 – 电子对时，少数载流子移到耗尽区，耗尽区减小。光栅可收集的总电荷量被定义为势阱容量。总势阱容量由栅极偏压、绝缘体厚度、电极面积和半导体本底掺杂浓度决定。这种具有适当时序的光栅形成 CCD 成像阵列
肖特基势垒光电二极管		肖特基势垒光电二极管具有优于 pn 结光电二极管的一些优点：制造简单（在 n（p）半导体上沉积金属势垒层），没有高温扩散过程以及响应速度快。由于它是多数载流子器件，不存在少数载流子存储和移除问题，因此预期带宽更宽。 　　肖特基势垒中的热电子发射过程比扩散过程更有效，因此给定内置电压的肖特基二极管的饱和电流比 pn 结的高几个数量级

　　本征和非本征探测器之间的关键区别在于：与本征探测器相比，非本征探测器需要大量制冷才能在给定光谱响应截止波长处实现高灵敏度。低温工作可以抑制相邻能级之间热跃迁所导致的噪声，从而获得更长波长处的探测灵敏度。

　　探测器探测到的背景温度与探测器达到背景限红外性能（BLIP）的工作温度之间存在基本关联。截止波长为 12.4μm 的 HgCdTe 光电探测器需要工作在 77K 温度下。对于给定探测器性能水平，$T\lambda_c \approx$ 常数[13]，可以根据此结果推算出其他工作温度和截止波长，即因为 $T\lambda_c$ 为常数，所以截止波长 λ_c 越长，工作温度 T 越低。这种关系成立，是因为确定探测器性能的参量主要随 $E_{exc}/kT = hc/kT\lambda_c$ 呈指数变化，其中 E_{exc} 为激发能，k 为玻耳兹曼常数，h 为普朗克常数，c 为光速。

截止波长可以近似为

$$T_{max} = \frac{300[K]}{\lambda_c[\mu m]} \tag{1.1}$$

适用于低背景应用的六种材料的高性能探测器总体发展趋势如图 1.5 所示，图中虚线表示探测波长增加时工作温度降低。这六种材料探测器分别为：Si、InGaAs、InSb、HgCdTe 光电二极管、Si：As 阻挡杂质带（BIB）探测器以及非本征 Ge：Ga 无应变和应变探测器。太赫兹光导探测器为非本征探测器。

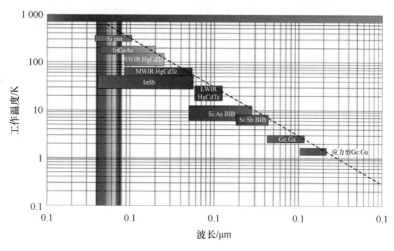

图 1.5　具有最高灵敏度的低背景材料体系的工作温度[3]（见彩插）

目前使用最广泛的光伏探测器是 pn 结探测器。即使在无辐射情况下，在 pn 结上也存在很强的内电场，入射到结上的光子产生自由电子－空穴对，这些电子－空穴对被结上的内电场分开，引起单元开路电压变化或在短路情况下电流流动。由于没有复合噪声，pn 结噪声水平被限制，理想地可以是光导探测器噪声水平的 $1/\sqrt{2}$。

将电子从价带激发到导带的探测器被称为本征探测器。反之，那些从带内杂质态（能隙、量子阱或量子点中的杂质束缚态）将电子激发到导带或把空穴激发到价带的探测器称为非本征探测器。二者的关键不同在于，与本征探测器相比，非本征探测器需要大量制冷，从而在特定光谱响应截止波长下得到高灵敏度。低温工作可以抑制相邻能级之间的热跃迁引起的噪声，从而获得更长波长处的探测灵敏度。在不超过 $20\mu m$ 波长范围内，本征探测器是最常见的。在更长波长范围，光导探测器为非本征工作模式。光导探测器的一个优点是其电流增益等于复合时间除以多数载流子渡越时间，该电流增益使得光导探测器与非雪崩光伏探测器相比能得到更高的响应率。然而，因为存在与电学接触、电学偏置等相关的复合机制，低温工作的光导探测器存在较严重的像元非均匀性问题。

在特别用于红外和太赫兹谱段探测时，最近提出了界面功函数内光电发射探测器、量子阱和量子点探测器，这些可以包含在非本征光导探测器中[3]。快速响应特性使得量子阱和量子点半导体探测器在外差探测方面具有优势。

1.2.2　热探测器

第二类探测器是热探测器。对图 1.6 所示的热探测器，入射光辐射被吸收，引起热探测器的材料温度改变，最终物理性质的变化引起电信号输出。探测器悬在隔热层上，隔热层与热沉连接。信号与入射光辐射的光子性质无关，因此，热效应通常与波长无关（见图 1.4（a））；信号与辐射功率（或其变化速率）有关，而与波长无关。由于光辐射可以被经黑化处理的表面膜层吸收，因此热探测器的光谱响应可以很宽。热探测器研究主要集中于红外技术应用最广泛的三种类型，即测辐射热计、热释电和热电效应。热电堆是最古老的红外探测器之一，为了得到更好的温度敏感性，可以将一些热电偶串联起来使用。使用热释电探测器测量的是内部电极化的变化，而热敏电阻测辐射热计测量的是电阻变化。很长一段时间以来，热电堆一直存在响应慢、敏感性低、尺寸较大和价格昂贵等特点，但随着半导体技术的发展，热电堆可以针对特定应用进行优化；同时，由于传统互补金属－氧化物半导体（CMOS）工艺的提高，与片上电路技术相结合为热电堆的大规模生产打开了一扇大门。

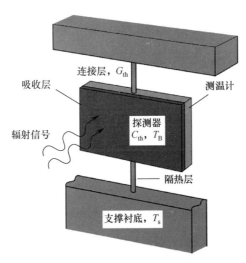

图 1.6　热探测器示意图[3]

通常，测辐射热计是一种黑色片状或条状的薄膜，其阻抗与温度有很大关系。测辐射热计可分为几种，最常用的是金属、热敏电阻和半导体测辐射热计三种类型；第四种是超导测辐射热计，这种测辐射热计以电导率变化方式工作，其中在温度变化范围电阻发生很大改变。图 1.7 所示为不同类型测辐射热计电阻和温度的关系。

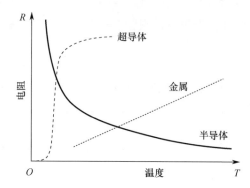

图 1.7   三种测辐射热计材料电阻和温度的关系

很多类型的热探测器可以宽光谱工作。表 1.2 简要介绍了热探测器的工作原理。

表 1.2   热探测器

工作模式	探测器结构	工作原理和特性
热电堆		热电偶通常是薄的黑片，与两种不同金属或半导体的接头进行热连接。薄片吸收热使接头温度升高，产生可以测量的热电动势。虽然热电堆不像测辐射热计和热释电探测器那样灵敏，但由于其可靠和高性价比，在很多应用中取而代之。热电偶广泛用于光谱学
测辐射热计金属半导体超导体热电子		测辐射热计是一种电阻元件，由热容量非常小、温度系数大的材料制成，吸收的辐射可以产生很大的电阻变化。电阻变化与光导体类似，但基本的探测机理不同。在测辐射热计中，辐射在材料内产生热，使电阻变化。光子 – 电子并没有直接相互作用。最初，多数测辐射计是由 Mn、Co 或 Ni 的氧化物制成的热敏电阻。目前，微测辐射热计制成用于热成像的大规格阵列。一些特别敏感的低温半导体和超导体测辐射热用于太赫兹波段

（续）

工作模式	探测器结构	工作原理和特性
热释电探测器	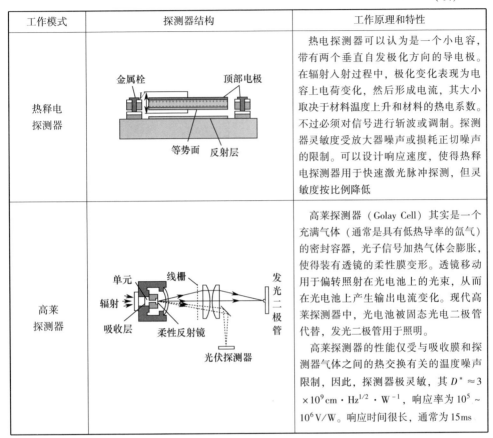	热电探测器可以认为是一个小电容，带有两个垂直自发极化方向的导电极。在辐射入射过程中，极化变化表现为电容上电荷变化，然后形成电流，其大小取决于材料温度上升和材料的热电系数。不过必须对信号进行斩波或调制。探测器灵敏度受放大器噪声或损耗正切噪声的限制。可以设计响应速度，使得热释电探测器用于快速激光脉冲探测，但灵敏度按比例降低
高莱探测器		高莱探测器（Golay Cell）其实是一个充满气体（通常是具有低热导率的氙气）的密封容器，光子信号加热气体会膨胀，使得装有透镜的柔性膜变形。透镜移动用于偏转照射在光电池上的光束，从而在光电池上产生输出电流变化。现代高莱探测器中，光电池被固态光电二极管代替，发光二极管用于照明。 高莱探测器的性能仅受与吸收膜和探测器气体之间的热交换有关的温度噪声限制，因此，探测器极灵敏，其 $D^* \approx 3 \times 10^9 \, cm \cdot Hz^{1/2} \cdot W^{-1}$，响应率为 $10^5 \sim 10^6 \, V/W$。响应时间很长，通常为 15ms

目前，微测辐射热计探测器被大量生产，比其他所有红外阵列技术的产量都要大。比较而言，氧化钒（VO_x）微测辐射热计阵列探测器在与非晶硅（a-Si）测辐射热计探测器和钛酸锶钡（BST）铁电探测器的竞争中脱颖而出，已经成为最常用的非制冷探测器技术。

1.3 探测器的品质因数

由于涉及大量的实验变量，测试中必须考虑并仔细控制各种环境、电学和辐射参数，所以很难测得红外探测器的性能特征。随着大规格二维探测器阵列的出现，探测器测试变得更加复杂和费时。

本节介绍红外探测器的测试。许多文章和期刊都涉及这个问题，包括 R. D. Hudson 的《红外系统工程》[14]、W. L. Wolfe 和 G. J. Zissis 编撰的《红外手册》[15]、W. D. Rogatto 编撰的《红外与光电系统手册》[16] 以及 J. D. Vincent 编写的《红外探测器使用和测试基础》[17] 及其第 2 版[18]。本章仅考虑红外探测器的测试，重点考察其电学信号输出与输入辐射功率之间的关系。

1.3.1 响应率

红外探测器的响应率定义为：红外探测器输出电信号基波分量的均方根与输入辐射功率基波分量的均方根之比。响应率的单位为伏 [特] /瓦（V/W）或安 [培] /瓦（A/W）。

电压（或模拟电流）光谱响应率为

$$R_v(\lambda, f) = \frac{V_s}{\Phi_e(\lambda)} \tag{1.2}$$

式中：V_s 为由 Φ_e 引起的信号电压；$\Phi_e(\lambda)$ 为光谱辐射入射功率（单位为 W）。

上述波段响应特性的另一种表示即黑体响应率，由下面公式定义为

$$R_v(T, f) = \frac{V_s}{\int_0^\infty \Phi_e(\lambda) d\lambda} \tag{1.3}$$

式中：入射辐射功率为黑体上光谱功率密度 $\Phi_e(\lambda)$ 在波长上的积分。

响应率通常是偏压、工作频率和波长的函数。

1.3.2 噪声等效功率

噪声等效功率（NEP）是红外探测器输出信号等于噪声输出均方根时的入射功率，是信噪比（SNR）为 1 的输出信号电平对应的入射功率，用响应率可表示为

$$\text{NEP} = \frac{V_n}{R_v} = \frac{I_n}{R_i} \tag{1.4}$$

噪声等效功率的单位为瓦（W）。

噪声等效功率也表示固定参考带宽，通常假设为 1Hz。此种情况下，"每单位带宽噪声等效功率"的单位为 $W/Hz^{1/2}$。

1.3.3 探测率

红外探测器的探测率为噪声等效功率的倒数，即

$$D = \frac{1}{\text{NEP}} \tag{1.5}$$

Jones[19] 发现许多红外探测器的信噪比与探测器输出信号的平方根成正比，而探测器信号与探测器的面积 A_d 成正比。这说明噪声等效功率和探测率都是探测器电学带宽及探测器面积的函数，因此 Jones 提出定义归一化探测率 D^* 为[19-20]

$$D^* = D(A_d \Delta f)^{1/2} = \frac{(A_d \Delta f)^{1/2}}{\text{NEP}} \tag{1.6}$$

归一化探测率 D^* 的重要性在于该品质因数可以用来比较相同类型、但面积

不同的红外探测器的性能。无论是光谱探测率还是黑体归一化探测率都可以根据噪声等效功率的相应类型来定义。

式（1.6）的另一种等效表达式为

$$D^* = \frac{D(A_d \Delta f)^{1/2}}{V_n} R_v = \frac{D(A_d \Delta f)^{1/2}}{I_n} R_i = \frac{D(A_d \Delta f)^{1/2}}{\Phi_e}(SNR) \qquad (1.7)$$

式中：归一化探测率 D^* 定义为 1Hz 带宽、单位探测器面积平方根时单位入射功率信噪比的均方根。归一化探测率的单位为 $cm \cdot Hz^{1/2} \cdot W^{-1}$，也称为"Jones"。

许多商用红外探测器的光谱探测率曲线如图 1.8 所示。尽管近年来空间应用推动了更长波长红外探测器的研究，但主要集中在 $3 \sim 5\mu m$ 中波红外和 $8 \sim 14\mu m$ 长波红外两个大气窗口（在这两个波段大气透射率最高，目标在温度 $T \approx 300K$、波长 $\lambda \approx 10\mu m$ 处辐射最大）。当探测器工作在大气环境时，大气传输与透过特性决定了红外探测器能够使用的波段范围，也会对背景光谱特性产生影响。

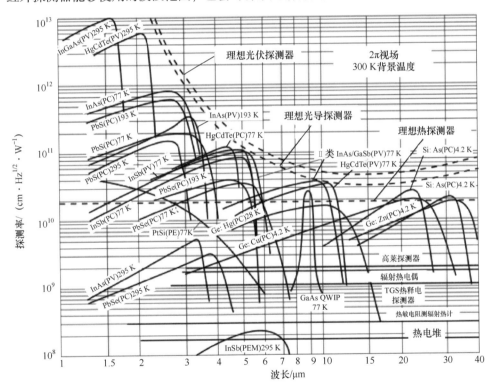

图 1.8　在指定温度工作时各种商用红外探测器探测率的比较

图 1.8 中除热电堆、热电偶、热敏电阻测辐射热计、高莱探测器和热释电探测器的性能测试调制频率为 10Hz 外，所有探测器均在 1000Hz 下进行性能测试评价。假设每种探测器在 300K 温度下观察周围半球面视场。图中还示出了理想光伏和光导探测器以及热探测器背景限探测率的理论曲线[3]。

1.3.4 量子效率

光场在半导体中的传播将导致能够产生光生载流子的光子数量减少。在半导体材料内部，随着能量转移到光生载流子，光场呈幂指数衰减。材料特征可由吸收长度 α 和穿透深度 $1/\alpha$ 表示，穿透深度是光信号功率衰减为 $1/e$ 时的长度，半导体中吸收的光功率与材料内部位置关系为

$$P_a = P_i (1 - r)(1 - e^{-\alpha x}) \tag{1.8}$$

吸收的光子数是功率 W 除以光子能量 E（$E = h\nu$）。如果吸收的每个光子都产生一个光生载流子，则反射率为 r 的半导体单位入射光子数产生的光生载流子数为

$$\eta(x) = (1 - r)(1 - e^{-\alpha x}) \tag{1.9}$$

式中：$0 \leqslant \eta \leqslant 1$，为探测器的量子效率，即每个入射光子产生的电子－空穴对的数量。

制备紫外探测器阵列、可见光图像传感器和红外探测器阵列的不同材料的量子效率曲线如图1-9所示。光电阴极探测器和 AlGaN 探测器为紫外应用开发，Si p-i-n 二极管分为镀有增透膜和无增透膜的情况，铅盐（PbS 和 PbSe）具有中等量子效率，而 PtSi 肖特基势垒型探测器和量子阱红外光电探测器（QWIP）的量子效率低，InSb 在 80K 时可以响应从近紫外到 5.5μm 波段，适用于近红外（1.0~1.7μm）光谱范围的探测器材料是与 InP 晶格匹配的 InGaAs 材料，各种光伏和光导结构的 HgCdTe 材料可覆盖 0.7~20μm 波段，InAs/GaSb 应变层超晶格可以作为 HgCdTe 的替代探测器材料，工作在 10K 温度的 Si 掺 Sb、As 和 Ga 等 BIB 探测器光谱响应截止波长范围为 16~30μm，Ge 掺杂探测器可将响应波段扩展至 100~200μm。

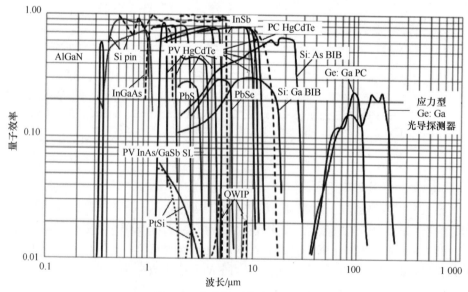

图 1.9 各种探测器的量子效率

1.4　探测器性能的基本限制

一般来说，探测器可以被认为是具有实际"电学"面积 A_e、厚度 t 和体积 $A_e t$ 的均匀半导体片（见图1.10），器件的光学面积 A_o 和电学面积相同或近似。然而，采用诸如微透镜等光学聚光元件可以大大提高 A_o/A_e 比。

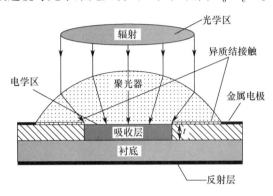

图 1.10　光电探测器模型[3]

红外探测器的探测率 D^* 受器件有源区中的产生速率 G 和复合速率 $R(\mathrm{m}^{-6} \cdot \mathrm{s}^{-1})$ 的限制[21]，可表示为

$$D^* = \frac{\lambda}{2^{1/2} hc(G+R)^{1/2}} \left(\frac{A_o}{A_e}\right) \frac{\eta}{t^{1/2}} \tag{1.10}$$

式中：λ 为波长；h 为普朗克常数；c 为光速；η 为量子效率。

对于给定波长和工作温度的红外探测器而言，通过使量子效率与有源区的热产生速率和复合速率之和的平方根之比 $\eta/[(G+R)t]^{1/2}$ 最大可以使探测器得到最高性能，这意味着需要采用薄器件来获得高量子效率。

一种提高红外探测器性能的可能方法是减小半导体的体积，从而减少热产生的量。然而，这必须在不降低探测器量子效率、光学面积和视场（FOV）的前提下实现。

在平衡情况下，产生速率和复合速率相等。如果进一步假设 $A_e = A_o$，优化后的红外探测器探测率受器件有源区中的热过程限制，可表示为

$$D^* = 0.31 \frac{\lambda}{hc} k \left(\frac{\alpha}{G}\right)^{1/2} \tag{1.11}$$

式中：$1 \leqslant k \leqslant 2$，具体取值取决于复合和界面反射的贡献。

采用红外探测器与红外辐射进行更为复杂的耦合可以修正 k 系数，例如，采用光子晶体或表面等离激元等方式。

吸收系数与热产生速率之比 α/G 是衡量红外探测任何材料的基本评价因子。带隙调节的几种红外材料的 α/G 比与温度的关系如图1.11所示，针对能隙等于 $0.25\mathrm{eV}(\lambda=5\mu\mathrm{m})$（图1.11（a））和 $0.124\mathrm{eV}(\lambda=10\mu\mathrm{m})$（图1.11（b））进行

分析比较，计算几种红外材料 α/G 所用的程序在参考文献［22］中给出。分析表明，与非本征器件、QWIP 和量子点红外探测器（QDIP）技术相比，窄带隙半导体更适合制备高工作温度红外探测器。本征红外探测器性能高的主要原因是价带和导带态密度高，导致对红外辐射有强烈的吸收。图 1.11（b）预测，最新出现的 T2SL 红外材料是长波红外探测最有效的材料，如果不考虑 SRH 寿命的影响，理论上其性能甚至可能优于 HgCdTe 的性能，其特征是吸收系数高和基本（带到带）的热产生速率相对低。然而，该理论预测尚未通过实验数据证实。另外，值得注意的是，理论上 AlGaAs/GaAs QWIP 也是比非本征 Si 好的材料。

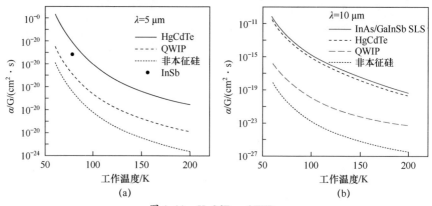

图 1.11　HgCdTe、QWIP、
非本征 Si 和 T2SL（仅为 LWIR）材料技术的 α/G 与温度的关系[3]
(a) MWIR（$\lambda = 5\mu m$）光电探测器；(b) LWIR（$\lambda = 10\mu m$）光电探测器。

当红外探测器和电子学放大器噪声低于光子噪声时，就达到了红外探测器的极限性能。光子噪声是基本噪声，因为它不是源于探测器内部或其相关电子学电路缺陷，而是源于探测过程本身，是辐射场离散特性自身引起的。入射在探测器上的红外辐射是目标和背景辐射的总和。对多数红外探测器而言，其面临的实际工作限制不是信号波动限制，而是背景波动限制，也称为背景限红外探测器（BLIP）限制。

散粒噪声的表达式可用于推导出背景限红外探测器的探测率，即

$$D_{\mathrm{BLIP}}^{*}(\lambda, T) = \frac{\lambda}{hc}k\left(\frac{\eta}{2\Phi_{\mathrm{B}}}\right)^{1/2} \tag{1.12}$$

式中：η 为量子效率；Φ_{B} 为到达探测器的总背景光子通量密度，表示为

$$\Phi_{\mathrm{B}} = \sin^2(\theta/2)\int_0^{\lambda_c}\Phi(\lambda, T_{\mathrm{B}})\mathrm{d}\lambda \tag{1.13}$$

式中，θ 为探测器的视场角。

在温度 T_{B} 条件下，普朗克光子发射率（单位为 photons $\cdot$ cm^{-2} $\cdot$ s^{-1} $\cdot$ μm^{-1}，即单位面积、单位时间、单位波长条件下的辐射光子数）为

$$\Phi(\lambda, T_B) = \frac{2\pi c}{\lambda^4 [\exp(hc/\lambda k T_B) - 1]} = \frac{1.885 \times 10^{23}}{\lambda^4 [\exp(14.388/\lambda k T_B) - 1]}$$

(1.14)

式（1.12）适用于散粒噪声限制的光伏探测器。光导探测器是产生－复合噪声限制的，其 D_{BLIP}^* 较小，为光伏型的 $1/\sqrt{2}$，可表示为

$$D_{BLIP}^*(\lambda, f) = \frac{\lambda}{2hc} k \left(\frac{\eta}{\Phi_B}\right)^{1/2}$$

(1.15)

一旦达到背景限性能，量子效率 η 是唯一影响探测器性能的参数。

在 300K 背景辐射和半球形接收视场（FOV = 90°）条件下，计算得到 300K、230K 和 200K 等温度下工作的背景限红外探测器的峰值光谱探测率随波长的变化[23]，如图 1.12 所示。最小 $D_{BLIP}^*(300K)$ 出现在 $14\mu m$ 处，为 4.6×10^{10} cm·$Hz^{1/2}$·W^{-1}。对于工作在近平衡条件下的一些红外探测器，如非扫出光导型红外探测器，复合速率等于产生速率，这些红外探测器的复合对噪声的贡献使 D_{BLIP}^* 减小为原来的 $1/\sqrt{2}$。注意，D_{BLIP}^* 与面积和 A_o/A_e 无关，因此通过增大 A_o/A_e 并不能提高背景限性能。

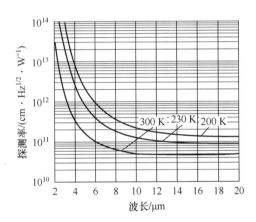

图 1.12　300K 背景辐射和半球形接收视场（FOV）条件下，计算得到
300K、230K 和 200K 工作温度下的红外探测器光谱探测率与峰值波长的关系

只有在量子效率为 1 的理想红外探测器和理想光谱响应率（$R(\lambda)$ 随波长而提高，直至响应率在截止波长 λ_c 处降为零①）条件下，才有可能获得最高性能。与实际红外探测器相比，这种极限性能具有吸引力。

通过减小背景光子辐射通量 Φ_B 可以提高背景限红外探测器的探测率。实际上，有两种方法可以做到：用制冷或反射滤波片限制红外探测器光谱响应带宽，

---

① 译者注：此处提到的截止波长与我国常用的红外探测器光谱响应截止波长定义存在差异。为尊重原著，仍使用"截止波长 λ_c"。

或者用冷屏限制探测器的视场角。前者可消除红外探测器光谱响应带宽之外的背景辐射，后者可在极窄光学接收视场下获得最好的背景限探测率。

1.5 红外焦平面阵列的性能

本节讨论与 IRFPA 性能相关的概念。对红外焦平面阵列而言，决定阵列最终性能的相关评价因子并不是探测率 D^*，而是噪声等效温差（NETD）和调制传递函数（MTF）。噪声等效温差和调制传递函数被认为是热成像系统的主要性能指标，用以表征温度灵敏度和空间分辨率。温度灵敏度与在噪声水平上分辨的最小温差有关。调制传递函数影响红外成像系统的空间分辨率，决定红外成像系统的小目标成像能力。Lloyd 在其专著中给出了测试红外成像系统性能的常用方法[24]。

1.5.1 调制传递函数

调制传递函数表示红外成像系统对特定目标的精确成像能力，可以对红外成像系统可分辨或可传递的空间频率能力进行量化表征[25]。考虑条形图案及其截面为正弦波。由于正弦波光分布的图像仍然是正弦波，因此系统成像图像也总是正弦波，不受成像系统的像差等效应影响。

通常，当条形图案为稀疏间隔时，红外成像系统再现条形图案并不困难。但是，当条形图案的特征接近并且距离越来越近时，系统就达到极限。当系统成像达到极限时，其对比度或调制度定义为

$$M = \frac{E_{max} - E_{min}}{E_{max} + E_{min}} \tag{1.16}$$

式中：E 为辐射度。一旦实验测量得到图像的调制度，就可以计算该空间频率下红外成像系统的调制传递函数：

$$\mathrm{MTF} = \frac{M_{image}}{M_{object}} \tag{1.17}$$

系统的调制传递函数由红外光学系统、探测器和显示器的调制传递函数决定，并且可以通过调制传递函数简单相乘进行级联来获得组合调制传递函数。在空间频率方面，特定工作波长下红外成像系统的调制传递函数由红外探测器尺寸和红外光学系统孔径设定的极限来决定。有关该问题的更多详细信息见 9.2 节。

1.5.2 噪声等效温差

噪声等效温差通常是表征红外热像仪的评价因子，尽管在红外成像文献中广泛使用，但用于不同系统、不同条件时具有不同的含义[26]。

红外探测器的噪声等效温差表示使输出信号等于噪声电平的均方根时入射

辐射的温度变化。虽然通常被认为是系统参数，但红外探测器的噪声等效温差和红外成像系统的噪声等效温差除了系统损耗外是相同的。噪声等效温差定义为①

$$\mathrm{NETD} = \frac{V_\mathrm{n}(\partial T/\partial \Phi)}{(\partial V_\mathrm{s}/\partial \Phi)} = V_\mathrm{n}\frac{\Delta T}{\Delta V_\mathrm{s}} \tag{1.18}$$

式中：V_n 为均方根噪声；Φ 为入射在焦平面上的光子通量密度（photons·cm^{-2}·s^{-1}）；ΔV_s 为针对温度差 ΔT 测量得到的输出信号。

根据 Kinch[27] 提出的方法，可进一步得到有用的噪声等效辐照度（NEI）和噪声等效温差公式，用于估计红外探测器性能（见6.6节）。

在现代 IRFPA 中，偏置光子探测器中产生的电流在载流子阱容量为 N_w 的电容节点上进行积分。理想系统没有过剩噪声，当在电容节点上最小可探测信号通量 $\Delta\Phi$ 产生的信号等于散粒噪声时，电容节点可获得探测极限性能，即

$$\Delta\Phi\eta A_\mathrm{d}\tau_\mathrm{int} = \sqrt{N_\mathrm{w}} = \sqrt{\frac{(J_\mathrm{dark} + J_\Phi)A_\mathrm{d}\tau_\mathrm{int}}{q}} \tag{1.19}$$

式中：η 为红外探测器收集效率；A_d 为红外探测器面积；τ_int 为积分时间；J_dark 为红外探测器暗电流；J_Φ 为光子辐射通量电流。

另一个与噪声等效温差相关的关键参数是噪声等效通量（NE$\Delta\Phi$）。该参数针对热背景辐射通量不占主导的光谱响应波段来定义，使最小可探测信号等于积分的电流噪声，即

$$\eta\Phi_\mathrm{s}A_\mathrm{d}\tau_\mathrm{int} = \sqrt{\frac{(J_\mathrm{dark} + J_\Phi)A_\mathrm{d}\tau_\mathrm{int}}{q}} \tag{1.20}$$

得到

$$\mathrm{NE}\Delta\Phi = \frac{1}{\eta}\sqrt{\frac{J_\mathrm{dark} + J_\Phi}{qA_\mathrm{d}\tau_\mathrm{int}}} \tag{1.21}$$

通过将红外探测器上入射通量密度重新归一化至光学系统孔径区域 A_opt，可以转换成噪声等效辐照度，其被定义为入射在系统孔径上的最小可观测通量功率，噪声等效辐照度为

$$\mathrm{NEI} = \mathrm{NE}\Delta\Phi\frac{A_\mathrm{d}hv}{A_\mathrm{opt}} \tag{1.22}$$

式中：假设单个光子辐射能量为 hv。

噪声等效辐照度（photons·cm^{-2}·s^{-1}）为红外探测器辐射信号通量水平，在该水平下红外探测器可产生与探测器噪声相同的输出信号。该参数有一定作用，因为可直接给出光子通量，高于该光子通量，则红外探测器是光子噪声限制的。

---

① 译者注：原文中噪声等效温差采用 NEDT 和 NETD 两种字母缩写，译文中统一为 NETD。

对于高背景辐射通量条件，辐射信号通量可定义为 $\Delta\Phi = \Delta T(\mathrm{d}\Phi_\mathrm{B}/\mathrm{d}T)$。因此，对于散粒噪声，将 $\Delta\Phi$ 代入式（1.19），可以得到

$$\eta\Delta T \frac{\mathrm{d}\Phi_\mathrm{B}}{\mathrm{d}T} = \sqrt{\frac{J_{\mathrm{dark}} + J_\Phi}{qA_\mathrm{d}\tau_{\mathrm{int}}}} \tag{1.23}$$

最后，经过整理得到

$$\mathrm{NETD} = \frac{1 + (J_{\mathrm{dark}}/J_\Phi)}{\sqrt{N_\mathrm{w}C}} \tag{1.24}$$

式中：$C = (\mathrm{d}\Phi_\mathrm{B}/\mathrm{d}T)/\Phi_\mathrm{B}$ 为由光学系统得到的场景对比度。

在推导式（1.24）中，假设光学透过率为 1，并且红外探测器的冷屏对通量没有贡献，这在红外探测器低温下工作时较为合理，但在较高工作温度下工作时则不尽合理。高温下场景对比度根据通过光学系统的辐射信号通量来定义，而通量电流则由通过光学系统的总通量和来自冷屏的通量来定义。

1.5.3　其他问题

红外探测器通常在低温下工作，以降低探测器与窄带隙相关的各种机制噪声。为进一步降低红外成像系统应用成本、尺寸、重量、功耗，研究人员在提升红外探器工作温度（即高工作温度（HOT）探测器）上做了大量工作。提高探测器工作温度可降低制冷负荷，可采用更紧凑和更高效的制冷系统。因为 Ge（红外光学系统的标准材料）光学系统的成本大致随光学透镜直径的平方而增加，所以像元尺寸减小会显著降低光学系统成本。此外，像元尺寸减小也可在每个晶片上制造更多数量的 IRFPA。

像元尺寸减小也是提高红外成像系统探测和识别距离的需求。很多非制冷成像系统的探测距离受到像元分辨率而非灵敏度的限制，图 1.13 给出了基于 NVESD 的 NVTherm IP 模型的武器热瞄具探测距离和光学系统通光孔径的折中分析结果。假定像元间距分别为 25μm、17μm 和 12μm 的非制冷 FPA 探测器温度灵敏度都为 35mK（F/1、30Hz）[28]，小像元间距和大规格 FPA 的优势是显而易见的。由于采用较小像元间距和较大阵列规格的红外焦平面探测器，在固定光学入射孔径条件下，红外热瞄具的探测距离显著增加。

在焦平面阵列设计中，实现终极像元尺寸的挑战是暗电流、像元混成、像元成型以及像元读出处理能力，参见参考文献［27，29］以及本书 9.2 节。

对红外热像仪而言，需要考虑对近室温工作的红外探测器的性能需求。从文献［3］可以看到，红外热成像系统的温度灵敏度表征为

$$\mathrm{NETD} = \frac{4\,(F/\#)^2 \Delta f^{1/2}}{A_\mathrm{d}^{1/2} t_{\mathrm{opt}}} \left[\int_{\lambda_\mathrm{a}}^{\lambda_\mathrm{b}} \frac{\mathrm{d}M}{\mathrm{d}T} D^*(\lambda)\,\mathrm{d}\lambda \right] \tag{1.25}$$

式中：$F/\#$ 为光学系统的 F 数；Δf 为带宽；A_d 为红外探测器面积；t_{opt} 为光学透过率；M 为由普朗克定律得到的黑体光谱发射率。

正如式（1.25），温度灵敏度随红外探测器面积增加而提高。但是，红外探测

器面积增加会导致空间分辨率降低。因此，需要在高温度灵敏度和高空间分辨率之间进行适当折中考虑，可以通过以下方式提高温度灵敏度而不影响空间分辨率：

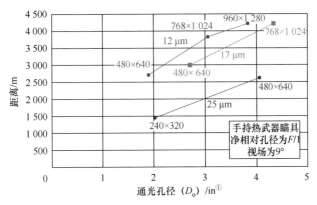

图 1.13　假定所有探测器的 NETD 都为 35mK（$F/1$，30Hz），采用 NVESD 的
NVTHerm IP 模型，计算得到当探测器像元尺寸和阵列规格
变化时探测距离与光学系统通光孔径的对应关系

（1）减小探测器面积以及相应光学系统的 F 数；

（2）提高探测器性能；

（3）增加探测器的像元数。

如前所述，并不希望增大光学系统口径，因为这种方式会增加红外成像系统的尺寸、重量和成本。更好的方式是采用更高探测率的红外探测器。这可以将探测器与入射辐射进行更好的耦合来实现；另一种可能是采用多元传感器，在帧频和其他参数相同的条件下可以按比例减小每个单元的带宽。

图 1.14 所示为温度灵敏度为 0.1K 的常规非制冷红外热像仪的探测率与截止波长的关系。截止波长分别为 10μm、9μm 和 5μm 时，要得到噪声等效温差为 0.1K，则探测率必须分别达到 $1.9 \times 10^8 \mathrm{cm} \cdot \mathrm{Hz}^{1/2} \cdot \mathrm{W}^{-1}$、$2.3 \times 10^8 \mathrm{cm} \cdot \mathrm{Hz}^{1/2} \cdot \mathrm{W}^{-1}$ 和 $2 \times 10^9 \mathrm{cm} \cdot \mathrm{Hz}^{1/2} \cdot \mathrm{W}^{-1}$。上述理论分析表明，常规非制冷红外探测器的最终性能不足以达到 0.1K 的温度灵敏度，包含非制冷热红外探测器阵列的非制冷凝视热成像仪可以得到优于 0.1K 的温度灵敏度。

当红外探测器的时间噪声是主要噪声源时，之前的理论分析是正确的。但是，这种假设并不适用于凝视阵列，因为凝视型红外探测器阵列响应非均匀性是重要的噪声源。这种不均匀性表现为固定模式噪声（空间噪声），在文献中有不同的定义，最常见的定义是电子源产生的暗信号不均匀性（而不是热产生的暗电流）。例如，时钟跃变或者源于行、列或像元放大器/开关的偏移变化引起的固定模式噪声。因此，IRFPA 非均匀性不能正确补偿时将产生空间噪声，红外传感器的性能估计应将上述空间噪声的影响包含在内。

———————————

①　英寸，1in = 25.4mm。

Mooney 等[30]对空间噪声的起源进行了全面讨论。凝视阵列的总噪声是时间噪声和空间噪声的综合。空间噪声是非均匀性补偿后的残余非均匀性 u 乘以信号电子 N；对于红外背景信号强、空间噪声较为突出的情况，光子噪声（等于 $N^{1/2}$）是主要的时间噪声。那么，总噪声等效温差为

$$\text{NETD}_{\text{total}} = \frac{(N + u^2 N^2)^{1/2}}{\partial N / \partial T} = \frac{(1/N + u^2)^{1/2}}{(1/N)(\partial N / \partial T)} \quad (1.26)$$

式中：$\partial N / \partial T$ 为辐射源温度改变 1K 时的信号变化；分母 $(\partial N / \partial T)/N$ 为辐射源温度改变 1K 时的信号分数变化。这就是场景相对对比度。

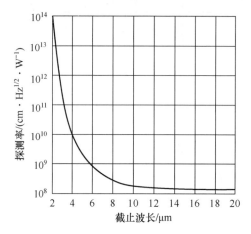

图 1.14　光子计数探测热像仪的噪声等效温差为 0.1K 时所需探测率与截止波长的关系[23]

图 1.15 绘出了各种残余非均匀性情况下总噪声等效温差与探测率的关系[3]，包括当 u 分别等于 0.01%、0.1%、0.2% 和 0.5% 对非均匀性的影响，场景温度为 300K。当探测率接近 $10^{10}\,\text{cm} \cdot \text{Hz}^{1/2} \cdot \text{W}^{-1}$ 以上时，IRFPA 性能在校正之前是

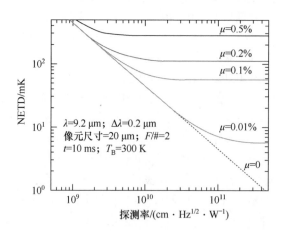

图 1.15　噪声等效温差与探测率的关系。包括 $u = 0.01\%$、0.1%、0.2% 和 0.5% 对非均匀性的影响[3]。注：$D^* > 10^{10}\,\text{cm} \cdot \text{Hz}^{1/2} \cdot \text{W}^{-1}$ 时，探测率与品质因数无关。

均匀性限制的，因此实质上与探测率无关。校正后非均匀性从 0.1% 降至 0.01% 时，可以将噪声等效温差值从 63mK 降至 6.3mK。

参考文献

1. R. J. Cashman, "Film-type infrared photoconductors," *Proc. IRE* **47**, 1471–1475 (1959).
2. E. Burstein, G. Pines, and N. Sclar, "Optical and photoconductive properties of silicon and germanium," in *Photoconductivity Conference at Atlantic City*, edited by R. Breckenbridge, B. Russell, and E. Hahn, Wiley, New York, pp. 353–413 (1956).
3. A. Rogalski, *Infrared Detectors*, 2nd edition, CRC Press, Boca Raton, Florida (2010).
4. R. A. Soref, "Extrinsic IR photoconductivity of Si dped with B, Al, Ga, P, As or Sb," *J. Appl. Phys.* **38**, 5201–5209 (1967).
5. W. S. Boyle and G. E. Smith, "Charge-coupled semiconductor devices," *Bell Syst. Tech. J.* **49**, 587–593 (1970).
6. F. Shepherd and A. Yang, "Silicon Schottky retinas for infrared imaging," *IEDM Tech. Dig.*, 310–313 (1973).
7. C. Hilsum and A. C. Rose-Innes, *Semiconducting III-V Compounds*, Pergamon Press, Oxford (1961).
8. J. Melngailis and T. C. Harman, "Single-crystal lead-tin chalcogenides," in *Semiconductors and Semimetals*, Vol. **5**, edited by R. K. Willardson and A. C. Beer, Academic Press, New York, pp. 111–174 (1970).
9. T. C. Harman and J. Melngailis, "Narrow gap semiconductors," in *Applied Solid State Science*, Vol. **4**, edited by R. Wolfe, Academic Press, New York, pp. 1–94 (1974).
10. W. D. Lawson, S. Nielson, E. H. Putley, and A. S. Young, "Preparation and properties of HgTe and mixed crystals of HgTe-CdTe," *J. Phys. Chem. Solids* **9**, 325–329 (1959).
11. S. Krishna, "The infrared retina," *J. Phys. D: Appl. Phys.* **42**, 234005 (2009).
12. A. Rogalski and F. Sizov, "Terahertz detectors and focal plane arrays," *Opto-Electr. Rev.* **19**(3), 346–404 (2011).
13. D. Long, "Photovoltaic and photoconductive infrared detectors," in *Optical and Infrared Detectors*, edited by R. J. Keyes, Springer, Berlin, pp. 101–147 (1980).
14. R. D. Hudson, *Infrared System Engineering*, Wiley, New York (1969).
15. *The Infrared Handbook*, edited by W. I. Wolfe and G. J. Zissis, Office of Naval Research, Washington, D.C. (1985).
16. *The Infrared and Electro-Optical Systems Handbook*, edited by W. D. Rogatto, Infrared Information Analysis Center, Ann Arbor and SPIE Press, Bellingham, Washington (1993).
17. J. D. Vincent, *Fundamentals of Infrared Detector Operation and Testing*, Wiley, New York (1990).
18. J. D. Vincent, S. E. Hodges, J. Vampola, M. Stegall, and G. Pierce, *Fundamentals of Infrared and Visible Detector Operation and Testing*, Wiley, Hoboken, New Jersey (2016).
19. R. C. Jones, "Performance of detectors for visible and infrared radiation," in *Advances in Electronics*, Vol. **5**, edited by L. Morton, Academic Press,

New York, pp. 27–30 (1952).

20. R. C. Jones, "Phenomenological description of the response and detecting ability of radiation detectors," *Proc. IRE* **47**, 1495–1502 (1959).

21. J. Piotrowski and A. Rogalski, Comment on "Temperature limits on infrared detectivities of InAs/In$_x$Ga$_{1-x}$Sb superlattices and bulk Hg$_{1-x}$Cd$_x$Te" [*J. Appl. Phys.* 74, 4774 (1993)], *J. Appl. Phys.* **80**(4), 2542–2544 (1996).

22. A. Rogalski, "Quantum well photoconductors in infrared detector technology," *J. Appl. Phys.* **93**, 4355 (2003).

23. J. Piotrowski and A. Rogalski, *High-Operating Temperature Infrared Photodetectors*, SPIE Press, Bellingham, Washington (2007) [doi: 10.1117/3.717228].

24. J. M. Lloyd, *Thermal Imaging Systems*, Plenum Press, New York (1975).

25. G. C. Holst, "Infrared imaging testing," in *The Infrared & Electro-Optical Systems Handbook*, Vol. **4** *Electro-Optical Systems Design, Analysis, and Testing*, edited by M. C. Dudzik, SPIE Press, Bellingham, Washinton (1993).

26. J. M. Lopez-Alonso, "Noise equivalent temperature difference (NETD)," in *Encyclopedia of Optical Engineering*, edited by R. Driggers, Marcel Dekker Inc., New York, pp. 1466–1474 (2003).

27. M. A. Kinch, *State-of-the-Art Infrared Detector Technology*, SPIE Press, Bellingham, Washington (2014) [doi: 10.1117/3.1002766].

28. C. Li, G. Skidmore, C. Howard, E. Clarke, and C. J. Han, "Advancement in 17 micron pixel pitch uncooled focal plane arrays," *Proc. SPIE* **7298**, 72980S (2009) [doi: 10.1117/12.818189].

29. A. Rogalski, P. Martyniuk, and M. Kopytko, "Challenges of small-pixel infrared detectors: a review," *Rep. Prog. Phys.* **79**, 046501 (2016).

30. J. M. Mooney, F. D. Shepherd, W. S. Ewing, and J. Silverman, "Responsivity nonuniformity limited performance of infrared staring cameras," *Opt. Eng.* **28**, 1151 (1989) [doi: 10.1117/12.7977112].

第2章 锑基材料

目前，关于锑基材料的晶体生长方法和材料物理特性的信息有很多，难以全面回顾。因此，本章仅对一般性问题进行叙述，主要介绍锑基晶体生长及其物理性质的基本内容。更多内容可以查阅相关综述和专著（参考文献 [1-5]）。

下面我们来介绍用于制备红外探测器的Ⅲ-Ⅴ族半导体的晶体生长方法和相关物理性质，关注点主要在于大尺寸 InSb 和 GaSb 单晶的研发上。InSb 是用于 FPA 生产的极为成熟的传感器材料，适用于制备中波红外探测器，而正在快速发展的外延级 GaSb 晶圆衬底主要是为了满足未来 T2SL 市场的需求。

20 世纪 50 年代初 InSb 半导体材料的物理性质被首次报道[6-7]，研究者发现 InSb 在当时已知的半导体材料中具有最小带隙，自然就将其用作了红外探测器。InSb 材料室温下带隙为 0.18eV，表明其长波方向极限响应波长约为 7μm，在液氮冷却条件下带隙增加到 0.23eV，响应波长覆盖整个中波红外谱段，最长响应波长达到 5.5μm，如图 2.1 所示。

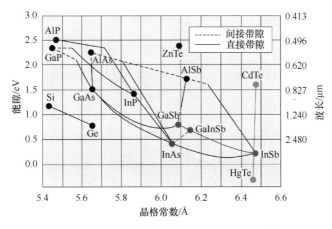

图 2.1 半导体材料体系的组成和波长图[8]

GaSb 材料的带隙为 0.8eV，既不像 GaAs 和 InP 那样宽，也不像 InAs 和 InSb 那样窄，因此它是中间带隙半导体。因为 GaSb 材料与各种三元和四元Ⅲ-Ⅴ族化合物固溶体（其带隙覆盖 0.3 ~ 1.6eV，对应 0.8 ~ 4.3μm 宽光谱范围）的晶格匹配，特别适合用作外延衬底材料，如图 2.1 所示。GaSb（晶格常数 a_o = 6.0954Å）、AlSb（a_o = 6.1355Å）和 InAs（a_o = 6.0584Å）及其相关的化合物（$In_x Ga_{1-x}Sb$、$AlAs_xSb_{1-x}$ 和 $GaAs_xSb_{1-x}$）（x 很小）的晶格常数约为 6.1Å，形成近晶格匹配半导体族，称为 6.1Å 系。

2.1 体材料

为了生长制备均匀的、化学计量比正确的二元和三元体单晶材料和外延材料，需要了解这些材料的相图。InSb 和 GaSb 的相图如图 2.2 所示。熔体中 In（Ga）与 Sb 之比为 1 : 1，虽然存在微小偏差但仍能得到非常接近化学计量比的单晶。当从偏离化学计量比较大的熔体中生长单晶时就会出现几种复杂情况，包括孪晶增多、缺陷密度增大以及析出第二相。

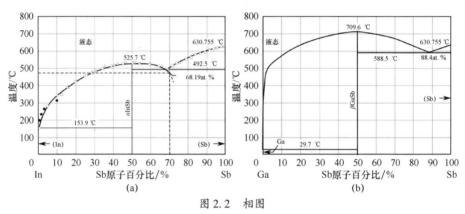

图 2.2　相图

（a）InSb 的相图；（b）GaSb 的相图。

InSb 相图的特点是在 Sb 原子百分比为 0.8% 和 68.2at.% 处存在两个共熔点。最左侧是纯 In（α-相），熔点为 154℃；最右侧是 Sb（γ-相），熔点为 630℃。

早在 1926 年，Goldschmidt 就成功合成了 GaSb 晶体材料，并确定了其晶格常数[9]。Koster、Thoma[10]，以及 Greenfield 和 Smith[11] 也分别绘制出了该化合物的相图。

20 世纪 50 年代早期晶体生长技术的发展促进了体单晶材料探测器的研发[11]。此后单晶生长的质量得到极大提高[5,12]，研究人员开发了多种晶体生长方法，其中提拉法（Czochralski 方法）、布里奇曼法（Bridgman 方法）和垂直梯度凝固法（VGF 方法）仍是目前最常用的晶体生长方法[13]。不同的晶体生长方法各有其优缺点。商用生产需要在晶体质量、光电性能、生长设备投资和运营成本等因素之间取得平衡。与生长大尺寸晶体的方法（如 VGF）相比，提拉法（Czochralski 法）生产的Ⅲ-Ⅴ族化合物半导体材料的产量仍然很低，衬底行业面临着生长更大尺寸晶体、进一步扩展采用 Czochralski 法生长先进Ⅲ-Ⅴ族器件技术的发展路线等双重挑战。对少量基础研究来说，可以在更广泛的晶体生长方法中，根据不同的设备基础来选择。

目前，改进后的 Czochralski 法也已经用于 InSb 和 GaSb 商用晶体生长[14-15]。

由于 Sb 的蒸气压低，无须高压容器。在干燥、纯惰性气体氛围中生长有助于减少熔体顶部氧化物漂浮物的形成。

目前生长的 InSb 单晶材料具有较高纯度和低位错密度，晶锭尺寸从 20 世纪 80 年代早期的 2in 增加到目前的 4~5in，这些晶锭支撑着常规 InSb 衬底的生产，非常适用于后续的大尺寸处理和光刻工艺。近期，有报道称已经成功生长出更大尺寸（不小于 6in）的 InSb 晶锭。

虽然生长较小重量（小于 10kg）的晶体比较容易，但市场还是需要更为复杂和更为自动的生长系统用于生长大尺寸晶锭。通过精确控制晶体生长时的温度梯度、提拉速率和旋转速度，可以从熔体中生长出大的圆柱形晶锭。

目前，IQE 红外公司作为红外探测器行业提供锑基材料的全球市场领导者，拥有美国（Galaxy Compound Semiconductors）和英国（Wafer Technology）业务。IQE 拥有行业内最大的锑基材料晶圆生产能力，采用了多种晶体材料生产设备（单晶炉）、用于量产的双面抛光平台和最先进检测仪器。

Galaxy 公司主要研究改进的 Czochralski 技术。开始生产时，将最高纯的金属（Ga、In 和 Sb）放在单晶炉的生长坩埚中，单晶炉中一般充惰性气体（H_2 或 N_2），加热石英坩埚使原材料熔化合成为化合物。由于 Sb 从熔体中蒸发时容易挥发，为了保持化学计量比，所以需要在单晶制备时向熔体中不断添加 Sb。根据需要，还可以向熔体中加入微量 Te，用于 n 型或 p 型非本征晶体掺杂。在 Czochralski 法中，GaSb 或 InSb 的籽晶旋转并缓慢从熔体拉出，形成初始晶锭生长。后续生长过程中，为减少晶锭位错，需要进行晶体缩颈工艺。最终的晶锭直径和长度与坩埚尺寸、熔体重量和生长提拉的总时间有关。在晶体生长最后，需要缓慢冷却晶锭以防止滑移或晶体开裂。

InSb 商用生产的晶锭大多数是 <211> 方向生长，生长 <100> 方向 InSb 在技术上也是可以的，但是这种方向制备技术难度大，而且其应用也有限。生长的晶圆加工成外延用衬底，具有和晶体一样的质量、电学性能和均匀性。在 4~6in 晶圆的整个生产过程中可以完整地保持粗糙度（小于 0.5nm·rms）、氧化层厚度（小于 100Å）和平整度（总厚度变化小于 7μm）等关键表面质量特性[16]。目前，超高纯 InSb 晶体的载流子浓度小于 10^{13} cm^{-3}，InSb 的典型腐蚀坑密度低于 10^2 cm^{-2}，被认为是商用缺陷最低的化合物半导体材料之一。

此外，在从熔体中生长 GaSb 单晶时，也需要对 Czochralski 设备进行改进才能解决晶体制备中遇到的一些技术问题，包括控制熔体表面漂浮的氧化物和 Sb 从熔体表面蒸发等。最初，研究人员采用液封的 Czochralski 法进行单晶生长，使用熔融的 B_2O_3 阻止水到达表面成为漂浮氧化物，同时还可以抑制 Sb 蒸发逸出[17]。虽然这种方法目前仍在使用，但出现一系列问题，如熔融 B_2O_3 引起的熔体污染、表面张力和黏度改变、生长工艺的显著改变，以及熔体凹面的热流和能流改变。此外，由于 B_2O_3 具有吸湿性，必须额外采用真空烘烤或用干燥 N_2 起泡使其保持干燥。有研究者已经多次提到在无密封条件下进行单晶生长。与密封生长方式相比，在氢气氛围下生长可以减少氧化物形成，GaSb 的晶体质量更高以及孪晶可能更少。关于 Czochralski 法生长 GaSb 晶体遇到的问题在参考文献［18］中有更详细的叙述。

　　大多数 GaSb 探测器的生产采用直径为 3in 衬底进行外延生长，少量采用 4in 衬底材料。为了使 GaSb 衬底生产技术达到与 InSb 相同的成熟水平，研究人员最近开始了超大面积探测器制备所需的 6in GaSb 衬底的研究。图 2.3 所示为 GaSb 晶锭尺寸从 2～3in 发展到 4～7in、一次装量超过 30kg 的晶锭情况。单个最大尺寸 GaSb 晶锭经过切割可以得到 4 个 7in 和 10 个 6in 的衬底晶片。

图 2.3　由 IQE 红外公司生产的 GaSb 晶锭[18]

（左）标准 2～3in GaSb 晶锭；（右）大尺寸 4～7in GaSb 晶锭。

　　GaSb 衬底是本征 p 型的，在室温下空穴载流子浓度约为 $10^{17} cm^{-3}$，GaSb 晶体的残余空穴浓度约为 $2 \times 10^{16} cm^{-3}$，其本征缺陷主要是 Ga 替位缺陷或类似的提供受主位的 $V_{Ga}Ga_{Sb}$ 缺陷。通过补偿掺杂诸如 Te 之类的Ⅵ族元素可以获得高电阻率或 n 型 GaSb，得到的吸收系数比未掺杂晶体的要低。

　　T2SL 结构生长需要制备出尽可能平坦的衬底，特别是在外延应变大对平整度产生不利影响的情况下。衬底的加工工艺必须保持衬底晶片很小的弯曲度和总厚度变化，以确保有效的光刻工艺，进而得到很好的像元特性。此外，探测器阵列与读出电路混成工艺步骤也需要平坦的衬底，这样才能保证探测器像元与读出集成电路（ROIC）之间的连接有效以及互联后探测器不同通道之间的信号输出。一般情况下，未经加工的直径 6in GaSb 衬底的弯曲度和总厚度变化小于 10μm，为获得弯曲度和总厚度变化小于 5μm 的衬底，需要对晶圆进一步抛光。通用的 GaSb 衬底线位错密度约为 $10^{3}～10^{4} cm^{-2}$。

　　最近，5N Plus 半导体公司的一个研究小组从 InSb 和 Ge 晶体生长项目的开发中获得很多经验[19]，在制备外延 6in GaSb 晶圆方面已实现快速的开发周期。图 2.4 所示为采用无密封的 Czochralski 法和改进的单晶生长炉生长 GaSb 晶体的发展时间线，表明研究小组从最初生长尝试、经历很多努力和反复实验，直至最终制造出 6in 高质量 GaSb 晶圆。

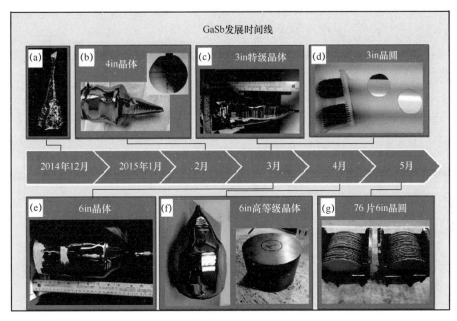

图 2.4　5N Plus 半导体公司 GaSb 晶体生长的发展时间线[19]

基于高压液体密封的 Czochralski 技术，采用 pBN 坩埚和水含量超低的 B_2O_3 密封剂生长商用 InAs 单晶的直径达 100mm。出于晶体生长技术研究的目的，研究人员在真空密封的坩埚中分别采用垂直布里奇曼和垂直梯度凝固法生长 InAs 单晶。在后一种方法中，在晶体生长期间需要在坩埚内放置储 As 容器，在坩埚外放置消压容器。

与其他锑基Ⅲ-Ⅴ族化合物相比，对 AlSb 开展的研究很少。大尺寸高质量的 AlSb 单晶难以制造，因为其表面与空气会发生快速反应。目前，AlSb 单晶还没有商用。

此外，由于多元素锑化物具有的不混溶特性，因此其生长技术很不成熟，并且很少使用到三元和四元锑化物体晶材料。

用等价的 As 元素取代 InSb 中的部分 Sb 空位，可以使 InSb-InAs（$InAs_{1-x}Sb_x$）的能隙小于二元化合物中任一个化合物的能隙。因此，$InAs_{1-x}Sb_x$ 三元合金在Ⅲ-Ⅴ族半导体中的能隙最低，可以得到响应波段在 $3\sim5\mu m$ 和 $8\sim14\mu m$ 大气透过窗口的室温能隙。然而，晶体合成的技术问题限制了这种三元系材料的发展。InAs-InSb 和 GaSb-InSb 系统之间的固、液相线分离很大（图 2.5 (a)），并且晶格失配（InAs 和 InSb 之间为 6.9%）对这种晶体的生长方法提出了严苛要求。采用分子束外延（MBE）和金属有机化学气相沉积（MOCVD）生长方法可以系统性地解决这些问题。

图 2.5（b）中所示的 Ga$_{1-x}$In$_x$Sb（GaInSb）为伪二元相图，固、液相线分离导致合金偏析，垂直布里奇曼或垂直梯度凝固制备工艺是生长大直径 GaInSb 晶体最适合的方法。实验室中已经成功地验证了这种用于生长各种合金组成的 GaInSb 晶体的工艺，晶体最大直径达 50mm。

Springer 出版的《电子和光子材料手册》中有关于所需的电子和光子材料的论述[4]。

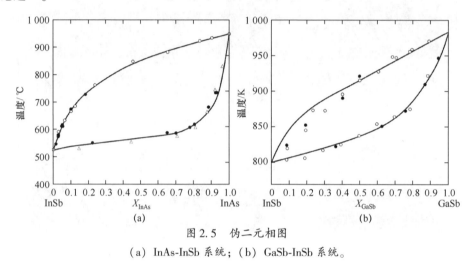

图 2.5　伪二元相图
（a）InAs-InSb 系统；（b）GaSb-InSb 系统。

2.2　外延层

截至 20 世纪 90 年代初，单晶和高质量外延层制备技术一直是限制锑基器件快速发展的主要技术难题。制备锑基外延层的常用方法包括液相外延（LPE）、MBE 和 MOCVD。

与 MOCVD 和 MBE 相比，LPE 是一种相对简单、生长制备的材料质量高的技术，外延设备也相对便宜，并且原材料的利用率高，特别适用于制备厚的外延膜层。LPE 技术是一种接近热力学平衡生长方法，它不能用于生长制备混溶隙的亚稳态三元和四元锑化物。不同基质晶相的生长速率不同，LPE 的生长速率通常大于 MOCVD 和 MBE 的生长速率，典型生长速率从 100nm/min 到几 μm/min。LPE 的缺点在于不能精确控制生长厚度很薄的外延层，尤其是不能用于制备超晶格材料、量子阱结构材料，以及其他复杂的微结构材料。此外，LPE 制备的外延层表面形貌通常比 MOCVD 或 MBE 生长的表面形貌要差。

Ⅲ-Ⅴ族半导体材料的 MBE 和 MOCVD 生长技术始于 20 世纪 70 年代初。判定 MBE 或 MOCVD 哪种外延生长技术更合适并不是件容易的事。每种生长方法在特定的器件应用中都有其独特的优势。表 2.1 比较了用于Ⅲ-Ⅴ族化合物的各种生长技术[20]。

表 2.1　MOCVD 和 MBE 技术的比较[20]

类别	MOCVD 技术	MBE 技术
技术上	材料生长速率很快； 接近热力学平衡生长； 质量/结晶度优异； 能够精确控制本底掺杂	快速切换，得到更优的界面； 能够生长热力学平衡无法生长的材料； 无氢钝化； MOCVD 无燃烧； 更好的均匀性，主要由反应器结构决定
经济性	维护周期较短； 源和反应器结构变化更加灵活； 安全性更高，增加全球立法机构的审查； 经济闲置；间接成本与运行率成比例	周期较长，设置变化少； 材料/晶圆成本较低； 间接成本与运行率不成比例。晶圆价值随晶圆尺寸而增加

MBE 技术是在超高真空环境（背景真空度约为 10^{-10} Torr（1Torr = 133.322Pa））下，通常采用单质源在加热的衬底上制备外延层结构。材料从高温源（泄流源）中蒸发，以气态形式向衬底输送，中间无任何化学变化，可以单独控制衬底温度，使外延材料逐层沉积到衬底上。超高真空环境可以确保材料纯度高。此外，MBE 技术还具有平均自由程长、产生定向单质束流、不需要载气等工艺特点。MBE 技术还可以利用控制挡板沉积更复杂的层结构（量子阱和超晶格）。由于 V 族材料的蒸气压相对高，通常采用带针阀的源炉。另外，MBE 还可以采用分解源（例如，掺 Te 的 GaTe）、气体源（例如，掺 C 的 CBr_4）和等离子体源（例如，用于氮化物的氮等离子体）。

MBE 的生长速率为约一个单层（ML）/s，生长速率缓慢结合放置在坩埚前面的挡板组分可以以单层控制方式改变生长的晶体组分。MBE 生长中背景气压低，可以采用电子束来监控和校准晶体的生长。反射高能电子衍射（RHEED）技术依赖于电子衍射，以监控薄膜生长的质量、逐层生长模式，以及确定 III/V 族单质元素的束流比。由于生长与热力学平衡相差很远，所以 MBE 方法可以 0.1s 的精度顺序开启挡板，对生长界面进行物理控制。但是，由于生长涉及高真空条件，所以漏气成为主要问题。生长室的腔壁通常采用液氮冷却，以确保高真空并阻止原子/分子从腔室壁逸出。

MBE 系统分为三个不同的温区（图 2.6（b））：源炉（材料蒸发）、气体区域（靠近样品表面，在此进行分子束叠加和稳定）和样品表面（在此进行外延生长）。由于衬底温度只影响生长表面上原子的扩散，而对分子裂解不产生影响，因此 MBE 系统可用于低温外延层制备。

MOCVD 是另一种广泛用于异质结构、量子阱结构和超晶格材料生长的重要技术。与 MBE 一样，它也能在半导体之间制备单层突变界面。MOCVD 外延层也在加热的衬底上生长，但气压与 MBE 有很大不同（通常为 15～750Torr）。典型的 MOCVD 系统如图 2.7 所示。

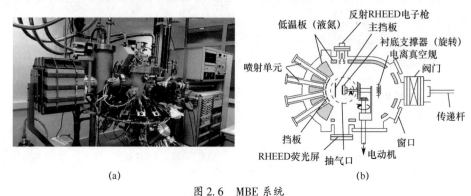

(a)   (b)

图 2.6   MBE 系统

(a) Riber Ⅲ-Ⅴ系统的照片；(b) MBE 生长示意图。

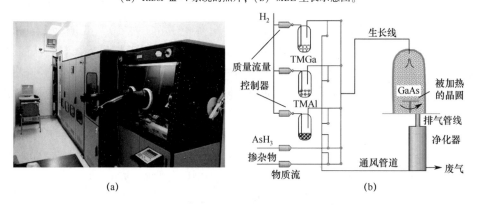

(a)   (b)

图 2.7   MOCVD 系统

(a) 德国 Aixtron 公司的 Ⅲ-Ⅴ系统；(b) MOCVD 生长示意图，采用醇酸 – 三甲基镓（TMGa）
和三甲基铝（TMAl）和金属氢化物（砷化物）材料源，氢气作为载气，在加热的基片上
进行化学反应，沉积 GaAs 或 AlAs。

    MOCVD 反应器有两种：常压 MOCVD，生长室基本上处于大气压下，需要大量生长气体；低压 MOCVD，生长室的压力较低，保持慢的生长速率，与 MBE 的情况相似。

    MOCVD 设备要求非常严格的安全预防措施。MOCVD 技术使用的气体毒性很大，必须有很多安全装置来避免致命事故。由于必须频繁处理有毒和有害物质，所以安全和环境问题是几乎所有半导体制造中最重要的问题。

    通常，MOCVD 技术采用更为复杂的化合物源，即金属有机源（例如，三甲基或三乙基 Ga、In、Al 等）、氢化物（例如，AsH_3 等）和其他气体源（例如，乙硅烷）。与 MBE 相比，MOCVD 方法是通过化学反应而不是物理沉积完成晶体制备。质量流量控制器控制沉积物质的种类。在 MOCVD 中，反应物流过衬底，在衬底上进行反应，进行外延生长。与 MBE 相比，MOCVD 需要使用载气（通常

为 H_2）将反应物材料输送到衬底表面。通过阀门开启不同气体喷射口得到层状结构。MBE 和 MOCVD 这两种技术更适合制备热力学亚稳态合金器件，已经成为光电器件制造中的重要技术。

从商业因素考虑 MBE 和 MOCVD 技术（见表 2.1 和参考文献 [20]）：

（1）每种技术的特殊/普遍性要求不同，所以制备成本也有很大不同：

① MOCVD 成本往往会随产量而增加

② MBE 成本相对固定，不随产量而增加

（2）MOCVD 技术有明显的过量产能情况（空置时间较多），而 MBE 则相反，满负荷时在基础成本方面有优势；

（3）就设备利用率而言，两种技术差别不大：

① 反应器故障时，MBE 停机时间有几个月

② MOCVD 维护相对频繁，但每次耗时较少

（4）因为是在大气压环境下进行维修，MBE 生长室每次都需要很长的烘烤时间；

（5）相比之下，MOCVD 不需要很长的烘烤时间（MOCVD 能更快地从设备故障中得到恢复）。

Manasevit 和 Simpson 在 1969 年使用三甲基镓（TMGa）和锑化氢（SbH_3）源[21]首次采用 MOCVD 外延生长了锑化物薄膜材料。目前，常用的用于锑基化合物的Ⅲ族金属有机源是三甲基化合物和三乙基化合物，如 TMGa、三甲基铟（TMIn）、三甲基铝（TMAl）、三乙基镓（TEGa）、三乙基铟（TEIn）等[22-23]。常用的 V 族源是三乙基锑（TMSb）、砷化氢（AsH_3）、磷化氢（PH_3）、三甲基铋（TMBi）、$RF-N_2$ 等。

锑化物一般是低熔点材料，生长温度约为 500℃。大多数Ⅲ族金属有机源在 500℃以下不能完全分解，因此需要引入较低分解温度的新型有机源材料，包括三二甲基氨基锑（TDMASb）、三烯丙基锑（TASb）、三甲基胺铝烷（TMAA）、三叔丁基铝（TTBA1）、乙基二甲基胺（EDMAA）等。而在含 Al 锑化物材料中，制备中存在碳和氧污染问题。研究人员认为这种现象与外延层表面上缺乏活性氢原子有关。碳通常与 p 型杂质一起掺入，使得 n 型掺杂含 Al 锑化物外延层生长具有一定困难。

20 世纪 70 年代末首次报道了采用 MBE 生长半导体锑化物[24-25]。与 GaAs 和其他砷化物相比，GaSb 基化合物的生长特征是 Sb 蒸气压相对较低，等同于其升华能高。由于 GaSb 和 AlSb 晶格几乎相互匹配，并且二者与 InAs 也晶格匹配，所以很多研究都集中在 GaSb 和 AlSb。GaSb 和 AlSb 生长过程的衬底温度通常在 550～600℃，MBE 生长技术一方面避免了 MOCVD 生长含 Al 材料时 C 污染问题，同时也极大降低了掺 O 浓度。大多数复杂精细结构和低维结构（如量子阱、量子线和量子点）的器件都是采用 MBE 生长的材料首先制备出的。研究表明表面晶向有小角度偏移的衬底（即衬底表面上的低密度原子台阶）可以得到更高质量外延层[26]。

锑基Ⅲ-Ⅴ族外延层一般在InSb、InAs和GaSb等低缺陷衬底上生长。为了克服诸如在半绝缘衬底等材料上生长锑化物的困难，采用GaAs衬底、涂覆GaAs的Si衬底和其他异质衬底等材料进行外延生长的技术引起研究人员的极大关注。通过制备渐变、连续的组分梯度外延层，或者在相邻层之间生长突变但组分逐渐增加的多个层，可以实现不同的衬底结构。在红外探测器制备中，这两种方法可以与选择性移除外延衬底和晶圆键合技术相结合。同时，一些低缺陷的合金衬底作为MBE和MOCVD外延衬底也是可行的[27]，它们可以有更多的功能和晶格常数，但带隙明显不同于那些可用的二元化合物晶圆（例如，InAs或GaSb）。

2.3　物理性质

表2.2列出包括用于红外光电探测器制备的窄带隙半导体材料在内的一些材料的物理特性，所有化合物均具有金刚石（D）或闪锌矿（ZB）晶体结构。表中从左到右，随着晶格常数的增加，化学键变化趋势从共价键的Ⅳ族半导体到更偏向离子键的Ⅱ-Ⅵ族半导体。在体基模量特性上，化学键变弱，材料变得更软。共价键贡献较大的材料机械强度更高，从而具有更好的可制造性。Si在电子材料中和GaAs在光电子材料中分别占主要地位证明了这点。另一方面，表右侧的半导体带隙能量趋于更小，由于它们为直接带隙结构，可以看到强带－带吸收能够得到高的量子效率（例如，在InSb和HgCdTe中）。

表2.2　制备红外光电探测器常用半导体材料的特性

材料	Si	Ge	GaAs	AlAs	InP	InGaAs	AlInAs	InAs	GaSb	AlSb	InSb	HgTe①	CdTe
族类	Ⅳ	Ⅳ	Ⅲ-Ⅴ	Ⅲ-Ⅴ	Ⅲ-Ⅴ	Ⅲ-Ⅴ	Ⅲ-Ⅴ	Ⅲ-Ⅴ	Ⅲ-Ⅴ	Ⅲ-Ⅴ	Ⅲ-Ⅴ	Ⅱ-Ⅵ	Ⅱ-Ⅵ
晶格常数/Å(结构)	5.431(D)	5.658(D)	5.653(ZB)	5.661(ZB)	5.870(ZB)	5.870(ZB)	5.870(ZB)	6.058(ZB)	6.096(ZB)	6.136(ZB)	6.479(ZB)	6.453(ZB)	6.476(ZB)
体积模量/GPa	98	75	75	74	71	69	66	58	56	55	47	43	42
带隙/eV	1.124(id)	0.660(id)	1.426(d)	2.153(id)	1.350(d)	0.735(d)		0.354(d)	0.730(d)	1.615(id)	0.175(d)	0.141(d)	1.475(d)
电子有效质量	0.26	0.39	0.067	0.29	0.077	0.041		0.024	0.042	0.14	0.014	0.028	0.090
空穴有效质量	0.19	0.12	0.082(L) 0.45(H)	0.11(L) 0.40(H)	0.12(L) 0.55(H)	0.05(L) 0.60(H)		0.025(L) 0.37(H)	0.4	0.98	0.018(L) 0.4(H)	0.40	0.66
电子迁移率/(cm²/(V·s))	1450	3900	8500	294	5400	13800		3×10⁴	5000	200	8×10⁴	26500	1050
空穴迁移率/(cm²/(V·s))	505	1900	400	105	180			500	880	420	800	320	104

---

① 译者注：原文为HgT，应为HgTe。

（续）

材料	Si	Ge	GaAs	AlAs	InP	InGaAs	AlInAs	InAs	GaSb	AlSb	InSb	HgTe①	CdTe
电子饱和速度/(10^7cm/s)	1.0	0.70	1.0	0.85	1.0			4.0			4.0		
热导率/(W/(cm·K))	1.31	0.31	0.5		0.7			0.27	0.4	0.7	0.15		0.06
相对介电常数	11.9	16.0	12.8	10.0	12.5			15.1	15.7	12.0	17.9	21	10.2
衬底	Si、Ge		GaAs			InP		InAs、GaSb			InSb	CdZnTe、GaAs、Si	
中波/长波探测机理	异质结带内跃迁		QWIP、QDIP			QWIP		体材料（中波）超晶格（中波/长波）带间隧穿（BBT）			体材料BBT	体材料BBT	

注：D—金刚石；ZB—闪锌矿；id—间接带隙；d—直接带隙；L—轻空穴；H—重空穴。

用于红外探测器材料体系的窄带半导体性质由直接带隙结构决定：价带和导带中的能级密度高，对红外辐射强烈吸收和热产生速率相对低。从可制造性来看，Ⅲ-Ⅴ族材料的化学键要强得多，因此与 HgCdTe 相比其化学稳定性更高。

布里渊区中心的电子带和轻质空穴带的形状由 k·p 扰动理论决定。不同材料的动量矩阵元只有约为 9.0×10^8 eV·cm 的轻微变化，因此对于相同能隙材料，电子有效质量和导带能级密度相同。

这些材料的能隙通常具有负温度系数，Varshni 关系式可很好地表示[28]，即

$$E_g(T) = E_0 + \frac{\alpha T^2}{T + \beta} \tag{2.1}$$

式中：α 和 β 为给定材料的拟合特征参数。

图 2.8 表示 $Ga_x In_{1-x}As$、$InAs_x Sb_{1-x}$ 和 $Ga_x In_{1-x}Sb$ 三元合金等材料在 Γ-导带上的能隙和电子有效质量、组分的对应关系。

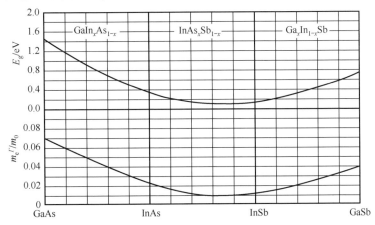

图 2.8　室温下 $Ga_x In_{1-x}As$、$InAs_x Sb_{1-x}$ 和 $Ga_x In_{1-x}Sb$ 三元合金在 Γ-导带上带隙能和电子有效质量的变化

表 2.3 包含 InAs、InSb、GaSb 和 InAs$_{0.35}$Sb$_{0.65}$ 半导体材料的一些物理参数[12,29]。其中，对 InSb 的研究最为广泛。InSb 的霍耳曲线与温度无关，表明 InSb 中的大多数电活性杂质原子活化能较小，在 77K 以上是热离化的。p 型样品的霍耳系数在低温非本征时为正，并且由于电子迁移率较高（观察到迁移率比 $b = \mu_e/\mu_h$ 为 10^2 量级），在本征时符号反转为负。p 型样品的转变温度（在此温度，R_H 的符号发生改变）取决于材料纯度。样品在一定温度以上（对于纯 n 型样品，在 150K 以上）变为本征型的；低于这些温度（对于纯 n 型样品，低于 100K）时，霍耳系数变化不大。

表 2.3　窄带隙 Ⅲ-Ⅴ 族合金材料的物理性质

参　　数		T/K	InAs	InSb	GaSb	InAs$_{0.35}$Sb$_{0.65}$
晶格结构		—	立方（ZnS）	立方（ZnS）	立方（ZnS）	立方（ZnS）
晶格常数 a/nm		300	0.60584	0.647877	0.6094	0.636
热膨胀系数 α /($\times 10^{-6} K^{-1}$)		300 80	5.02	5.04 6.50	6.02	—
密度 ρ/(g/cm^3)		300	5.68	5.7751	5.61	
熔点 T_m/K		—		1210	803	985
能隙 E_g/eV		4.2 80 300	0.42 0.414 0.359	0.2357 0.228 0.180	0.822 0.725	0.138 0.136 0.100
E_g 的热系数		100~300	-2.8×10^{-4}	-2.8×10^{-4}	—	—
有效质量	m_{e*}/m	4.2 300	0.023 0.022	0.0145 0.0116	0.042	0.0101
	m_{lh*}/m	4.2	0.026	0.0149		
	m_{hh*}/m	4.2	0.43	0.41	0.28	0.41
动量矩阵元 P/(eV·cm)		—	9.2×10^{-8}	9.4×10^{-8}	—	—
迁移率	μ_e/(cm^2/(V·s))	77 300	8×10^4 3×10^4	10^6 8×10^4	5×10^3	5×10^5 5×10^4
	μ_h/(cm^2/(V·s))	77 300	500	1×10^4 800	2.4×10^3 880	
本征载流子浓度 n_i/cm^{-3}		77 200 300	6.5×10^3 7.8×10^{12} 9.3×10^{14}	2.6×10^9 9.1×10^{14} 1.9×10^{16}	—	2.0×10^{12} 8.6×10^{15} 4.1×10^{16}

（续）

参　数		T/K	InAs	InSb	GaSb	$\mathrm{InAs_{0.35}Sb_{0.65}}$
反射率 n_r		—	3.44	3.96	3.8	—
静态介电常数 ε_s		—	14.5	17.9	15.7	—
高频介电常数 ε_∞		—	11.6	16.8	14.4	—
光学声子	纵向光学声子（LO）/cm^{-1}	—	242	193	—	≈210
	横向光学声子（TO）/cm^{-1}		220	185		≈200

半导体中存在各种载流子散射机制，例如图 2.9 所示的 InSb[30]，其中，虚线分别表示 300K 温度下带电中心、偏振光学和声学散射模式的理论迁移率，是 300K 条件下的实验数据。一定纯度的 n 型和 p 型 InSb 样品在约 20～60K 时迁移率增大，之后由于极化和电子空穴散射影响导致迁移率减小。在温度 77K 和 300K 条件下，载流子迁移率随杂质浓度的减小而系统性增大。

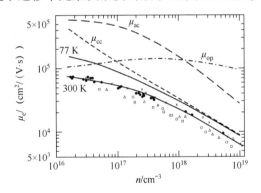

图 2.9　300K 和 77K 条件下 n 型 InSb 的电子迁移率与自由电子浓度的关系[30]

对于化合物半导体，组分带电载流子显现出由于组分异常引起的电势波动，这种散射机制就是所谓的合金散射，对一些Ⅲ-Ⅴ族三元和四元合金有较大影响。合金 $\mathrm{A_xB_{1-x}C}$ 的总载流子迁移率 μ_{tot} 简单表示为[4]

$$\frac{1}{\mu_{\mathrm{tot}}(x)} = \frac{1}{x\mu_{\mathrm{tot}}(\mathrm{AC}) + (1-x)\mu_{\mathrm{tot}}(\mathrm{BC})} + \frac{1}{\mu_{\mathrm{al},0}/[x/(1-x)]} \quad (2.2)$$

式（2.2）右侧的第一项由线性插值方法得到，第二项考虑了合金的影响。

由于电子有效质量非常小，导带的能级密度也很小，可以通过掺杂填充有效的能带能级，将吸收边明显地向短波长偏移，这称为 Burstein-Moss 效应。不同电子浓度的 n 型 InSb[31] 如图 2.10 所示。

$\mathrm{InAs_{1-x}Sb_x}$ 三元合金的研究发展历史悠久。20 世纪 70 年代中期，研究人员已经证明了 InAsSb 三元合金作为红外应用的 HgCdTe 替代材料[32]。Ⅲ-Ⅴ族探测器技术的优势在于较高的键合强度、高的材料稳定性（与 HgCdTe 相比）容易掺杂

和高质量 Ⅲ-Ⅴ族衬底。

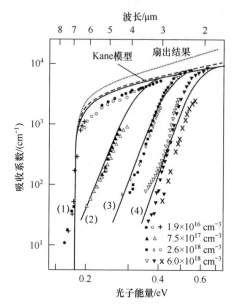

图 2.10　300K 温度下 InSb 的光学吸收系数与光子能量的关系[31]

注：载流子浓度分别为：(1) $1.9 \times 10^{16}\,cm^{-3}$；(2) $7.5 \times 10^{17}\,cm^{-3}$；

(3) $2.6 \times 10^{18}\,cm^{-3}$；(4) $6.0 \times 10^{18}\,cm^{-3}$。

20 世纪 60 年代，Woolley 及其同事首先研究了 InAsSb 的性质，建立了 InAs-InSb 混溶隙[33]、伪相图[34]、散射机制[35]，以及带隙和有效质量等基本性质与组分的关系[36-37]。上述研究结果是在采用多种凝固和退火技术制备的多晶样品上得到的。Rogalski 的论文[38-39]介绍了早期对 InAsSb 晶体生长技术、物理性质和探测器制备流程的研究。

最近，由于新开发了势垒红外探测器，$InAs_{1-x}Sb_x$晶体生长技术和探测器制备流程经历了快速发展，研究人员已经在各种合金组分中重新研究这种三元合金的电子特性[40-44]。

三元合金的电子特性可以用虚晶近似（VCA）方法来描述[45]。在该模型中，无序合金被认为是理想晶体，通过对相应二元化合物的电势进行线性插值建模方法得到其平均电势。合金带隙与组分成非线性关系，并且比二元化合物的带隙窄。

$InAs_{1-x}Sb_x$三元合金的组分和带隙呈非线性关系，由弯曲系数 C 表示，则有

$$E_g(x) = E_{gInSb}x + E_{gInAs}(1 - x) - Cx(1 - x) \qquad (2.3)$$

100K 以上或近 100K 时 InAsSb 实验数据的最早文献将其直接带隙弯曲参数设定为 $0.58 \sim 0.6eV$[46]。由 Rogalski 和 Jóźwikowski[47]提出的理论预测得出的弯曲参数较高，为 $0.7eV$。最近，MBE 生长的各种组分的非弛豫 $InAs_{1-x}Sb_x$ 的光致发光研究得到的弯曲参数为 $0.83 \sim 0.87eV$[42-43]。图 2.11 总结了不同文献中

4～77K温度范围能隙的实验数据和理论预测。可能有几个原因造成 $E_g(x,T)$ 相关性差异：样品的结构质量和 CuPt 型有序效应等。早期文献中窄能隙数据可能被导带的电子填充所掩盖，这些样品生长具有不同程度的残余应变和弛豫。采用特殊渐变缓冲层可以调节衬底与合金材料晶格常数之间的巨大差异，通过这种方法已开发出高质量无应变非弛豫的 InAsSb 外延层。参考文献［43－44］分别给出了无应变 InAsSb 合金的电子衍射图，表明了 V 族元素无序分布，观察到的三元合金是固有能隙（排序和残余应变效应都被消除）。$E_g(x,T)$ 相关性表明传统 InAsSb 在 77K 下带隙足够小，可工作在 8～14μm，与以前 Wieder 和 Clawson 所述的有所不同[48]，即

$$E_g(x,T) = 0.411 - \frac{3.4 \times 10^{-4} T^2}{210 + T} - 0.876x + 0.70x^2 + 3.4 \times 10^{-4} xT(1-x)$$

$$(2.4)$$

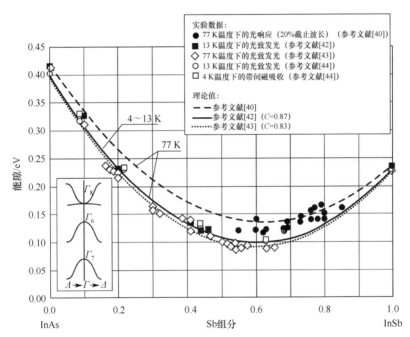

图 2.11　$InAs_{1-x}Sb_x$ 的能隙与 Sb 组分的关系（实验数据取自索引中的论文）

相关研究表明：InAsSb 组分三元化合物的能隙一般是组分平方的函数，与 HgCdTe 相比，带边对组分的依赖关系不大，参见图 2.1。

为了得到室温条件下有效质量测试与理论计算值良好的一致性，Rogalski 和 Józwikowski[47] 引入了导带－价带重叠理论[49]，如图 2.12 所示。最近发表的文献中的低温数据表明电子有效质量较小，特别是在中等组分范围。估计电子有效质量的负弯曲参数 $C_m = 0.038$，略低于 Kane 模型预测值（$C_m = 0.045$），达到曾经报道的 Ⅲ-Ⅴ族半导体有效质量最低值（在 $x = 0.63$ 和 4K 时为 $0.0082m_0$），如

图2.12所示。导致电子有效质量偏差的一个可能原因是，合金无序引起了随机电势，使导带和价带重叠。

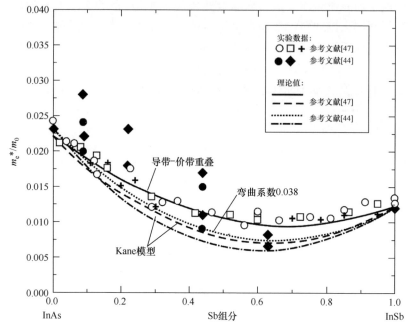

图2.12　$InAs_{1-x}Sb_x$合金系统的电子有效质量与组分的关系[44,47]

图2.13所示为在10K温度下$InAs_{1-x}Sb_x$三元合金自旋－轨道分裂能Δ与组分的关系。Cripps等对$\Delta(x)$关系的最新测量结果[50]与Van Vechten等人1972年发表论文中的数据有很大差别[51]。

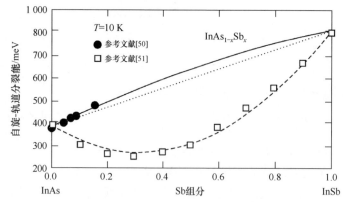

图2.13　$T=10K$温度下$InAs_{1-x}Sb_x$三元合金自旋－轨道分裂能与组分的关系[50-51]（点线表示零弯曲特性，这与虚晶近似一致）

　　x（Sb百分比）和Δ参数的关系曲线几乎没有弯曲，对此研究人员给出较好的模拟公式（单位为eV），即

$$\Delta(x) = 0.81x + 0.373(1 - x) + 0.165x(1 - x) \qquad (2.5)$$

这种自旋 – 轨道分裂带隙能与测量值非常一致，且与温度无关。但是，最新测量组分和温度与能隙的关系与文献中预测的一致。

不同温度条件下 InAsSb 中的本征载流子浓度与组分 x 的关系可由下式近似[47]：

$$n_i = (1.35 + 8.50x + 4.22 \times 10^{-3}T - 1.53 \times 10^{-3}xT - 6.73x^2)$$
$$\times 10^{14}T^{3/2}E_g^{3/4}\exp\left(-\frac{E_g}{2kT}\right) \qquad (2.6)$$

对于给定温度，$x \approx 0.63$ 时 n_i 出现最大值，对应的能隙最小。

20 世纪 60 年代后期对各种凝固和退火技术制备的 n 型 InAsSb 合金样品的传输性能进行了首次测试[35,52]。由 LPE 制备的 $x < 0.35$ 高质量 InAsSb 外延层的性质与纯 InAs 的性质类似（当 $n = 2 \times 10^{16}$ cm^{-3} 时，300K 时的典型迁移率为 30000cm^2/(V·s)，77 K 时为 50000cm^2/(V·s)）。对于 $x \geqslant 0.90$ 的富 InSb 合金，300K 时的典型迁移率为 60000cm^2/(V·s)。当 As 添加到 InAs$_{1-x}$Sb$_x$ 合金中时，本底载流子浓度增加到 10^{17} cm^{-3}；但是，当温度从 300 降至 77K 时，迁移率首先增大然后减小至原来的 1/2～1/1.5。在当时 MBE 生长技术处于开发阶段，在 40% Sb、77K 温度条件下，InAs$_{1-x}$Sb$_x$ 合金的本底电子浓度低至 1.5×10^{15} cm^{-3} [43]。

Chin 等计算了考虑所有可能的散射机制（包括杂质、声学声子、光学声子、合金散射和位错）时的 InAsSb 电子迁移率[53-54]，并证实以下结果：与实验结果相比，位错散射对传输影响很大，同时合金散射也限定了具有最少缺陷的三元合金样品的迁移率，如图 2.14 所示。

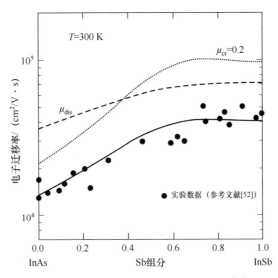

图 2.14　室温电子迁移率和组分的关系[54]

（载流子浓度为 10^{17} cm^{-3}；补偿比为 0.2；位错密度为 3.8×10^8 cm^{-3}）

三元合金 $Ga_xIn_{1-x}Sb$ 是用于制备 MWIR 探测器的重要材料。$Ga_xIn_{1-x}Sb$ 探测器的波长极限可从 77K 的 $1.52\mu m$（$x = 1.0$）调至室温的 $6.8\mu m$（$x = 0.0$）。室温下 $In_xGa_{1-x}As_ySb_{1-y}$ 的带隙能可由以下关系式拟合[55]：

$$E_g(x) = 0.726 - 0.961x - 0.501y + 0.08xy + 0.451x^2$$
$$- 1.2y^2 + 0.021x^2y + 0.62xy^2 \tag{2.7}$$

GaSb 晶格匹配条件对 x 与 y 的关系进行了附加约束，即 $y = 0.867/(1 - 0.048x)$。

2.4 热产生－复合过程

与复合过程相对应的产生过程直接决定光电探测器性能，而在受到热或光激发的半导体中建立稳定的载流子浓度则决定着光生信号的动力学特性。文献已广泛地讨论了半导体器件中的产生－复合（G-R）过程（见参考文献［56－58］），这里仅提供与光电探测器性能直接相关的一些载流子寿命数据。假设只有体内过程，窄带隙半导体主要有三种热产生－复合过程，即肖特基－里德（Shockley-Read）、辐射和俄歇过程。

Shockley、Read[59] 和 Hall[60] 首先提出基于中间体中心进行 G-R 过程的统计理论，这种类型的复合通常称为肖特基－里德－霍耳（SRH）复合。减少材料缺陷和降低外来杂质浓度可以降低 SRH 复合概率，而减少材料缺陷和降低外来杂质浓度可通过低温生长和提高材料纯度来实现。虽然仍需要针对 SRH 开展大量研究工作，SRH 过程并不是光电探测器性能受到的基本限制；随着更纯和更高质量的材料的技术发展，可以减少 SRH 过程，这对窄带隙半导体是可行的。

SRH 机制中，通过杂质和晶格缺陷引入禁带中的能级可以发生产生和复合。杂质和晶格缺陷作为复合中心时捕获电子和空穴，而作为产生中心时连续辐射电子和空穴。产生和复合速率取决于以下条件：①中心的个体性质及其多数电荷载流子占有情况；②半导体能带中载流子的密度。通常，电子和空穴通过能级的跃迁速率完全不同，因此造成寿命不同。

辐射产生的电荷载流子是吸收内部产生的光子的结果，辐射复合是一个反过程，电子－空穴对发生湮灭伴随光子发射。长期以来，内部辐射过程被认为是探测器性能的主要根本性限制，并进行了器件的实际性能与上述限制的比较。目前，研究人员已经重新审视了辐射机制在红外辐射探测中的作用[61-63]。Humpreys[61] 指出，由于辐射衰减使光电探测器发射的大多数光子马上被重新吸收，因此观测到的辐射寿命只是对光子从探测器逃逸程度的一种量度。由于重新吸收，辐射寿命得到很大延长，并取决于半导体的几何形状。因此，在一个探测器内部组合的复合－产生过程实质上是无噪声的。相反，光子从探测器中同性质逃逸或者因热辐射从探测器外部有源体产生而构成的复合行为是噪声产生过程。对探测器阵列而言，当出现其中一个像元吸收由另一个探测器或钝化层发射的光子时，上述过程也容易发生[64]。沉积在探测器的背面和侧面的反射层（反射镜）可以阻止噪声发射和热光子吸收，从而明显提高光学绝缘性能。需要注意的是，反向偏压工作条件下可以抑制探测器内部辐射的产生，其中有源层中的电子密度可以降至远低于其平衡水平[65]。

综上所述，内部辐射过程虽然是窄禁带半导体材料的基本性质，但并不能从根本上限制红外探测器的最终性能，尤其是 LWIR 器件的性能[66]。

在近室温下，$Hg_{1-x}Cd_xTe$ 和 InSb 等高性能窄带隙半导体中，俄歇机制主导产生和复合过程。俄歇产生本质上是费米 – 狄克拉（Fermi-Dirac）分布的高能尾部中电子空穴的碰撞电离。

根据相关能带的情况，能带与能带间的俄歇效应可以分为几个过程，图 2.15 所示为这种能带结构间俄歇效应的三种最重要机制。三种机制有最小阈值（$E_T \approx E_g$）和最大的能级组合密度。CHCC 复合机制（复合后的能量给导带的电子并使其激发到导带更高能态，也称为俄歇 1）包括两个电子和一个重空穴，在 n 型材料中占主导。如果忽略自旋分裂带，则 CHLH 过程（标记为俄歇 7）在 p 型材料中占主导。对于 InSb 材料和 HgCdTe 材料，自旋分裂能 Δ 远大于带隙能 E_g，与 CHLH 俄歇（复合后的能量给价带的空穴，使其从轻空穴带激发到重空穴带，也称俄歇 7）跃迁相比，通过导带/重空穴带/自旋分裂带机制（复合后的能量给价带的空穴并使其激发到自旋 – 轨道裂带上，称为 CHSH 或俄歇 S）的俄歇跃迁概率可能小到忽略不计。对于直接带隙材料，特别是当带隙能 E_g 接近自旋轨道分裂能 Δ 时（正如 InAs 和 InAsSb 的情况），自旋分裂带远比轻空穴带起到更重要的作用。

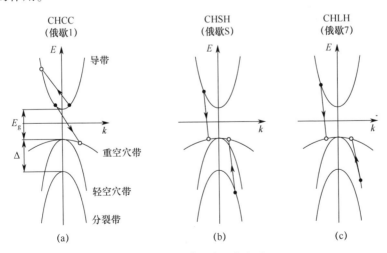

图 2.15　三种带间俄歇复合过程

注：箭头表示电子跃迁；实心圈表示占据状态；圆圈表示未占据状态。

20世纪50年代末和60年代初，研究人员陆续发表了几篇关于 InSb 和 InAs 光导寿命的论文。从那时起，单晶材料生长和探测器制备技术得到极大提高。Pines 和 Stafsudd[67] 介绍了当时高质量 n 型 InSb 晶锭的光导寿命。测量得到的光导寿命为 SRH 光导寿命 $\tau'_{PC} = (\mu_e \tau_e + \mu_h \tau_h)/(\mu_e + \mu_h)$（当电子和空穴寿命不相等时）、俄歇寿命 τ_{A1} 和辐射寿命 τ_R 倒数之和，由 $\tau_{PC} = (1/\tau_{A1} + 1/\tau_R + 1/\tau'_{PC})^{-1}$ 表示。

图 2.16（a）表示不同杂质电子浓度、复合中心密度为 $8 \times 10^{13} cm^{-3}$ 条件下温度倒数和光导寿命的关系。当外部温度高达 250K 条件下，SRH 光导寿命占主导，但在该温度以上时，俄歇 1 寿命变为极限寿命。在较高温度（$T > 200K$）条件下，SRH 光导寿命和俄歇寿命倒数之和用虚线表示。Hollis 等人测量的光导寿命数据也参见图 2.16（a）。在低于 130K 温度条件下，电子和空穴寿命遵循 SRH 复合过程的表达式为

$$\tau_h = \frac{4.4 \times 10^8}{N_d} \tag{2.8}$$

式中：N_d 为掺杂浓度。

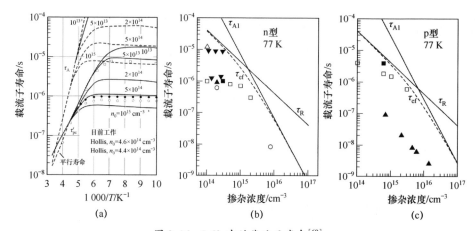

图 2.16　InSb 中的载流子寿命[69]

（a）各种杂质浓度的 n 型材料的光导寿命和俄歇寿命[67]；（b）n 型料掺杂浓度和载流子寿命的关系；
（c）p 型材料掺杂浓度和载流子寿命的关系。

在不同实验室制备的多个样品中都观察到寿命和掺杂浓度具有这种关系[67-74]。因为在 n 型材料中单有一组复合中心，所以电子和空穴寿命是相等的。为了解释外部温度范围内的复合过程，Pines 和 Stafsudd[65] 提出一种两步复合模型，其中包括偶极矩相互作用势和库仑相互作用势。

图 2.16（a）和 2.16（b）对 InSb 中载流子寿命复合机制给出更多的解释。从图 2.16（b）可以看出，电子浓度 $n > 4 \times 10^{15} cm^{-3}$ 时俄歇 1 过程占主导，而 $n < 1 \times 10^{15} cm^{-3}$ 时载流子寿命由辐射机制决定。p 型 InSb 材料中，载流子浓度 $p < 5 \times 10^{15} cm^{-3}$ 时辐射复合占主导（图 2.16（c））。由于相同载流子浓度样品的实验数据分散，特别是对 p 型材料而言[70]，这可以归因于 SRH 复合。在 77K 温

度下，p 型 InSb 空穴和电子寿命差别很大，$\tau_e < 10^{-9}$s，$\tau_h \approx 10^9/p_o$，其中 p_o 是平衡空穴浓度。这种特性是因为在位于价带上方约 0.05eV 处，可能是第二个深能级上存在类施主复合中心[70-71]。早前研究的样品中载流子寿命值（根据参考文献 [70]，如闭合三角形）低于目前得到的寿命值。因此，从图 2.16（b）和（c）中所示实验数据可清楚地看到 InSb 技术提高与载流子寿命增加之间的关系。

InSb 探测器的工作温度通常被限制在 77～90K，主要是因为体材料晶格中杂质和缺陷使产生寿命变短。研究发现，采用 LPE[72] 和 MBE[73] 技术在 InSb 晶圆上生长 InSb 外延层可以大幅减少这些杂质和缺陷。虽然采用外延生长技术可显著减少 InSb 中的杂质和缺陷，InSb 的 SRH 寿命 50 年以来依然保持在约 1μs。

图 2.17 所示为 n 型和 p 型 InAs 二元化合物中掺杂浓度与载流子寿命关系的实验值和理论值曲线。随着能隙增加和温度降低，辐射机制的贡献逐渐增加。因此，在低温（$T = 77$K）下，利用辐射复合机制能很好地描述 n 型 InAs 的实验数据。随着温度升高，俄歇复合变得突出了，如图 2.17（b）和（c）所示。

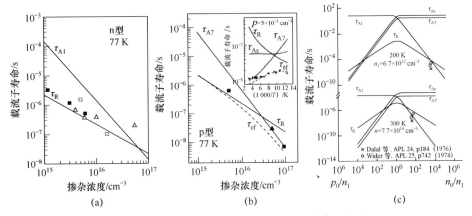

图 2.17　77K 温度下掺杂浓度与载流子寿命的关系

（a）n 型 InAs 掺杂浓度与载流子寿命的关系[74]；（b）p 型 InAs 掺杂浓度与载流子寿命的关系[74]（图（b）插图表示 p 型 InAs（$p = 5 \times 10^{16}$ cm^{-3}）的载流子寿命和温度的关系）；（c）200K 和 300K 温度条件下，InAs 的归一化掺杂浓度和载流子寿命的关系[75]。

与 InSb 相比，俄歇 S 过程对 p 型 InAs 的影响更加明显，所以需要综合考虑辐射、俄歇 7 和俄歇 S 三种复合机制。77K 温度下，空穴浓度低于 10^{16} cm^{-3} 时基本上是辐射机制的。俄歇 S 复合机制与温度的关系不大，其对寿命的贡献与俄歇 7 过程的主导贡献相比也不太重要。俄歇 S 机制与 Δ 和 E_g 之差有很大关系[29]。

通过对 1960 年到目前的载流子寿命实验值进行仔细分析，可以清楚地看到，由辐射和俄歇复合过程决定的理论极限值逐渐增加，这些结果是由 InAs 单晶生长技术提高后得到的；另一方面，对 SRH 复合过程的研究仍然还不够。

Rogalski 和 Orman[75] 计算了 77～300K 温度范围、组分 $0 \leqslant x \leqslant 1$ 条件下 InAs$_{1-x}$Sb$_x$ 辐射复合和俄歇复合的载流子寿命。在低温条件下，载流子寿命由辐射复合决定。在较高温度条件下，n 型 $InAs_{1-x}Sb_x$ 中俄歇 1 占主导；但在 p 型材料中，组分为 $0 \leq x \leq 0.3$ 时俄歇 7 和俄歇 S 过程相当，$x > 0.3$ 时俄歇 7 占主导。$InAs_{0.35}Sb_{0.65}$ 有工作在最长截止波长的潜能，其室温 E_g 接近 0.1eV，参考文献 [75] 讨论了该材料的不同复合机制。

在计算俄歇 S 的影响时，研究人员假设了自旋–轨道分裂能 $\Delta(x)$（1972 年 Van Vechte 等发表）。但最近发表的论文表明[50]，由于对自旋分裂带隙能 $\Delta(x)$ 与组分 x 的关系有新的理解认识，需要重新审视 p 型 $InAs_{1-x}Sb_x$ 三元合金中自旋分裂带隙能 $\Delta(x)$ 对载流子寿命的影响。假定 $\Delta(x)$ 有新的实验数据，在 $InAs_{1-x}Sb_x$ 合金组分为 $0 \leq x \leq 0.15$、接近 InAs 时，预测俄歇 S 过程的影响非常重要。这意味着 InAsSb 器件的俄歇 S 非辐射损耗比之前预测得更低[76]。此次理论上的修正对解释 p 型 InAsSb 光电二极管性能具有重要意义。

参考文献

1. W. F. M. Micklethwaite and A. J. Johnson, "InSb: Materials and devices," in *Infrared Detectors and Emitters: Materials and Devices*, edited by P. Capper and C. T. Elliott, Kluwer Academic Publishers, Boston, pp. 178–204 (2001).
2. P. S. Dutta, H. L. Bhat, and V. Kumar, "The physics and technology of gallium antimonide: An emerging optoelectronic material," *J. Appl. Phys.* **81**, 5821–5879 (1997).
3. W. Zhang and M. Razeghi, "Antimony-based materials for electro-optics," in *Semiconductor Nanostructures for Optoelectronic Applications*, edited by T. Steiner, Artech House, Norwood, Massachusetts, pp. 229–288 (2004).
4. *Springer Handbook of Electronic and Photonic Materials*, edited by S. Kasap and P. Capper, Springer, Heidelberg (2006).
5. *Springer Handbook of Crystal Growth*, edited by G. Dhanaraj, K. Byrappa, V. Prasad, and M. Dudley, Springer, Heidelberg (2010).
6. T. S. Liu and E. A. Peretti, "The indium-antimony system," *Trans. Am. Soc. Met.* **44**, 539–548 (1951).
7. H. Walker, "Über Neue Halbleitende Verbindungen," *Z. Naturf.* **7A**, 744 (1952).
8. A. Rogalski, J. Antoszewski, and L. Faraone, "Third-generation infrared photodetector arrays," *J. Appl. Phys.* **105**, 091101 (2009).
9. V. M. Goldschmidt, *Skrifter Norshe Vide. Akads. Oslo I: Mat. Naturv. Kl. VIII* (1926).
10. W. Koster and B. Thoma, "Building of the gallium-antimony, gallium-arsenic and alluminium-arsenic systems," *Z. Metallkd.* **46**, 291–293 (1955).
11. I. G. Greenfield and R. L. Smith, "Gallium-antimony system," *Trans. AIME* **203**, 351–353 (1955).
12. A. Rogalski, *Infrared Detectors*, 2nd edition, CRC Press, Boca Raton, Florida (2011).
13. R. Fornari, "Bulk crystal growth of semiconductors: An Overview," in *Comprehensive Semiconductor Science and Technology. Six-Volume Set*, Vol. **3**, edited by P. Bhattacharya, R. Fornari, and H. Kamimura, Elsevier, Amsterdam, Chapter 3.01 (2011).

14. M. J. Furlong, R. Martinez, S. Amirhaghi, D. Small, B. Smith, and A. Mowbray, "Scaling up antimonide wafer production: Innovation and challenges for epitaxy ready GaSb and InSb substrates," *Proc. SPIE* **8012**, 801211 (2011) [doi: 10.1117/12.884450].

15. M. J. Furlong, R. Martinez, S. Amirhaghi, B. Smith, A. P. Mowbray, J. P. Flint, G. Dallas, G. Meshew, and J. Trevethan, "Towards the production of very low defect GaSb and InSb substrates: bulk crystal growth, defect analysis and scaling challenges," *Proc. SPIE* **8631**, 86311N (2013) [doi: 10.1117/12.2005130].

16. M. J. Furlong, G. Dallas, G. Meshew, J. P. Flint, D. Small, B. Martinez, and A. P. Mowbray, "Growth and characterization of 6" InSb substrates for use in large area infrared imaging applications," *Proc. SPIE* **9070**, 907016 (2014) [doi: 10.1117/12.2042393].

17. J. B. Mulin, "Melt-growth of III-V compounds by the liquid encapsulation and horizontal growth techniques," in *III-V Semiconductor Materials and Devices*, edited by R. J. Malik, North-Holland, Amsterdam, pp. 1–72 (1989).

18. M. J. Furlong, B. Martinez, M. Tybjerg, B. Smith, and A. Mowbray, "Growth and characterization of ≥6" epitaxy-ready GaSb substrates for use in large area infrared imaging applications," *Proc. SPIE* **9451**, 94510S (2015) [doi: 10.1117/12.2178040].

19. N. W. Gray, A. Prax, D. Johnson, J. Demke, J. G. Bolke, and W. A. Brock, "Rapid development of high-volume manufacturing methods for epi-ready GaSb wafers up to 6" diameter for IR imaging applications," *Proc. SPIE* **9819**, 981914 (2016) [doi: 10.1117/12.2223998].

20. R. Pelzel, "A comparison of MOVPE and MBE growth technologies for III-V epitaxial structures," *CS MANTECH Conference*, May 13th–16th, 2013, New Orleans.

21. H. M. Mansevit and W. I. Simpson, "The use of metal-organics in the preparation of semiconductor materials," *J. Electrochem. Soc.* **116**(12), 1725–1732, pp. 105–108 (1969).

22. R. M. Biefeld, "The metal-organic chemical vapor deposition and properties of III-V antimony-based semiconductor materials," *Materials Science and Engineering* **R36**, 105–142 (2002).

23. C. A. Wang, "Progress and continuing challenges in GaSb-based III-V alloys and heterostructures grown by organometallic vapor-phase epitaxy," *Journal of Crystal Growth* **272**, 664–681 (2004).

24. C.-A. Chang, R. Ludeke, L. L. Chang, and L. Esaki, "Molecular beam epitaxy of InGaAs and GaSbAs," *Appl. Phys. Lett.* **31**, 759 (1977).

25. R. Leduke, "Electronic properties of the (100) surfaces of GaSb and InAs and their alloys with GaAs," *IBM J. Res. Dev.* **22**, 304 (1978).

26. B. R. Bennett and B. V. Shanabrook, "Molecular beam epitaxy of Sb-based semiconductors," in *Thin Films: Heteroepitaxial Systems*, edited by W. K. Liu and M. B. Santos, World Scientific Publishing Co., Singapore, pp. 401–452 (1999).

27. M. G. Mauk and V. M. Andreev, "GaSb-related materials for TPV cells," *Semicond. Sci. Technol.* **18**, S191–S201 (2003).

28. Y. P. Varshni, "Temperature dependence of the energy gap in semiconductors," *Physica* **34**, 149–154 (1967).

29. A. Rogalski, K. Adamiec, and J. Rutkowski, *Narrow-Gap Semiconductor Photodiodes*, SPIE Press, Bellingham, Washington (2000).

30. W. Zawadzki, "Electron transport phenomena in small-gap semiconduc-

tors," *Advances in Physics* **23**, 435–522 (1974).

31. F. P. Kesamanli, Yu. V. Malcev, D. N. Nasledov, Yu. I. Uhanov, and A. S. Filipczenko, "Magnetooptical investigations of InSb conduction band," *Fiz. Tverd. Tela* **8**, 1176–1181 (1966).

32. D. T. Cheung, A. M. Andrews, E. R. Gertner, G. M. Williams, J. E. Clarke, J. L. Pasko, and J. T. Longo, "Backside-illuminated $InAs_{1-x}Sb_x$-InAs narrow-band photodetectors," *Appl. Phys. Lett.* **30**, 587–598 (1977).

33. J. C. Woolley and B. A. Smith, "Solid solution in III-V compounds," *Proc. Phys. Soc.* **72**, 214–223 (1958).

34. J. C. Woolley and J. Warner, "Preparation of InAs-InSb alloys," *J. Electrochem. Soc.* **111**, 1142–1145 (1964).

35. M. J. Aubin and J. C. Woolley, "Electron scattering in InAsSb alloys," *Can. J. Phys.* **46**, 1191–1198 (1968).

36. J. C. Woolley and J. Warner, "Optical energy-gap variation in InAs-InSb alloys," *Can. J. Phys.* **42**, 1879–1885 (1964).

37. E. H. Van Tongerloo and J. C. Woolley, "Free-carrier Faraday rotation in $InAs_{1-x}Sb_x$ alloys," *Can. J. Phys.* **46**, 1199–1206 (1968).

38. A. Rogalski, "InAsSb infrared detectors," *Prog. Quant. Electr.* **13**, 191–231 (1989).

39. A. Rogalski, *New Ternary Alloy Systems for Infrared Detectors*, SPIE Press, Bellingham, Washington (1994).

40. M. Razeghi, "Overview of antimonide based III-V semiconductor epitaxial layers and their applications at the center for quantum devices," *Eur. Phys. J. AP* **23**, 149–205 (2003).

41. W. Zhang and M. Razeghi, "Antimony-based materials for electro-optics," in *Semiconductor Nanostructures for Optoelectronic Applications*, edited by T. Steiner, Artech House, Norwood, Massachusetts, pp. 229–288 (2004).

42. S. P. Svensson, W. L. Sarney, H. Hier, Y. Lin, D. Wang, D. Donetsky, L. Shterengas, G. Kipshidze, and G. Belenky, "Band gap of $InAs_{1-x}Sb_x$ with native lattice constant," *Phys. Rev. B* **86**, 245205 (2012).

43. Y. Lin, D. Donetsky, D. Wang, D. Westerfeld, G. Kipshidze, L. Shterengas, W. L. Sarney, S. P. Svensson, and G. Belenky, "Development of bulk InAsSb alloys and barrier heterostructures for long-wavelength infrared detectors," *J. Electron. Mater.* **44**(10), 3360–3066 (2015).

44. S. Suchalkin, L. Ludwig, G. Belenky, B. Laikhtman, G. Kipshidze, Y. Lin, L. Shterengas, D. Smirnov, S. Luryi, W. L. Sarney, and S. P. Svensson, "Electronic properties of unstrained narrow gap $InAs_{1-x}Sb_x$ alloys," *J. Phys. D: Appl. Phys.* **49**(10) 105101 (2016).

45. J. M. Schoen, "Augmented-plane-wave virtual-crystal approximation," *Phys. Rev.* **184**(3), 858–863 (1969).

46. I. Vurgaftman, J. R. Meyer, and L. R. Ram-Mohan, "Band parameters for III-V compound semiconductors and their alloys," *J. Appl. Phys.* **89** (11), 5815–5875 (2001).

47. A. Rogalski and K. Jóźwikowski, "Intrinsic carrier concentration and effective masses in $InAs_{1-x}Sb_x$," *Infrared Phys.* **29**, 35–42 (1989).

48. H. H. Wieder and A. R. Clawson, "Photo-electronic properties of $InAs_{0.07}Sb_{0.93}$ films," *Thin Solid Films* **15**, 217–221 (1973).

49. O. Berolo, J. C. Woolley, and J. A. Van Vechten, "Effect of disorder on the conduction-band effective mass, valence-band spin-orbit splitting, and

the direct band gap in III-V alloys," *Phys. Rev. B* **8**, 3794 (1973).

50. S. A. Cripps, T. J. C. Hosea, A. Krier, V. Smirnov, P. J. Batty, Q. D. Zhuang, H. H. Lin, P. W. Liu, and G. Tsai, "Determination of the fundamental and spin-orbit-splitting band gap energies of InAsSb-based ternary and pentenary alloys using mid-infrared photoreflectance," *Thin Solid Films* **516**, 8049–8058 (2008).

51. J. A. VanVechten, O. Borolo, and J. C. Woolley, "Spin-orbit splitting in compositionally disordered semiconductors," *Phys. Rev. Lett.* **29**, 1400 (1972).

52. W. M. Coderre and J. C. Woolley, "Electrical properties of electron effective mass in III-V alloys," *Can. J. Phys.* **46**, 1207 (1968).

53. V. W. L. Chin, R. J. Egan, and T. L. Tansley, "Electron mobility in $InAs_{1-x}Sb_x$ and the effect of alloy scattering," *J. Appl. Phys.* **69**, 3571 (1991).

54. R. J. Egan, V. W. L. Chin, and T. L. Tansley, "Dislocation scattering effects on electron mobility in InAsSb," *J. Appl. Phys.* **69**, 2473–2478 (1994).

55. A. Joullie, F. Jia Hua, F. Karouta, H. Mani, and C. Alibert, "III-V alloys based on GaSb for optical communications at 2.0–4.5 μm," *Proc. SPIE* **587**, 46 (1985) [doi: 10.1117/12.952100].

56. J. S. Blakemore, *Semiconductor Statistics*, Pergamon Press, Oxford (1962).

57. G. Nimtz, "Recombination in narrow-gap semiconductors," *Phys. Rep.* **63**, 265–300 (1980).

58. P. Landsberg, *Recombination in Semiconductors*, Cambridge University Press, Cambridge (1991).

59. W. Shockley and W. T. Read, "Statistics of the recombination of holes and electrons," *Phys. Rev.* **87**, 835–842 (1952).

60. R. N. Hall, "Electron-hole recombination in germanium," *Phys. Rev.* **87**, 387 (1952).

61. R. G. Humpreys, "Radiative lifetime in semiconductors for infrared detections," *Infrared Phys.* **23**(3), 171–175 (1983).

62. R. G. Humpreys, "Radiative lifetime in semiconductors for infrared detection," *Infrared Phys.* **26**(6), 337–342 (1986).

63. T. Elliott, N. T. Gordon, and A. M. White, "Towards background-limited, room-temperature, infrared photon detectors in the 3-13 μm wavelength range," *Appl. Phys. Lett.* **74**, 2881–2883 (1999).

64. N. T. Gordon, C. D. Maxey, C. L. Jones, R. Catchpole, and L. Hipwood, "Suppression of radiatively generated currents in infrared detectors," *J. Appl. Phys.* **91**, 565–568 (2002).

65. C. T. Elliott and C. L. Jones, "Non-equilibrium devices in HgCdTe," in *Narrow-gap II-VI Compounds for Optoelectronic and Electromagnetic Applications*, edited by P. Capper, Chapman & Hall, London, pp. 474–485 (1997).

66. K. Jóźwikowski, M. Kopytko, and A. Rogalski, "Numerical estimations of carrier generation-recombination processes and the photon recycling effect in HgCdTe heterostructure photodiodes," *J. Electron. Mater.* **41**, 2766–2774 (2012).

67. M. Y. Pines and O. M. Stafsudd, "Recombination processes in intrinsic semiconductors using impact ionization capture cross sections in indium antimonide and mercury cadmium telluride," *Infrared Phys.* **20**, 73–91 (1980).

68. J. E. Hollis, S. C. Choo, and E. L. Heasell, "Recombination centers in InSb," *J. Appl. Phys.* **38**, 1626–1636 (1967).

69. V. Tetyorkin, A. Sukach, and A. Tkachuk, "Infrared Photodiodes on II-VI and III-V Narrow-Gap Semiconductors," licensee InTech. 2012, 10.5772/52930.

70. R. N. Zitter, A. J. Strauss, and A. E. Attard, "Recombination processes in p-type indium antimonide," *Phys. Rev.* **115**, 266–273 (1959).

71. P. W. Kruse, "Indium antimonide photoconductive and photoelectro-magnetic detectors," in *Semiconductors and Semimetals*, Vol. **5**, edited by R. K. Willardson and A. C. Beer, Academic Press, New York, pp. 15–83 (1970).

72. S. R. Jost, V. F. Meikleham, and T. H. Myers, "InSb: A key for IR detector applications," *Mater. Res. Soc. Sym. Proc.* **90**, 429–435 (1987).

73. I. Shtrichman, D. Aronov, M Ben Ezra, I. Barkai, E. Berkowicz, M. Brumer, R. Fraenkel, A. Glozman, S. Grossman, E. Jacobsohn, O. Klin, P. Klipstein, I. Lukomsky, L. Shkedy, N. Snapi, M. Yassen, and E. Weiss, "High operating temperature epi-InSb and XBn-InAsSb photodetectors," *Proc. SPIE* **8353**, 83532Y (2012) [doi: 10.1117/12.918324].

74. V. Tetyorkin, A. Sukach, and A. Tkachuk, "InAs infrared photodiodes," in *Advances in Photodiodes*, edited by G. F. D. Betta, InTech, 2011, http://www.intechopen.com/books/advances-in-photodiodes/inas-infrared-photodiodes

75. A. Rogalski and Z. Orman, "Band-to-band recombination in $InAs_{1-x}Sb_x$," *Infrared Phys.* **25**, 551–560 (1985).

76. J. Wróbel, R. Ciupa, and A. Rogalski, "Performance limits of room-temperature InAsSb photodiodes," *Proc. SPIE* **7660**, 766033 (2010) [doi: 10.1117/12.855196].

第3章　Ⅱ类超晶格

自 Esaki 和 Tsu 最初提出超晶格概念[1]及 MBE 技术出现以来，受技术挑战、新的物理概念和现象以及应用前景等诸多因素驱动，多年来对半导体超晶格（SL）和量子阱（QW）结构的研究投入不断加大，一类具有独特电学和光学特性的新型材料及异质结已经被开发研究。本章着重阐述锑基 T2SL，包括载流子的红外激发和实现该结构的几种材料体系等内容。

不同量子阱结构的物理性质主要由界面能带的不连续性即能带排列来决定。局部能带结构的不连续性突变引起与其邻近能带的渐变弯曲，反映出空间电荷效应。导带和价带的不连续性决定了载流子在界面的传输特性。因此，它们是决定 SL 或 QW 是否适用于红外探测器的最重要的因素。附加的 SL 周期电势使半导体的电子能谱发生改变，即布里渊区域被分成一系列微小区域，从而产生由微带隙隔开的窄子带。因此，SL 就拥有了同质半导体所没有表现出的新特性。但是，通过简单考虑并不能得到能带不连续时导带 ΔE_c 和价带 ΔE_v 的值。在大多数情况下，当两种半导体形成异质结构时，电子亲和势并不能实现能带排列，这是因为界面上的原子发生细微的电荷共享效应。研究人员已经提出很多理论研究预测能带如何排列的趋势[2-4]。然而，这些技术非常复杂，异质结构设计通常依赖于实验来提供排列情况[5-7]。同时，需要注意的是，电学和光学方法不能直接测量能带偏移量，而是测量与异质结构中电子结构相关的量。由实验获得的能带偏移需要建立合适的理论模型。

根据能带的不连续性值，异质界面可分为四类：Ⅰ类、Ⅱ类交错型、Ⅱ类错位型和Ⅲ类，如图 3.1 所示。

GaAs/AlAs、GaSb/AlSb、应变层结构 GaAs/GaP，以及大多数非零带隙Ⅱ-Ⅵ和Ⅳ-Ⅵ族半导体结构系统，属于Ⅰ类。可以看到，ΔE_c 和 ΔE_v 之和等于两个半导体的带隙差 $E_{g2} - E_{g1}$。电子和空穴分别被束缚在相互接触的两个半导体中。这种类型的 SL 和多量子阱（MQW）优先用作有效注入激光器，该类型激光器的阈值电流可以远低于异质结激光器。

Ⅱ类结构可分为两种：交错型结构（图3.1（b））和错位型结构（也称为断带隙型）（图3.1（c））。可以看出，$\Delta E_c - \Delta E_v$ 等于带隙差 $E_{g2} - E_{g1}$。Ⅱ类交错结构存在于一些三元和四元Ⅲ-Ⅴ族超晶格中，其中一个半导体导带底部和价带顶部低于另一个半导体的对应值（例如，在 $InAs_x Sb_{1-x}/InSb$、$In_{1-x} Ga_x As/GaSb_{1-y}$ As_y 结构的情况中）。因此，导带底部和价带顶部位于 SL 和 MQW 的相对层中，造成受束缚的电子和空穴在空间上分离。

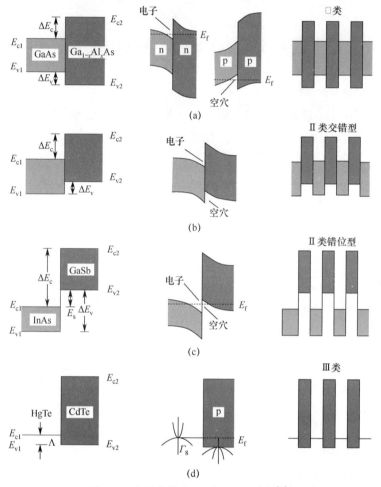

图 3.1　各种半导体 SL 和 MQW 结构[8]

（a）Ⅰ类结构；（b）Ⅱ类交错型结构；（c）Ⅱ类错位型结构；（d）Ⅲ类结构。

　　Ⅱ类错位型结构是Ⅱ类交错型结构的延伸，其中半导体 1 的导带能级与半导体 2 的价带能级重叠。在 InAs/GaSb、PbTe/PbS 和 PbTe/SnTe 系统中存在这种结构。GaSb 价带的电子进入 InAs 导带，形成电子和空穴气的偶极层，如图 3.1（c）所示。由于 SL 或 MQW 的周期较短，可以实现半金属到半导体的转变，这种系统可以用作光敏结构，并通过调节材料的厚度来实现不同的光谱响应。

　　Ⅲ类结构由具有正带隙的半导体如 $E_g = E_{\Gamma_6} - E_{\Gamma_8} > 0$（例如，CdTe 或 ZnTe），以及具有负带隙的半导体如 $E_g = E_{\Gamma_6} - E_{\Gamma_8} < 0$（例如，HgTe 型半导体）构成。在所有温度下，HgTe 型半导体的性质类似于半金属，原因是 Γ_8 带中轻空穴态和重空穴态之间没有激活能（图 3.1（d））。Ⅲ-Ⅴ族化合物不能形成这种超晶格。

3.1 带隙工程红外探测器

红外探测器制备中采用了三种基本类型（Ⅰ类、Ⅱ类和Ⅲ类）超晶格的带隙图，如图 3.2 所示。

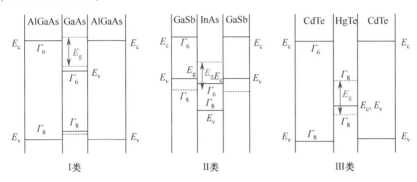

图 3.2　用于红外探测器的三种基本类型超晶格的带隙图[9]

Ⅰ类超晶格由交替的较宽带隙 AlGaAs 和 GaAs 薄层组成，其带隙近似对准——一种半导体的价带（Γ_8 对称）与另一种半导体的导带（Γ_6 对称）不重叠。探测器存在各种形式的带隙结构，但通常这种器件多数是光导型，通过量子化维度在导带中的能级之间进行跃迁实现红外吸收。AlGaAs 层是很厚的势垒层，可以阻挡过剩电流，例如，通过超晶格的隧穿电流。量子阱红外光电探测器的吸收系数通常很小，由于光学跃迁的选择规则，需要采用巧妙的方法将正入射辐射有效地耦合到结构中。AlGaAs/GaAs QWIP 结构的优点是商业化材料制造技术、设计的灵活性和 $1/f$ 噪声低；缺点是暗电流高、量子效率低和工作温度低。

以 InAs/GaSb 超晶格为代表的 T2SL，除了相邻能带中导带和价带重叠之外，其余结构与Ⅰ类超晶格类似。T2SL 利用了某一层中的导带和相邻层的价带相关的能级分层。电子和空穴能级空间分离，并且只在载流子波函数重叠的空间区域发生跃迁。因此可以采用极薄的交替层实现适当的红外吸收，也可以通过在交替层之间额外引入晶格失配和应变来提高红外吸收。

在Ⅲ类超晶格中，交替层的导带和价带具有不同的对称性。这种结构本质上是Ⅰ类结构，只不过采用半金属替代半导体与半导体势垒层交替排列。在这种情况中，半金属层厚度决定导带和价带中的二维量子能级系统。通过隧穿超晶格的薄层势垒产生电子和空穴的导电。

Ⅱ类和Ⅲ类超晶格实质上是少数载流子本征半导体材料，它们的红外辐射吸收系数与直接带隙合金相似，但有效质量大于具有相同带隙的直接带隙合金的有效质量。

总之，Ⅱ类和Ⅲ类超晶格的优点是直接带隙吸收、有效质量大及俄歇产生减少（特别是由于空间电荷分离得到的 InAs/GaSb T2SL 的情况）。Ⅲ类超晶格的缺点是表面钝化和在典型制备温度下容易发生不同层的互扩散。此外，T2SL 的表面钝化也是非常值得关注的问题。不过，T2SL 的主要缺点还是 SRH 寿命短。

3.2 Ⅱ类超晶格的生长

当组成材料的晶格匹配得很好时，可以通过只控制层间厚度和势垒高度来设计 T2SL 或 MQW 带结构。但是对于红外探测器应用而言，也可以生长导-价带隙缩小的高质量Ⅲ-Ⅴ族 T2SL 器件，其中 QW 层可在原子尺度上控制，但是与势垒材料相比晶格常数有很大差别，这为通过改变电势效应设计电子能带结构提供了更多机会[10-12]。典型应变层超晶格（SLS）结构的示意图如图 3.3 所示。SLS 薄层交替处于压缩和拉伸状态，使各个应变层平面内的晶格常数相等。如果各层厚度小于位错产生的临界厚度，则层应变调节整个晶格失配而不产生失配位错。在 SLS 结构中不会产生失配缺陷，因此 SLS 层的结晶质量足够高，可用于各种科学和器件应用。应变可以改变组分的带隙并使重空穴和轻空穴能带的简并分裂，这些变化和能带分裂不仅造成 SL 电子能带结构中的能级反转，而且还抑制了光激发载流子的复合速率[13]。在这样的系统中，导-价带隙比任何Ⅲ-Ⅴ族合金晶体的带隙小很多[14]。例如，图 3.3（b）表示在四面体配位直接带隙半导体中的双轴应变效应，还表示出不同双轴应变组成的平面外电导、轻空穴、重空穴和分离能带。由此可见，在 InAsSb/InSb SLS 系统中，小带隙层（InAsSb）的带隙减小，InSb 层的带隙增大。因此，从单独应变效应来看，InAsSb 可以比 InAsSb 合金吸收更长波长的光辐射。

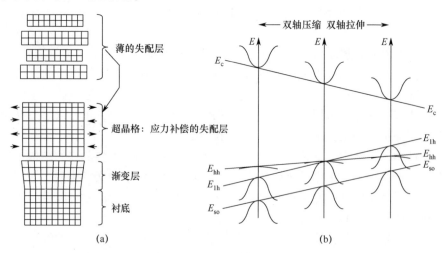

图 3.3 应变层超晶格

（a）制备示意图；（b）双轴应变使价带和导带生长面之外能级发生偏移。

1977 年，Sai-Halasz、Tsu 和 Esaki 最先提出了Ⅱ类能带排列并预测了一些有趣的物理特性[15]。之后不久，研究人员就报道了 T2SL 的光学吸收[16]及其半金属特性[17]，认识到这种系统在红外光电子领域具有潜在用途。

自 1984 年起 MBE 和 MOCVD 生长制备 InAs/InAsSb SLS 取得了进步，当时 Osbourn 在理论研究中表明，应变效应足以让 SLS 材料在 77 K 时截止波长超过 12μm[10]。Rogalski 的专著中讲述了开发外延层的前 10 年中有价值的研究工作[18]。研究人员在寻找合适的超晶格生长制备条件时，特别是中间组分 SLS 时遇到了困难[19-21]。这种三元合金在低温条件下不稳定，表现出混溶能隙，导致金相分离或聚集产生。合金组分的控制特别是对于 MBE 技术一直存在问题。由于 CuPt 自发性排序，导致带隙缩小明显，因此难以精确和可重复地控制光电器件应用所需的带隙[22]。

尽管 20 世纪 90 年代研究人员已成功验证了 InAsSb T2SL 结构[23]，但由于后来更倾向使用 XInAs/GaInSb SL 而搁置了对其研究。最近，由于 InAs/GaInSb 探测器性能的局限性（载流子寿命短和量子效率降低），InAsSb T2SL 又重新被研究[24]。

MBE 具有的独特优势，使其成为锑基超晶格生长制备的最佳技术。这些优点在 2.2 节中已经阐述。InAs/GaSb 超晶格中包含 InSb 界面，这种界面键合力弱并且熔点低，由此只能在 390 ~450℃ 温度范围生长。对 MOCVD 生长而言，因为衬底感应器需要更高温度使金属有机物源裂解，使得这种生长条件是不可能的。

采用 MBE 生长锑基超晶格时，Ga 和 In 用标准金属泄流源，As 和 Sb 用带针阀的裂解源。根据参考文献 [24]，为了降低阴离子束流的交叉污染，InAs 和 GaSb 沉积时 V/Ⅲ 材料的流量比设定为最小值 3。在 2in GaSb（100）外延用晶片上进行生长（n 型和 p 型）时，GaSb 和 GaInSb 的生长速率通常约为 1Å/s，InAs 的生长速率低一些。为了尽力平衡晶格失配的 InAs，采用受控的类 InSb 界面。SL 堆叠厚度为几微米，GaSb 缓冲层厚度为几微米量级。

在 GaSb 和 GaAs 衬底上可以外延生长 6.1Å 材料。2009 年直径 4in 的 GaSb 衬底大规模商用以后，提高了大规格 FPA 阵列制造的经济性。最近，超大面积探测器应用的 6in GaSb 衬底引起人们关注。

样品的结构参数，如 SL 周期、残余应变和各层厚度，可以用高分辨率透射电镜（HRTEM）和高分辨率 X 射线衍射（HRXRD）来测试。图 3.4 所示为衬底区域附近 SL 中各层的 HRTEM 照片，其中 $Ga_{0.75}In_{0.25}Sb$ 和 InAs 层分别显示暗和亮。从这些照片来看，SL 的平均周期为 67.6 ±0.3Å，$Ga_{0.75}In_{0.25}Sb$ 的平均层厚为 24.1 ±1.6Å，InAs 的平均层厚为 44.1 ±1.2Å。

SL 结构的残余本底载流子浓度影响光电二极管性能（耗尽宽度和少数载流子响应）。因此，降低本底载流子浓度是优化生长条件的主要任务。

已经采用 MBE 和 MOCVD 方法在 GaSb 衬底生长了 InAs/InAsSb SL。MOCVD 生长 InAs/InAsSb SL 比生长 InAs/GaSb SL 更适合。显然，通过控制层厚而不控

制界面就可简单地平衡 InAsSb SL 的应变[25]，其衬底生长温度与外延 InAs/GaSb SL 采用的温度差不多。

图 3.4　GaSb 衬底附近 GaInSb/InAs SL 中前几层的 HRTEM 照片[24]

3.3　物理特性

6.1Å Ⅲ-Ⅴ族半导体家族具有设计灵活性高、直接能隙和光学吸收强等优点，在高性能红外探测器的新结构、新设计等方面提供了得天独厚的条件，该族化合物由 InAs、GaSb 和 AlSb 三种晶格常数晶格约为 6.1Å、大致匹配的半导体构成，其低温能隙从 0.417 eV（InAs）到 1.696 eV（AlSb）变化[26]。与其他半导体合金类似，6.1Å Ⅲ-Ⅴ族半导体家族主要研究其异质结构，尤其是 InAs 与两种锑基化合物（GaSb 和 AlSb）及其合金的组合。这些组合的能带排列与研究广泛的 AlGaAs 系统有很大不同；能带排列具有灵活性是研究 6.1Å 系半导体的主要原因之一。最奇特的能带排列是 InAs/GaSb 异质结，是断带隙型排列。在界面处，InAs 导带底部位于 GaSb 价带顶部下方约 150meV 处。在这种异质结构中，InAs 导带与富 GaSb 的固溶体价带有部分重叠，电子和空穴空间分离并位于异质界面两侧形成的自洽量子阱中。这导致异常的隧穿辅助辐射复合跃迁和传输特性。近 6.1Å 晶格匹配的 InAs/GaSb/AlSb 材料系统低温能带排列示意图如图 3.5 所示。这种材料系统中有三种类型的能带排列：GaSb 和 AlSb 之间的 Ⅰ 类（嵌套式）能带排列，InAs 和 AlSb 之间的 Ⅱ 类交错排列，以及 InAs 和 GaSb 之间 Ⅱ 类错位（或断带隙）排列。图中标记出能带带阶的近似值。采用 Ⅰ 类（嵌套式或跨越式）、Ⅱ 类交错型和 Ⅱ 类断带隙型（错位型），GaSb/AlSb、InAs/AlSb 和 InAs/GaSb 材料体系之间的能带分别发生偏移，在制备多种合金和超晶格方面具有很大的灵活性。

图 3.6（a）所示的 T2SL 能带排列会有这样一种情况，通过调节超晶格的能带形成半金属（对于宽的 InAs 和 GaInSb 层）或窄带隙（对于窄层）半导体材料。最终的能隙取决于层厚和界面组分。在倒 k 空间中，超晶格是一种能够实现光耦合的直接带隙材料，如图 3.6（b）所示。与 AlGaAs/GaAs 超晶格不同，InAs/GaSb T2SL 中的电子被束缚在 InAs 中，而空穴被束缚在 GaSb 中。由于这些

超晶格层很薄，InAs 和 GaSb 中的电子和空穴波函数重叠，分别形成电子和空穴微带。SL 的带隙由电子微带 C1 和布里渊区中心的第一重空穴能级 HH1 之间的能差决定，可以在 0 ～ 400meV 之间连续变化。采用 T2SL 的一个优点是能够固定其中一种材料的厚度，同时改变另一种材料的厚度去调整波长。SL 具有很宽的可调范围的例子如图 3.6（c）和（d）所示。

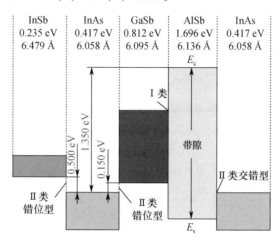

图 3.5　近 6.1Å 晶格匹配的 InAs/GaSb/AlSb 材料体系低温能带排列示意图

研究人员在计算 T2SL 能带结构方面做了很多理论建模工作[29]，提出了几种方法：如 k·p 方法[30-33]、有效键 - 轨道方法[34]、经验紧束缚方法[27] 以及经验赝势方法（EPM）[25,40] 等，每种方法的预测都比较一致。从理论建模结果可以得出以下结论：

● 带隙被定义为最低电子微带（C1）底部与最高空穴微带（HH1）顶部之间的带隙，如图 3.6（a）所示；

● 根据超晶格层厚度，C1 可以位于 InAs 和 GaSb 的导带之间的任意位置，而 HH1 可以位于 GaSb 和 InAs 的价带之间的任意位置；

● 理论上，带隙可以在 0 ～ 400meV 范围连续变化；

● 电子和空穴带之间的跃迁是间接跃迁；

● 在生长方向上空穴有效质量极大，而电子有效质量略大于 InAs 的电子有效质量，这些结果与 T2SL 的结构关系不大；

● 生长方向上的空穴迁移率极低。

EPM 计算 $(InAs)_N GaSb_N$ T2SL 的 C1 和 HH1 能带位置变化如图 3.7 所示，其中 N 是以单层（ML）为单位的层厚。InAs 的导带作为参考能级，设为 0meV。由图 3.7 可以看出，C1 能带比 HH1 能带对层厚更加敏感。由于 GaSb 的重空穴质量（~$0.41m_0$）较大，GaSb 层的厚度对 T2SL 带隙的影响最小；但是，由于 InAs 的电子波函数通过 GaSb 势垒时有隧穿效应，因此 GaSb 的厚度对导带离散的偏移影响很大。类似的 GaSb 层厚度会在超晶格方向得到类似的导带有效质量。

需要注意的是，由于 InAs 与 GaSb 晶格不匹配，如果改变层厚度则需要考虑应力对材料质量的影响。

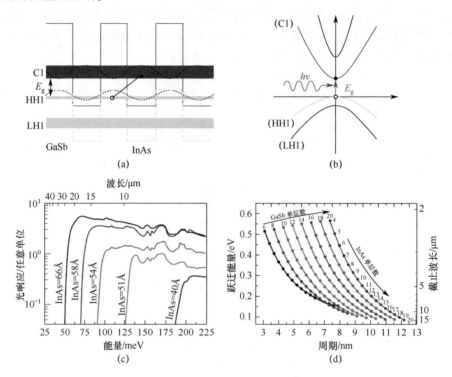

(a)　　　　　　　　　　　　(b)

(c)　　　　　　　　　　　　(d)

图 3.6　InAs/GaInSb 应变层超晶格

（a）能带边缘图，表示被束缚的电子和空穴微带形成能隙；（b）能带结构，
在 k 空间中的直接带隙和吸收过程；（c）InAs/GaSb T2SLS 的截止波长
随 InAs 厚度而变化的实验数据，GaSb 的厚度固定为 40Å[27]；
（d）InAs/GaSb SLS 的截止波长随 InAs 和 GaSb 单层数的变化[28]。

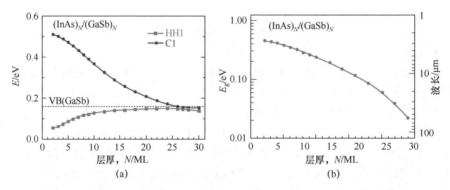

(a)　　　　　　　　　　　　(b)

图 3.7　EPM 计算 $(InAs)_N/GaSb_N$ T2SL 的 C1 和 HH1 能带位置变化[40]

（a）计算得到的 InAs/GaSb SL 的 HH1 和 C1 能带位置，InAs 和 GaSb 的层厚相同（VB 为价带）；
（b）带隙随层厚的变化。

在 InAs/GaSb T2SL 上的另一个重要发现是带隙蓝移[30,37-38]，理论上可以通过 C1 能带比 HH1 能带宽很多来解释。当层厚改变时，HH1 能带移动非常缓慢。理论分析也表明，为长波吸收设计的 T2SL 的 HH1-LH1 带隙比禁带宽度更宽。

Ting 等提出描述 InAs/GaSb T2SL 人工材料基本性质的简单理论[41]，其性质可能优于 HgCdTe 合金的性质，与组每层材料的性质完全不同。

SL 的能带结构表明了载流子传输特性的重要信息。C1 能带沿生长方向 z 和平面内方向 x 的离散很大，而 HH1 能带的各向异性大，表示沿生长（传输）方向几乎没有离散。沿生长方向的电子有效质量非常小，甚至略小于平面内的电子有效质量。Ting 等预测了 LWIR SL 材料（22ML InAs/6ML GaSb）的电子有效质量[41]如下：$m_e^{x*} = 0.023m_0$，$m_e^{z*} = 0.022m_0$，$m_{HH1}^{x*} = 0.04m_0$，$m_{HH1}^{z*} = 1055m_0$。与价带结构各向异性正相反，接近区域中心的 SL 导带结构呈现出近似各向同性。因此，预计沿生长方向的空穴迁移率很低，这对于 LWIR FPA 探测器的设计是不利的[41]。MWIR SL 材料（6ML InAs/34ML GaSb）的有效质量估计为：$m_e^{x*} = 0.173m_0$，$m_e^{z*} = 0.179m_0$，$m_{HH1}^{x*} = 0.0462m_0$，$m_{HH1}^{z*} = 6.8m_0$[40]。

正如体材料半导体的情况，电子有效质量不直接依赖于带隙能。与相同带隙（$E_g \approx 0.1eV$）的 HgCdTe 合金的电子有效质量 $m_e^* = 0.009m_0$ 相比，InAs/GaSb SL 的电子有效质量较大。因此，与 HgCdTe 合金相比，SL 中的二极管隧穿电流可以更小。

T2SL 的电子传输特性是各向异性的。虽然薄的势阱平面内迁移率急剧下降，但在厚度小于 40Å 的 InAs/GaSb SL 中观察到电子迁移率接近 $10^4 cm^2/(V \cdot s)$。在低温散射机制中，界面粗糙散射和合金散射因素对 SL 特别重要。载流子的合金散射并不是影响电子传输的一个因素，因此，将 In 掺入 GaSb 对 T2SL 没有不利影响。理论模型表明垂直于 SL 层的电子迁移率几乎等于低温范围内平面迁移率，并随温度升高而大幅减小，如图 3.8 所示[24]。需要注意的是，光电二极管结构中的电子垂直传输对红外探测器性能的影响很大[42]。

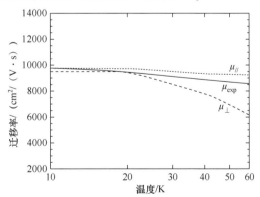

图 3.8　48.1Å InAs/20.4Å GaSb SL 的水平和垂直电子迁移率计算值、水平迁移率测量值与温度的关系[24]

由于空穴迁移率远小于电子迁移率，与空穴为少数载流子的情况相比，将电子保持为少数载流子能使光电探测器的性能更高。

InAs/InAs$_{1-x}$Sb$_x$ SL 是现有研究中 InAs/Ga$_{1-x}$In$_x$Sb SLS 的可行替代方案，但现在对其的研究越来越少。Steenbergen 等[43]回顾了 InAs/InAs$_{1-x}$Sb$_x$ 系统的带边排列模型，并考虑了不同类型的异质结。图 3.9 所示为 InAs 和 InAs$_{1-x}$Sb$_x$ 之间三种可能的能带排列，包括两种 II 类能带排列，其中一种 InAs 的导带能高于 In-AsSb 的导带能，另一种 InAsSb 的导带能高于 InAs 的导带能。

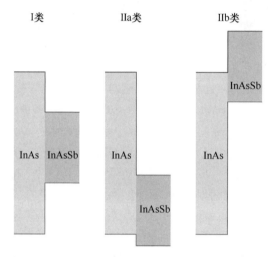

图 3.9　InAs 和 InAs$_{1-x}$Sb$_x$ 之间三种可能的能带排列

Klipstein 等对实验获得的 InAs/GaSb 和 InAs/InAsSb T2SL 吸收光谱进行了精确模拟[31-33]。中波和长波材料体系的结果如图 3.10 所示。3μm 以下有强吸收峰是由于布里渊区边界 HH2→C1 跃迁造成的。由图 3.10 (a) 可以看出，该峰值比在较长波长的布里渊区域中心 LH1→C1 跃迁（约在 3.4μm 处）强度高很多。图 3.10 (a)中，12.8 ML/12.8 ML InAs/InAsSb SL 实验光谱的主要特征与理论计算模拟得到的一致。由图 3.10 (b) 可以看到，InAs/InAsSb SL 近截止波长的吸收系数小于 InAs/GaSb SL 的吸收系数。

最近，Vurgaftman 等[44]计算了不同组分材料的吸收光谱，并将这些数据与相同能隙的 LWIR T2SL 以及体材料（HgCdTe 和 InAsSb）的测试数据进行了比较，如图 3.11 所示。HgCdTe 和 InAsSb 的吸收系数很接近，表明相同能隙体材料半导体中光学矩阵元和联合态密度之间差异很小，但具有与 GaSb 匹配的平均晶格常数的 SL 的吸收很低。这种特性可通过应变平衡 T2SL 中的电子 - 空穴重叠来解释，重叠主要发生在空穴阱中，占总厚度的很小一部分。近年来研究结果表明，短周期变性（性质发生变化的）InAs$_{1-x}$Sb$_x$/InAs$_{1-y}$Sb$_y$ SL 与体材料的吸收强度类似。

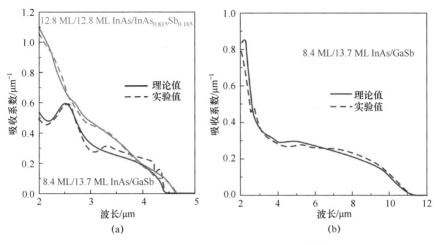

图 3.10　吸收光谱测量值和理论计算值[33]
（a）MWIR InAs/GaSb 和 InAs/InAsSb T2SL（b）LWIR InAs/GaSb T2SL

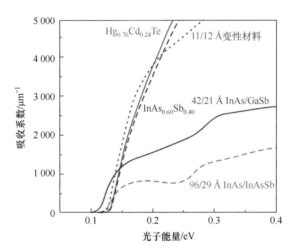

图 3.11　80K 时体材料 $InAs_{0.60}Sb_{0.4}$ 和 $Hg_{0.76}Cd_{0.24}Te$ 以及 T2SL 的带间吸收
系数计算值与光子能量的关系
（厚度分别为 42Å InAs/21Å GaSb、96Å InAs/29Å $InAs_{0.61}Sb_{0.39}$
和 11Å $InAs_{0.66}Sb_{0.34}$/12Å $InAs_{0.36}Sb_{0.64}$ 变性材料）

3.4　载流子寿命

　　载流子产生和复合过程之间的竞争直接影响光电探测器性能。复合导致光生载流子衰减，降低了器件的量子效率和光电增益。产生–复合过程导致载流子浓度起伏的统计结果表明，载流子复合也会产生噪声，该噪声将降低光电探测器性能。下面比较 HgCdTe 和 T2SL 材料体系中不同产生–复合机制对载流寿命的影响。

窄带隙半导体中有三种主要的 G-R 过程，即 SRH、辐射和俄歇。本节中，因为光子循环效应使辐射过程的贡献太小，所以不再进行讨论[45]。

InAs/GaInSb SLS 的带－带俄歇和辐射复合寿命的理论分析表明，与相同带隙的 HgCdTe 相比，p 型 InAs/GaInSb SLS 的俄歇复合速率被抑制，降低了几个数量级[46-47]；但对 n 型材料优势不明显。p 型超晶格中，由于晶格失配导致的应变，最高的两个价带分裂（最高轻空穴带明显低于重空穴带，因此限制了俄歇跃迁的可用相空间）从而使俄歇速率被抑制。n 型超晶格中，通过增加 GaInSb 层厚度来抑制俄歇速率，使最低的导带变平，从而限制俄歇跃迁的可用相空间。

现在研究人员已经清楚了 HgCdTe 三元合金中的 G-R 机制[48]。图 3.12 和图 3.13 分别为 77K 条件下 n 型和 p 型 HgCdTe 材料截止波长为 $\lambda_c = 5\,\mu m$（MWIR）和 $\lambda_c = 10\,\mu m$（LWIR）材料的载流子寿命测量值。综合前人的研究数据，Kinch 等[49]给出了载流子寿命的趋势线。

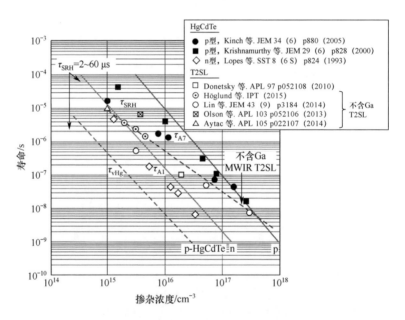

图 3.12　77K 条件下 MWIR HgCdTe 和 T2SL 的载流子寿命与掺杂浓度关系
（n 型和 p 型 HgCdTe 三元合金的理论趋势线取自文献［49］；
虚线表示不含 Ga 的 T2SL，与实验数据吻合）

轻掺杂 n 型和 p 型 HgCdTe 中，SRH 机制决定载流子寿命的长短。影响载流子寿命的因素有 SRH 中心与本征缺陷、残余杂质等。n 型 LWIR HgCdTe 在 77 K 时的载流子测量值在 $2 \sim 20\,\mu s$ 的范围内波动，当掺杂浓度低于 $10^{15}\,cm^{-3}$ 时载流子寿命不受掺杂浓度的影响。MWIR 时的载流子寿命通常较长，一般在 $2 \sim 60\,\mu s$ 范围内。

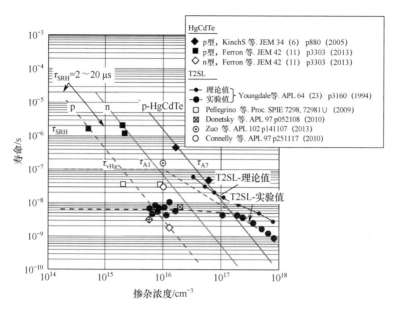

图 3.13　77K 条件下 LWIR HgCdTe 和 T2SL 的载流子寿命与掺杂浓度关系
（n 型和 p 型 HgCdTe 三元合金的理论趋势线取自文献［49］；
虚线表示 T2SL，与实验数据吻合）

　　p 型材料中的少数载流子复合与非本征掺杂浓度较高时的俄歇 7 有关系。研究人员测量了富 Hg LPE 和 MOCVD 低温外延技术生长的高质量无掺杂和非本征掺杂材料中最长的载流子寿命。测试数据表明，掺杂 HgCdTe 的载流子寿命增加是由于 SRH 中心减少。p 型材料中另一种很常见的复合机制是在 MWIR 和 LWIR 材料中观察到的 Hg - 空位掺杂 HgCdTe 的 SRH 型复合机制。空位掺杂材料的 SRH 中心密度大致与空位浓度成正比。

　　在较高掺杂浓度下，n 型 HgCdTe 中的 GR 机制属于俄歇 1 机制。

　　与 HgCdTe 三元合金相比，Ⅲ-Ⅴ族半导体材料的 SRH 中心表现更活跃，因此载流子寿命更短，而 T2SL 的载流子情况更为复杂。

　　在 InAs/GaSb T2SL 中，电子（主要位于 InAs 层中）和空穴（束缚在 GaSb 层中）分离抑制了俄歇复合机制，从而使载流子的寿命增加。光学跃迁在空间上属于间接跃迁。因此，这种跃迁的光学矩阵元相对较小。与相同带隙的 HgCdTe 相比，InAs/GaSb SL 的带 - 带俄歇复合寿命的理论分析表明，俄歇复合速率被抑制降低了几个数量级[46]。

　　对载流子密度大于 2×10^{17} cm^{-3} 的 LWIR T2SL，理论值和实验值一致性较好。在载流子密度较低时，两种结果存在差异，是由于未考虑 SRH 复合过程时间为 $\tau \approx 6 \times 10^{-9}$ s。而当载流子密度较高时，SL 的载流子寿命比 HgCdTe 的载流子寿命长。但是，在低掺杂区（载流子浓度低于 10^{15} cm^{-3}，这是制作高性能 p-on-n HgCdTe 二极管所必需的），实验测量得到的 HgCdTe 载流子寿命比 SL 的长两个数量级。

实际的器件材料中尚未观察到俄歇现象被抑制的现象。目前，载流子寿命的测量值通常短于100ns，主要受限于MWIR和LWIR器件中均存在的SRH机制。最近，研究人员在InAs/GaSb T2SL中引入了InSb界面层，可以观察到少数载流子寿命增加到157ns[50]。现在还不清楚器件结构内少数载流子寿命为何变化[51]。值得注意的是，作为Ⅲ-Ⅴ族化合物家族成员的InSb，自20世纪50年代被研究以来就一直存在类似的SRH寿命问题。

根据SRH过程的统计理论分析，当陷阱中心能级接近带隙中间时，SRH速率趋近于最大值。费米能级稳定的位置对本征缺陷形成能的大小有着较大的影响。在GaSb中，稳定的费米能级位于价带或中间带隙附近；而在InAs中，稳定的费米能级位于导带边缘之上。稳定的费米能级位置不同，导致GaSb中的禁带中陷阱能级可参与SRH复合，而在InAs中载流子对SRH过程没有作用，表明InAs中的载流子寿命比GaSb的更长。由此可以推断，与GaSb相关的本征缺陷决定InAs/GaSb T2SL中SRH限制的少数载流子寿命。

上面提到的复合中心的源头归因于存在Ga，因为不含Ga的InAs/InAsSb超晶格载流子寿命要长得多，MWIR未掺杂材料的载流子寿命可达10μs，与HgCdTe合金相当，如图3.12所示[52]。由图3.12可以看到，少数载流子寿命随着锑含量增加和层厚减小而增加。在这种材料体系中，InAs和InAsSb层中电子和空穴在空间上分离，大大减少了复合过程。另外，载流子分离（由于InAs和InAsSb层中电子和空穴在空间上分离）降低了材料的光学吸收，导致量子效率很低。因此，不含Ga的InAs/InAsSb超晶格光电二极管性能比竞争者InAs/GaSb T2SL的性能要差。

与HgCdTe三元合金相比，Ⅲ-Ⅴ族半导体材料的SRH中心表现更活跃，因此载流子的寿命较短。在MBE和LPE生长制备的材料上制备优质HgCdTe光电二极管中，可以看到没有耗尽电流分量。Kinch[53]收集τ_{SRH}值并在表3.1中给出，比报道的相同带隙Ⅲ-Ⅴ族合金材料的τ_{SRH}值高约三个数量级。

表3.1 从文献报道的I-V和FPA特性得到$Hg_{1-x}Cd_xTe$的τ_{SRH}值[53]

波　　段	x组分	$\tau_{SRH}/\mu s$
LWIR	0.225	60K温度条件下，大于100
MWIR	0.30	110K温度条件下，大于1000
MWIR	0.30	80K温度条件下，约50000
SWIR	0.455	180K温度条件下，大于3000

在InP衬底上外延生长晶格匹配的截止波长1.7μm SWIR InGaAs三元合金中，可以测试到Ⅲ-Ⅴ材料中载流子寿命最长的τ_{SRH}值(~200μs)[54]。对于研究最多的MWIR InSb化合物，LPE方法制备材料最长τ_{SRH}值估计约为400ns[55]。过去

50 年中，这个 τ_{SRH} 值没有得到提高。有文献报道，MBE 生长的 InAsSb 体材料合金和 InAs/InAsSb 超晶格的 τ_{SRH} 值相同，约为 400ns[56]。可以看出，含 Ga T2SL 的 τ_{SRH} 值通常要低一个数量级。

理论分析认为，SRH 复合机制与半导体晶格缺陷有关。由于Ⅱ-Ⅵ族合金中的离子键比相应的Ⅲ-Ⅴ族材料的强，因此晶格位置周围的电子波函数受到的束缚比其他位置大得多，使得Ⅱ-Ⅵ族晶格更加不受晶体晶格缺陷形成的带隙能态的影响[57]。

InAs/GaInSb SLS 和 QW 都可以制备波段为 $2.5 \sim 6\mu m$ 的 MWIR 激光器有源区。Meyer 等人[57-58]通过实验确定了 InAs/GaInSb 量子阱 W 型带间级联激光器结构的俄歇系数，能隙对应波长 $2.5 \sim 6\mu m$，并与典型Ⅲ-Ⅴ族和Ⅱ-Ⅵ族Ⅰ类超晶格的俄歇系数进行了比较。俄歇系数由式 $\gamma_3 \equiv 1/\tau_A n^2$ 定义。图 3.14 概括了约 300K 时不同材料体系的俄歇系数，包含多种Ⅰ类超晶格材料，也包括体材料和量子阱Ⅲ-Ⅴ族半导体以及 HgCdTe 等材料。由图 3.14 可以看出，相同波长条件下七种不同的 InAs/GaInSb SL 的室温俄歇系数比典型Ⅰ类超晶格的低近一个数量级，表明锑化物 T2SL 中可以有效抑制俄歇损失。需要注意的是，所有最近制作的 $\lambda > 3\mu m$ 的带间级联激光器[58]，其 γ_3 比之前的有明显减小[57]。这些数据表明，在此温度下，俄歇速率不受能带结构的细节影响。与 MWIR 器件相比，实际 LWIR Ⅱ类器件材料中俄歇并没有受到抑制。

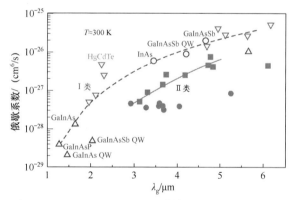

图 3.14　Ⅱ类 W 型带间级联激光器结构（实心圆[58]）和各种 T2SL QW（实心方块[57]）的俄歇系数实验值与带隙波长的关系以及各种传统Ⅲ-Ⅴ和 HgCdTe Ⅰ类材料的典型数据[57]

3.5　InAs/GaSb 与 InAs/InAsSb 超晶格系统的对比

与 InAs/GaSb SL 相比，GaSb 衬底上生长 InAs/InAsSb SL 制备的红外探测器目前还处于早期开发阶段，相关研究工作较少。由于在超晶格层中仅采用两种共有元素（In 和 As），随 Sb 的变化界面结构相对简单，所以 InAs/InAsSb 超晶格生长可控性更好，制造工艺更简单。

InAs/InAsSb SL 主要研究方向是降低 InAs/GaSb SL 中 GaSb 层对载流子寿命的限制。与工作波长相同的 InAs/GaSb SL 系统相比，InAs/InAsSb SL 系统中少数载流子寿命明显增长（对于工作在 77K 的两种 MWIR 材料分别约为 1μs 和 100ns）。InAs/InAsSb SL 光电二极管的少数载流子寿命增加表明暗电流应大幅降低，但制备出的探测器的暗电流并没有像理论上的那样低，比 InAs/GaSb SL 光电二极管的暗电流要大。

如前面所述，InAs/GaSb T2SL 能带排列导致两种材料的导带（CB）最低能级和价带（VB）最高能级重叠（估计为 140~170meV）。对于 InAs/InAsSb T2SL 而言，根据 InAs 和 InSb 之间的价带带阶来确定能带偏移（约为 0.620meV）。InAs/GaSb 和 InAs/InAsSb T2SL 中导带和价带曲线的主要差异如图 3.15 所示。

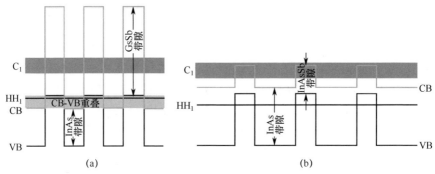

图 3.15　InAs/GaSb 和 InAs/InAsSb T2SL 的带隙图[59]
（a）InAs/GaSb；（b）InAs/InAsSb T2SL。

与 InAs/GaSb SL 的导带带阶（CBO）和价带带阶（VBO）（ΔE_c 约 930meV，ΔE_v 约 510meV）相比，InAsSb SL 的（ΔE_c 约 142meV，ΔE_v 约 226meV）导带带阶和价带带阶要小得多[26]。这个结果表明，在较高温度下工作的 InAs/InAsSb SL 光电二极管的暗电流中隧穿电流的贡献较大。Klipstein 等给出 InAs/GaSb SL 和 InAs/InAsSb SL 两种超晶格吸收系数的实验数据和理论估值，表明与 InAs/GaSb SL 相比，InAs/InAsSb SL 的吸收系数较低[32]。表 3.2 给出了两种超晶格系统的基本电学参数。

表 3.2　77K 时 InAs/GaSb 和 InAs/InAsSb 超晶格系统的基本参数

参数	InAs/GaSb SL	InAs/InAsSb SL
ΔE_c；ΔE_v	约 930meV；约 510meV	约 142meV；约 226meV
本底掺杂	$<10^{15}$ cm^{-3}	$>10^{15}$ cm^{-3}
量子效率	约 50%~60%	约 30%
热产生寿命	约 0.1μs	约 1μs①
R_0A 乘积（$\lambda_c=10\mu m$）	300Ω·cm^2	—
R_0A 乘积（$\lambda_c=5\mu m$）	10^7 Ω·cm^2	—
探测率（$\lambda_c=10\mu m$，FOV=0）	1×10^{12} cm·Hz$^{1/2}$·W^{-1}	1×10^{11} cm·Hz$^{1/2}$·W^{-1}

① 译者注：原文未标注单位，应为 μs。

参考文献

1. L. Esaki and R. Tsu, "Superlattice and negative conductivity in semiconductors," *IBM J. Res. Develop.* **14**, 61–65 (1970).
2. J. Tersoff, "Theory of semiconductor heterojunctions: The role of quantum dipoles," *Phys. Rev. B* **30**, 4874 (1984).
3. W. Pollard, "Valence-band discontinuities in semiconductor heterojunctions," *J. Appl. Phys.* **69**, 3154–3158 (1991).
4. H. Krömer, "Band offsets and chemical bonding: The basis for heterostucture applications," *Phys. Scr.* **68**, 10–16 (1996).
5. G. Duggan, "A critical review of semiconductor heterojunction band offsets," *J. Vac. Sci. Technol. B* **3**, 1224 (1985).
6. T. W. Hickmott, "Electrical measurements of band discontinuits at heterostructure interfaces," in *Two Dimensional Systems: Physics and New Devices*, edited by G. Bauer, F. Kuchar, and H. Heinrich, Springer Series in Solid State Sciences, Vol. **67**, Springer, Berlin, p. 72 (1986).
7. J. Menendez and A. Pinczuk, "Light scattering determinations of band offsets in semiconductor heterojunctions," *IEEE J. Quant. Electron.* **24**, 1698–1711 (1988).
8. A. Rogalski, *Infrared Detectors*, 2nd edition, CRC Press, Boca Raton, Florida (2011).
9. M. A. Kinch, *Fundamentals of Infrared Detectors*, SPIE Press, Bellingham, Washington (2007) [doi: 10.1117/3.741688].
10. G. C. Osbourn, "InAsSb strained-layer superlattices for long wavelength detector applications," *J. Vac. Sci. Technol. B* **2**, 176–178 (1984).
11. D. L. Smith and C. Mailhiot, "Proposal for strained type II superlattice infrared detectors," *J. Appl. Phys.* **62**, 2545–2548 (1987).
12. C. Mailhiot and D. L. Smith, "Long-wavelength infrared detectors based on strained InAs-GaInSb type-II superlattices," *J. Vac. Sci. Technol.* **A7**, 445–449 (1989).
13. C. H. Grein, P. M. Young, and H. Ehrenreich, "Minority carrier lifetimes in ideal InGaSb/InAs superlattice," *Appl. Phys. Lett.* **61**, 2905–2907 (1992).
14. G. C. Osbourn, "Design of III-V quantum well structures for long-wavelength detector applications," *Semicond. Sci. Technol.* **5**, S5–S11 (1990).
15. G. A. Sai-Halasz, R. Tsu, and L. Esaki, "A new semiconductor superlattice," *Appl. Phys. Lett.* **30**, 651–653 (1977).
16. G. A. Sai-Halasz, L. L. Chang, J. M. Welter, and L. Esaki, "Optical absorption of $In_{1-x}Ga_xAs$-$GaSb_{1-y}As_y$ superlattices," *Solid State Commun.* **27**, 935–937 (1978).
17. L. L. Chang, N. J. Kawai, G. A. Sai-Halasz, P. Ludeke, and L. Esaki, "Observation of semiconductor-semimetal transition in InAs/GaSb superlattices," *Appl. Phys. Lett.* **35**, 939–942 (1979).
18. A. Rogalski, *New Ternary Alloy Systems for Infrared Detectors*, SPIE Press, Bellingham, Washington (1994).
19. H. R. Jen, K. Y. Ma, and G. B. Stringfellow, "Long-range order in InAsSb," *Appl. Phys. Lett.* **54**, 1154–1156 (1989).

20. S. R. Kurtz, L. R. Dawson, R. M. Biefeld, D. M. Follstaedt, and B. L. Doyle, "Ordering-induced band-gap reduction in InAs$_{1-x}$Sb$_x$ ($x \approx 0.4$) alloys and superlattices," *Phys. Rev. B* **46**, 1909–1912 (1992).

21. R. A. Stradling, S. J. Chung, C. M. Ciesla, C.J.M. Langerak, Y. B. Li, T. A. Malik, B. N. Murdin, A. G. Norman, C. C. Philips, C. R. Pidgeon, M. J. Pullin, P. J. P. Tang, and W. T. Yuen, "The evaluation and control of quantum wells and superlattices of III-V narrow gap semiconductors," *Mater. Sci. Eng. B* **44**, 260–265 (1997).

22. Y.-H. Zhang, A. Lew, E. Yu, and Y. Chen, "Microstructural properties of InAs/InAs$_x$Sb$_{1-x}$ ordered alloys grown by modulated molecular beam epitaxy," *J. Crystal Growth* **175/176**, 833–837 (1997).

23. Y.-H. Zhang, "InAs/InAs$_x$Sb$_{1-x}$ type-II superlattice midwave infrared lasers," in *Optoelectronic Properties of Semiconductors and Superlattices*, edited by M. O. Manasreh, Gordon and Breach Science Publishers, Amsterdam, pp. 461–500, (1997).

24. G. J. Brown, S. Elhamri, W. C. Mitchel, H. J. Haugan, K. Mahalingam, M. J. Kim, and F. Szmulowicz, "Electrical, optical, and structural studies of InAs/InGaSb VLWIR superlattices," in *The Wonder of Nanotechnology: Quantum Optoelectronic Devices and Applications*, edited by M. Razeghi, L. Esaki, and ad K. von Klitzing, SPIE Press, Bellingham, Washington, pp. 41–58 (2013) [doi: 10.1117/3.1002245.ch2].

25. E. H. Steenbergen, O. O. Cellek, H. Li, S. Liu, X. Shen, D. J. Smith, and Y.-H. Zhang, "InAs/InAs$_x$Sb$_{1-x}$ superlattices on GaSb substrates: A promising material system for mid- and long-wavelength infrared detectors," in *The Wonder of Nanotechnology: Quantum Optoelectronic Devices and Applications*, edited by M. Razeghi, L. Esaki, and K. von Klitzing, SPIE Press, Bellingham, Washington, pp. 59–83 (2013) [doi: 10.1117/3.1002245.ch3].

26. H. Kröemer, "The 6.1 Å family (InAs, GaSb, AlSb) and its heterostructures: a selective review," *Physica E* **20**, 196–203 (2004).

27. Y. Wei and M. Razeghi, "Modelling of type-II InAs/GaSb superlattices using an empirical tight-binding method and interface engineering," *Phys. Rev. B* **69**, 085316 (2004).

28. F. Rutz, R. Rehm, J. Schmitz, M. Wauro, J. Niemasz, J.-M. Masur, A. Wörl, M. Walther, R. Scheibner, J. Wendler, and J. Ziegler, "InAs/GaSb superlattices for high-performance infrared detection," *Sensor + Test Conferences 2011, IRS² Proceedings*, pp. 16–20 (2011).

29. E. Machowska-Podsiadlo and M. Bugajski, "Superlattices: Design of InAs/GaSb superlattices for optoelectronic applications—Basic theory and numerical methods," in *CRC Concise Encyclopedia of Nanotechnology*, edited by B. I. Kharisov, O. V. Kharissova, and U. Ortiz-Mendez, CRC Press, Boca Raton, Florida, pp. 1008–1024 (2015).

30. F. Szmulowicz, H. Haugan, and G. J. Brown, "Effect of interfaces and the spin-orbit band on the band gaps of InAs/GaSb superlattices beyond the standard envelope-function approximation," *Physical Review B* **69**(15), 155321 (2004).

31. Y. Livneh, P. C. Klipstein, O. Klin, N. Snapi, S. Grossman, A. Glozman, and E. Weiss, "**k·p** model for the energy dispersions and absorption spectra of InAs/GaSb type-II superlattices," *Physical Review B* **86**, 235311 (2012).

32. P. C. Klipstein, Y. Livneh, A. Glozman, S. Grossman, O. Klin, N. Snapi, and E. Weiss, "Modeling InAs/GaSb and InAs/InAsSb superlattice

infrared detectors," *J. Electron. Materials* **43**(8), 2984–2990 (2014).

33. P. C. Klipstein, E. Avnon, Y. Benny, R. Fraenkel, A. Glozman, S. Grossman, O. Klin, L. Langoff, Y. Livneh, I. Lukomsky, M. Nitzani, L. Shkedy, I. Shtrichman, N. Snapi, A. Tuito, and E. Weiss, "InAs/GaSb type II superlattice barrier devices with a low dark current and a high-quantum efficiency," *Proc. SPIE* **9070**, 90700U (2014) [doi: 10.1117/12.2049825].

34. X. Cartoixà, D. Z. Y. Ting, and T. C. McGill, "Description of bulk inversion asymmetry in the effective bond-orbital model," *Physical Review B* **68**(23), 235319 (2003).

35. L. W. Wang, S. H. Wei, T. Mattila, A. Zunger, I. Vurgaftman, and J. R. Meyer, "Multiband coupling and electronic structure of $(InAs)_n/(GaSb)_n$ superlattices," *Physical Review B* **60**(8), 5590 (1999).

36. A. J. Williamson and A. Zunger, "InAs quantum dots: Predicted electronic structure of free-standing versus GaAs-embedded structures," *Physical Review B* **59**(24), 15819 (1999).

37. D. C. Dente and M. L. Tilton, "Comparing pseudopotential predictions for InAs/GaSb superlattices," *Physical Review B* **66**(16), 165307 (2002).

38. P. Piquini, A. Zunger, and R. Magri, "Pseudopotential calculations of band gaps and band edges of shortperiod $(InAs)_n/(GaSb)_n$ superlattices with different substrates, layer orientations, and interfacial bonds," *Physical Review B* **77**(11), 115314 (2008).

39. P. Harrison, *Quantum Wells, Wires and Dots*, Wiley, Chichester, United Kingdom (2009).

40. G. Ariyawansa, J. M. Duran, M. Grupen, J. E. Scheihing, T. R. Nelson, and M. T. Eismann, "Multispectral imaging with type II superlattice detectors," *Proc. SPIE* **8353**, 83530E (2012) [doi: 10.1117/12.917300].

41. D. Z.-Y. Ting, A. Soibel, L. Höglund, J. Nguyen, C. J. Hill, A. Khoshakhlagh, and S. D. Gunapala, "Type-II superlattice infrared detectors," in *Semiconductors and Semimetals*, Vol. **84**, edited by S. D Gunapala, D. R. Rhiger, and C. Jagadish, Elsevier, Amsterdam, pp. 1–57 (2011).

42. G. A. Umana-Membreno, B. Klein, H. Kala, J. Antoszewski, N Gautam, M. N. Kutty, E. Plis, S. Krishna, and L. Faraone, "Vertica minority carrier electron transport in p-type InAs/GaSb type-II super-lattices," *Appl Phys. Lett.* **101**, 253515 (2012).

43. E. H. Steenbergen, O. O. Cellek, D. Labushev, Y. Qiu, J. M. Fastenau A. W. K Liu, and Y.-H. Zhang, "Study of the valence band offset between InAs and $InAs_{1-x}Sb_x$ alloys," *Proc. SPIE* **8268**, 82680K (2012 [doi: 10.1117/12.907101].

44. I. Vurgaftman, G. Belenky, Y. Lin, D. Donetsky, L. Shterengas, G Kipshidze, W. L. Sarney, and S. P. Svensson, "Interband absorptior strength in long-wave infrared type-II superlattices with small and large superlattice periods compared to bulk materials," *Appl. Phys. Lett.* **108**, 222101 (2016).

45. K. Jóźwikowski, M. Kopytko, and A. Rogalski, "Numerical estimations of carrier generation-recombination processes and the photon recycling effect in HgCdTe heterostructure photodiodes," *J. Electron. Mater.* **41**, 2766–2774 (2012).

46. E. R. Youngdale, J. R. Meyer, C. A. Hoffman, F. J. Bartoli, C. H. Grein, P. M. Young, H. Ehrenreich, R. H. Miles, and D. H. Chow, "Auger

lifetime enhancement in InAs-Ga$_{1-x}$In$_x$Sb superlattices," *Appl. Phys. Lett.* **64**, 3160–3162 (1994).

47. C. H. Grein, P. M. Young, M. E. Flatté, and H. Ehrenreich, "Long wavelength InAs/InGaSb infrared detectors: Optimization of carrier lifetimes," *J. Appl. Phys.* **78**, 7143–7152 (1995).

48. A. Rogalski, *Infrared Detectors*, 2nd edition, CRC Press, Boca Raton, Florida (2010).

49. M. A. Kinch, F. Aqariden, D. Chandra, P.-K. Liao, H. F. Schaake, and H. D. Shih, "Minority carrier lifetime in p-HgCdTe," *J. Electron. Mater.* **34**, 880–884 (2005).

50. D. Zuo, P. Qiao, D. Wasserman, and S. L. Chuang, "Direct observation of minority carrier lifetime improvement in InAs/GaSb type-II superlattice photodiodes via interfacial layer control," *Appl. Phys. Lett.* **102**, 141107 (2013).

51. M. Z. Tidrow, L. Zheng, and H. Barcikowski, "Recent success on SLS FPAs and MDA's new direction for development," *Proc. SPIE* **7298**, 72981O (2009) [doi: 10.1117/12.822879].

52. Y. Aytac, B. V. Olson, J. K. Kim, E. A. Shaner, S. D. Hawkins, J. F. Klem, M. E. Flatte, and T. F. Boggess, "Effects of layer thickness and alloy composition on carrier lifetimes in mid-wave infrared InAs/InAsSb superlattices," *Appl. Phys. Lett.* **105**, 022107 (2014).

53. M. A. Kinch, *State-of-the-Art Infrared Detector Technology*, SPIE Press, Bellingham, Washington (2014) [doi: 10.1117/3.1002766].

54. J. G. Pellegrino, R. DeWames, P. Perconti, C. Billman, and P. Maloney, "HOT MWIR HgCdTe performance on CZT and alternative substrates," *Proc. SPIE* **8353**, 83532X (2012) [doi: 10.1117/12.923836].

55. S. R. Jost, V. F. Meikleham, and T. H. Myers, "InSb: A key material for IR detector applications," *Mat. Res. Symp. Proc.* **90**, 429–436 (1987).

56. E. H. Steenbergen, B. C. Connelly, G. D. Metcalfe, H. Shen, M. Wraback, D. Lubyshev, Y. Qiu, J. M. Fastenau, A.W.K. Liu, S. Elhamri, O. O. Cellek, and Y.-H. Zhang, "Significantly improved minority carrier lifetime observed in a long-wavelength infrared III-V type-II superlattice comprised of InAs/InAsSb," *Appl. Phys. Lett.* **99**, 251110 (2011).

57. J. R. Meyer, C. L. Felix, W. W. Bewley, I. Vurgaftman, E. H. Aifer, L. J. Olafsen, J. R. Lindle, C. A. Hoffman, M. J. Yang, B. R. Bennett, B. V. Shanabrook, H. Lee, C. H. Lin, S. S. Pei, and R. H. Miles, "Auger coefficients in type-II InAs/Ga$_{1-x}$In$_x$Sb quantum wells," *Appl. Phys. Lett.* **73**, 2857–2859 (1998).

58. W. W. Bewley, J. R. Lindle, C. S. Kim, M. Kim, C. L. Canedy, I. Vurgaftman, and J. R. Meyer, "Lifetimes and Auger coefficients in type-II W interband cascade lasers," *Appl. Phys. Lett.* **93**, 041118 (2008).

59. G. Ariyawansa, E. Steenbergen, L. J. Bissell, J. M. Duran, J. E. Scheihing, and M. T. Eismann, "Absorption characteristics of mid-wave infrared type-II superlattices," *Proc. SPIE* **9070**, 90701J (2014) [doi: 10.1117/12.2057506].

第4章 锑基红外光电二极管

20世纪50年代中后期,人们发现在当时已知的半导体材料中,InSb材料的能隙最小,非常适合用来制作中波红外探测器[1-3]。InSb材料的能隙在温度较高时与3~5μm波段不太匹配,而$Hg_{1-x}Cd_xTe$材料在此波段可以获得更好的性能。InAs性质与InSb类似,但能隙较大,它的响应波长为3~4μm。

InSb探测器已广泛用于高性能探测系统,在国防和航天工业中的应用已有50多年的历史。最著名(也是最成功)的应用系统是"响尾蛇"(Sidewinder^{TM})空空导弹。近年来红外技术最重要的进展是开发了适用于凝视阵列的大规格二维FPA,这种探测器采用的阵列格式和读出电路适用于高背景$F/2$工作和低背景天文学应用。L3辛辛那提电子公司(L3 Cincinnati Electronics)研制的1600万像素(4096×4096元)InSb传感器已被美国用于海外战区。

GaSb相关的三元和四元合金也可用作开发近室温工作的MWIR光电二极管和下一代极低损耗光纤通信系统的材料。Krier在专著中对其发展状况进行了阐述[4]。

研究人员已经对窄带隙光电二极管的光电特性进行了广泛研究,文献[5-6]可以找到更详细的内容,特别是在2011年出版的Rogalski的专著中[6],涵盖了红外探测器理论和技术所需的全部学科知识。这里重点对过去20年取得的成就进行阐述。

➡ 4.1 二元Ⅲ-Ⅴ族光电二极管的最新进展

4.1.1 InSb光电二极管

Ⅲ-Ⅴ族光电二极管通常采用杂质扩散、离子注入、LPE、MBE和MOCVD等方法进行制备。最初研究人员获得的InSb pn结是通过将Zn或Cd扩散到n型衬底中而制成,在77K温度时净施主浓度在$10^{14}~10^{15}cm^{-3}$范围[7]。

目前,在InSb光电二极管制备工艺中,标准制备技术从施主浓度约为$10^{15}cm^{-3}$的n型单晶晶圆开始。市场上较大体晶的直径为6in,可以制备大阵列规格混成探测器,同时通过减薄InSb探测器材料(在完成表面钝化和与读出电路芯片互连后),可以解决InSb/Si热失配的问题。图4.1(a)是背照式InSb p-on-n探测器离子注入结的平面结构,采用了离子注入成结技术。互连之后的探测器和 Si ROIC 之间填充环氧树脂，采用金刚石单点车削技术将探测器芯片减薄至 10μm 或更薄。减薄后的 InSb 探测器的一个重要优点是没有衬底，使得这些探测器可以在光谱的可见光部分也产生响应。

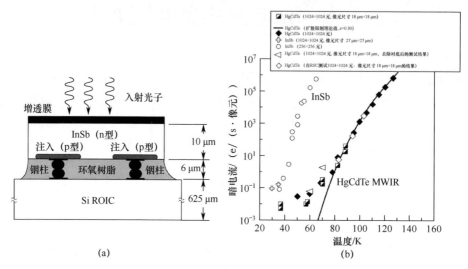

图 4.1　InSb 光电二极管

（a）InSb 传感器芯片的结构[8]；（b）报道过的最好的 InSb 阵列和

MBE HgCdTe MWIR FPA（像元尺寸 18μm×18μm）组件的暗电流与温度关系的比较[9]。

　　性能优异的 InSb 光电二极管是产生－复合（G-R）限制的。在 G-R 限制中，材料晶格缺陷产生的 SRH 陷阱提供了半导体带隙中的能级。在标准的平面技术中，将离子注入 n 型衬底中形成 p-on-n 结，也可以采用 MBE 生长方法来降低暗电流。采用 MBE 原位外延生长 pn 结构，可避免离子注入损伤，使得二极管的 G-R 中心浓度比标准平面 pn 结中的低得多[10]。根据标准技术和 MBE 生长结构中的 G-R 中心浓度之比降低暗电流。在 InSb 衬底上生长高质量外延层同质结之后，再通过刻蚀技术形成 pn 结的台面结构来隔离二极管。

　　图 4.2 比较了通过平面离子注入和外延两种方式制备的 15μm 像元间距 InSb FPA 的暗电流和温度的关系，从图中可以看出，暗电流特性有了较大改善。同时，对工作在 95K 下外延 InSb 光电二极管的暗电流进行归一化处理，假定 G-R 限制的激活能为 0.12eV，采用实线拟合，则约为低温下 InSb 带隙的一半。需要注意的是，80K 时平面 InSb 和 95K 时外延 InSb 的暗电流相同，采用 MBE 技术使暗电流降低至约为原来的 1/18。

4.1.2　InAs 光电二极管

　　InAs 光电二极管主要采用离子注入和扩散方法来制备[6-7,11]。最近，研究人员采用 LPE、MBE 和 MOCVD 等外延技术也已经制备出高性能 InAs 光电二极管[12-14]，俄罗斯圣彼得堡约菲物理技术研究所在生长和研究 InAs-InSb-GaSb 系统中窄带隙 A^{II}B^{V} 异质结构方面取得重大突破[12,15]。这些光电二极管的性能与市售的滨松（Hamamatsu）公司的探测器性能具有可比性，如图 4.3 所示。

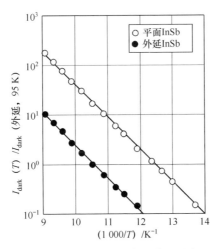

图 4.2　采用平面（圆圈表示）和 MBE 技术（实心圆表示）制备 15 μm 间距 InSb 二极管的暗电流和温度的关系（假定 G-R 公式条件下计算拟合线）[10]

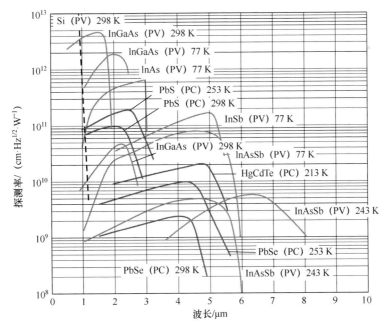

图 4.3　不同温度下工作的市售红外探测器的光谱探测曲线

（PC—光导探测器；PV—光伏探测器）

约菲物理技术研究所的研究小组开发出可以在近室温下工作的 InAs 浸没透镜光

电二极管[12]。InAs 异质结构光电二极管（图4.4）是在 n$^+$-InAs 透光衬底上 LPE 生长（由于 Burstein-Moss 效应），由 ~3μm 厚的 n-InAs 层和 ~3μm 厚的 p-InAs$_{1-x-y}$Sb$_x$P$_y$盖层组成，它们与 InAs 衬底的晶格匹配（$y \sim 2.2x$）。由于 n$^+$-InAs/n-InAs 界面处有能级跃变，产生的空穴限制有利于光电二极管工作。采用多级湿法腐蚀工艺和光刻工艺处理直径为 280μm 的倒装焊台面器件。首先通过溅射 Cr、Ni、Au（Te）和 Cr、Ni、Au（Zn）金属，形成阴极和阳极接触；利用电化学方法沉积1 ~ 2μm 厚的金层，将衬底减薄至 150μm；其次，将芯片焊到含有 Pb-Sn 接触电极的 Si 片上；最后用高折射率（$n = 2.4$）硫化物玻璃把 3.5mm 宽的 Si 透镜固定在芯片的衬底面，如图 4.5（a）所示。由图可以看出，浸没式光电二极管的 FOV 比未镀膜器件的 FOV 小得多（减小至 15°）。

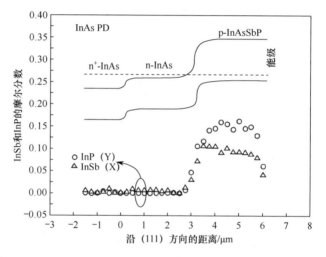

图 4.4　InAs 光电二极管结构中的合金组分（组分图）和能带图[12]

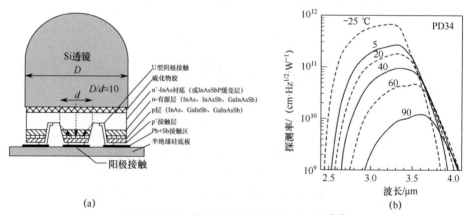

(a)

图 4.5　InAs 异质结构浸没式光电二极管[12]

（a）浸没式光电二极管的结构；（b）近室温下的探测率光谱。

图 4.5（b）为 InAs 异质结构浸没光电二极管的探测率光谱图。与 Hamamatsu 公司和 Judson 公司的商用器件相比，该光电二极管探测率优异，说明平面接触、非对称掺杂、浸没效应以及倾斜的台面侧壁等技术提高了光辐射的收集，衬底和中间层的滤光导致光谱响应范围变窄。由于高温下带隙变窄，随着温度升高响应峰值波长向右移动。同时，短波波段比长波波段对温度更加敏感，这是由于导带电子没有简并，在温度升高时吸收区边缘附近的 n^+-InAs 透过率逐渐变差造成的[12]。

4.1.3　InAs 雪崩光电二极管

半导体雪崩光电二极管（APD）探测器具有内部增益，适用于高灵敏探测。APD 常用于通信和主动传感方面。根据局域场模型[16]，由平均增益 $<M>$ 和平均光电流 $<I_{ph}>$ 计算可得到噪声功率光谱密度，即

$$\langle I_n^2 \rangle = 2qI_{ph}\langle M \rangle^2 F(M) \tag{4.1}$$

式中：$F(M)$ 为过剩噪声因子，它是由碰撞电离的随机特性引起的。

在均匀电场和纯电子注入条件下，过剩噪声因子可以用 $<M>$ 以及空穴电离系数 α_h 与电子电离系数 α_e 之比（$k = \alpha_h/\alpha_e$）表示，即

$$F_e(M_e) = k\langle M_e \rangle + (1-k)\left(2 - \frac{1}{\langle M_e \rangle}\right) \tag{4.2}$$

电子和空穴电离速率定义为每单位距离的电离碰撞次数，电离速率与克服不同载流子散射效应所需阈值电场的关系很大（指数级）。不同材料体系在 300 K 下的电离速率实验值与电场的关系曲线如图 4.6 所示。电子和空穴的电离率可以相同，如 GaP 的情况；也可以显著不同，如 Si、Ge 以及大多数化合物半导体的情况。

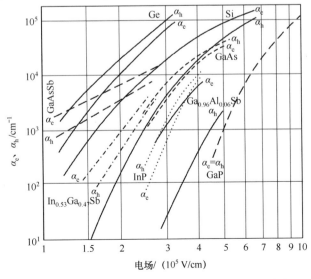

图 4.6　电子电离系数 α_e 和空穴电离系数 α_h 与雪崩光电二极管中电场的关系

目前已证明以下材料适用于制作高性能 APD。

（1）Si（波长为 $0.4\sim1.1\mu m$）。电子电离速率远高于空穴电离速率（$\alpha_e\gg\alpha_h$）。

（2）Ge（波长可达 $1.65\mu m$）。由于 Ge 带隙小于 Si，而且电子和空穴的电离速率大致相等（$\alpha_e\approx\alpha_h$），因此噪声很大，限制了 Ge APD 的应用。

（3）GaAs 基器件。大多数化合物材料都有 $\alpha_e\approx\alpha_h$，所以设计人员通常采用异质结构，如 $GaAs/Al_{0.45}Ga_{0.55}As$，其中 $\alpha_e(GaAs)\gg\alpha_e(AlGaAs)$。由于 GaAs 层中发生的雪崩效应，所以增益大幅增加。$GaAs/Al_{0.45}Ga_{0.55}As$ 异质结构的光谱范围小于 $0.9\mu m$。采用 InGaAs 层可使响应波长延伸至约 $1.4\mu m$。

（4）InP 基器件，波长范围为 $1.2\sim1.6\mu m$。在晶格匹配的双异质结构 n^+-InP/n-GaInAsP/p-GaInAsP/p^+-InP 中，将两种载流子中的一种注入高电场区域——这种结构对降低噪声很重要。第二种结构 p^+-InP/n-InP/n-InGaAsP/n-InP 类似于 Si 拉通型器件。吸收发生在较宽的 InGaAsP 层，在 n-InP 层中少数载流子雪崩倍增。

（5）$Hg_{1-x}Cd_xTe$ APD。该类型器件是电子工作机制，宽组份 $x=0.21\sim0.7$ 的 APD 已经得到验证，对应截止波长为 $1.3\sim11\mu m$。因此，增益为 100 的 HgCdTe APD 噪声是 InGaAs 或 InAlAs APD 噪声的 $1/20\sim1/10$，是 Si APD 噪声的 $1/5$。

Beck 等在 2001 年首先报道了 APD 特性与 $k=0$ 时一致[17]，当时报道的结果基于 $Hg_{0.7}Cd_{0.3}Te$ APD。此后，又证明了对应短波、中波和长波红外探测的多种组分 $Hg_{1-x}Cd_xTe$ APD 的空穴碰撞电离基本上保持为零[18]。他们初次采用电子 APD（e-APD）来描述这种只有电子会有碰撞电离的 APD。在这种情况中，过量噪声因子小于 2 且与增益无关。但是，窄带隙 HgCdTe 制备的 APD 在室温下的暗电流仍然较高，需要在低温下工作。

最近，InAs APD 的开发取得了新的突破[19-20]。与 HgCdTe 器件类似，已经证明 InAs APD 的 $k\approx0$，在室温下的暗电流较低。这表明，InAs p-i-n 二极管具有显著的电子触发倍增，而 InAs n-i-p 二极管中的空穴触发倍增在相同电场范围内可忽略不计[21]。

图 4.7（a）为 MBE 生长制备的 InAs APD 台面结构，其 i 区厚为 $6\mu m$。Be 和 Si 分别用作受主和施主掺杂。i 区中的 n 型本底掺杂浓度小于 $1\times10^{15}cm^{-3}$。为了抑制表面漏电流，采用磷酸：过氧化氢：去离子水为 1∶1∶1 的溶液对直径达 $500\mu m$ 的器件进行湿法刻蚀，然后再用硫酸：过氧化氢：去离子水为 1∶8∶80 的溶液进行腐蚀 30s，蚀刻的台面侧壁另外覆有 SU-8 钝化层。通过沉积 Ti/Au（20/150nm）来获得良好的欧姆接触，对电极不进行退火处理。

图 4.7（b）是测量 InAs APD 得到的增益值，随着反向偏压的增大呈指数增大，没有被击穿的迹象，这是 $k\approx0$ 的一个特征[22-23]。器件的室温倍增增益大于 300[20]。带宽是渡越时间限制的，范围为 $2\sim3GHz$，与增益无关。

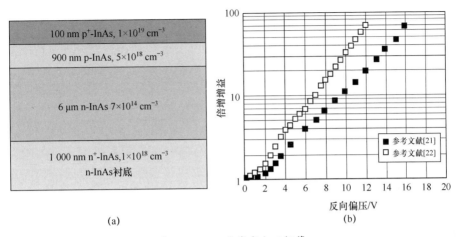

(a)

(b)

图 4.7 InAs 雪崩光电二极管

(a) 非故意掺杂的 i 区的台面结构；(b) 测量得到的增益。

图 4.8 所示为不同材料 APD 的过剩噪声因子与倍增因子的关系曲线。$k = 0$ 时 InAs p-i-n 二极管上测量得到的 F_e 略低于式 (4.2) 所示的局域模型预测值。尽管比 MWIR HgCdTe e-APD 略高，但与 SWIR HgCdTe e-APD 的 F_e 值相当。为了解释这种过剩噪声低于局域模型下限的现象，需要引入局域模型所忽略的 "弛豫空间"（该距离中电子没有发生碰撞电离）的影响。如果倍增区域较厚，则可以忽略弛豫空间，局域模型可对 APD 特征进行准确描述。InAlAs APD 中的过剩噪声随倍增因子的增大而增大，如同所有的传统 APD 一样，其中两种载流子都会发生碰撞电离。

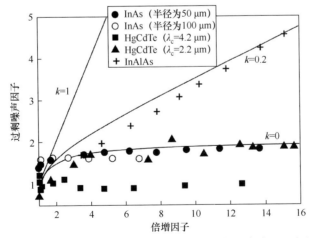

图 4.8 不同材料 APD 的 F_e 值比较，包括具有 3.5μm 本征宽度以及半径为 50μm 和 100μm 的 InAs 二极管、截止波长为 4.2μm 和 2.2μm 的 HgCdTe 光电二极管，以及 InAlAs 二极管[19]

相比制备困难的 HgCdTe 系统，InAs e-APD 的实现为易于制备的Ⅲ-Ⅴ材料体系带来了理想的雪崩倍增和过剩噪声特性。这些特性使得 InAs APD 对许多近红外和中红外探测应用具有极高的吸引力，例如，远程气体探测、激光雷达以及主动和被动成像等应用领域。

● 4.2　InAsSb 体光电二极管

三元和四元Ⅲ-Ⅴ族化合物材料更适合制作近红外和中红外波段范围的光电器件。采用二元衬底（例如，InAs 和 GaSb）可生长多层同质和异质结构的光电器件，并通过裁剪其中晶格匹配的三元和四元外延层来探测 $0.8 \sim 5\mu m$ 的波长。与之前制备的三元材料如 InP 上生长的 InGaAs 有所不同，$Ga_xIn_{1-x}As_ySb_{1-y}$ 的带隙可从约 475meV 到 730meV 连续变化，同时其晶格仍与 GaSb 衬底匹配[24-25]，如图 4.9 所示。三元（GaInSb 和 InAsSb）和四元（GaInAsSb 和 AlGaAsSb）材料在波长不小于2μm 时都表现出优良的性能，这些仍在研究当中，尚未完全达到实用化水平。同时，由于不存在通常在二元衬底上制备三元材料产生的问题，三元 InGaSb 衬底对于开发高性能探测器具有吸引力[26-28]。

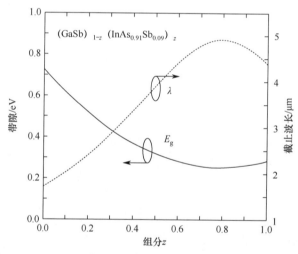

图 4.9　通过在 $(GaSb)_{1-z}(InAs_{0.91}Sb_{0.09})_z$ 比值中选择 x 和 y 浓度，使 $Ga_xIn_{1-x}As_ySb_{1-y}$ 的带隙在约 475 ~ 730meV 连续可调，同时保持与 GaSb 衬底晶格匹配

4.2.1　技术和特性

研究人员已经提出了多种 InAsSb 光电二极管的结构，包括台面和平面 n-p、n-p^+，p^+-n 和 p-i-n 结构；以及用于形成 pn 结的技术包括 Zn 扩散、Be 离子注入，也包括采用 LPE、MBE 和 MOCVD 在 n 型材料上形成 p 型层。光电二极管技术基本上建立在浓度约为 $10^{16}cm^{-3}$ 的 n 型材料的基础之上。Rogalski 的专著中概

括了 2010 年之前 InAsSb 光电二极管制备的研究情况[6]。

　　1980 年，采用晶格匹配的 $InAs_{1-x}Sb_x$/GaSb（$0.09 \leqslant x \leqslant 0.15$）器件结构[11] 的 InAsSb 光电二极管的研究取得了重大进展，$InAs_{0.86}Sb_{0.14}$ 外延层的晶格失配达到 0.25%，通过调节可以达到较小的位错腐蚀坑密度（约 $10^4 cm^{-2}$）。背光照 $InAs_{1-x}Sb_x$/GaSb 光电二极管结构如图 4.10（a）所示，光子通过 GaSb 衬底进入 $InAs_{1-x}Sb_x$ 有源层后被吸收，GaSb 衬底决定响应起始波长，在 77K 时为 $1.7\mu m$，而有源区决定二极管的响应截止波长，如图 4.10（b）。采用 LPE 技术可以得到 pn 结同质结。非掺杂 n 型层和 Zn 掺杂 p 型层中的载流子浓度均约为 $10^{16} cm^{-3}$。高质量的 $InAs_{0.86}Sb_{0.14}$ 光电二极管通过高的 R_0A 值得到验证，77K 时 R_0A 大于 $10^9 \Omega \cdot cm^2$。

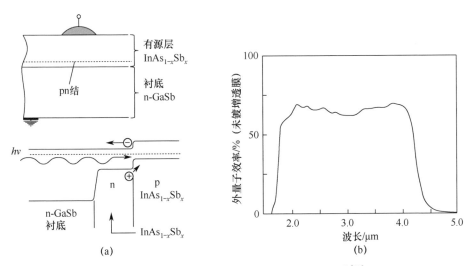

图 4.10　背光照 $InAs_{0.86}Sb_{0.14}$/GaSb 光电二极管[11]

(a) 器件结构及其能带图；(b) 77K 条件下的光谱响应。

　　为了提高探测器性能（低暗电流和高探测率），几家研究团队开发出在较大带隙材料 p 和 n 层之间制备 InAsSb 有源层的三明治型 p-i-n 异质结构器件，宽带隙层中少数载流子浓度低会降低扩散暗电流、提高 R_0A 值和探测率。图 4.11 为 n-i-p 双异质结构锑基Ⅲ-Ⅴ族光电二极管能带以及器件结构中有源层和盖层（接触层）的不同材料组合示意图。由图可以看出，电极接触结构和衬底透过率决定了探测器可以采用背光照和正光照工作方式。通常采用 p 型 GaSb 和 n 型 InAs 作为衬底，虽然衬底吸收系数较小，但是也需要将衬底减薄，甚至厚度小于 $10\mu m$。由于 InAs 材料比较脆，许多制作工艺都不能采用。在电子浓度不太高的（大于 $10^{17} cm^{-3}$）情况下，采用重掺杂的 n^+-InAs 衬底可以克服上述问题，此时其导带中的电子具有强烈的简并行为。例如，重掺杂 n^+-InAs（$n = 6 \times 10^{18} cm^{-3}$）中的 Burstein-Moss 偏移使衬底的透过波长延长到 $3.3\mu m$[12]。

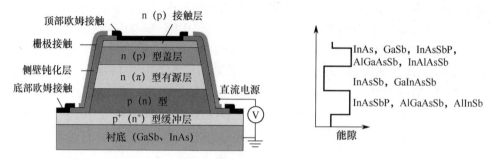

图 4.11　n-i-p 双异质结构锑基Ⅲ-Ⅴ族光电二极管的能带示意图及不同
组合的有源层和盖层

　　锑基三元和四元合金是制备工作于近室温的 MWIR 光电二极管的材料。许多文献已经讨论了中红外光电二极管的特性，约菲物理技术研究所也进行了许多研究工作，参见参考文献 [12，15，29]。这些 LPE 生长的异质结构器件由浓度为 $n = 2 \times 10^{16} \, cm^{-3}$（非掺杂）或者掺杂浓度为 $n^+ = 2 \times 10^{18} \, cm^{-3}$（Sn 掺杂）的 n 型 InAs（100）衬底、约 $10 \mu m$ 厚的非掺杂 n-InAs$_{1-x}$Sb$_x$ 有源层和最后的 p-InAs$_{1-x-y}$Sb$_x$P$_y$（Zn）盖层（接触层）组成，如图 4.12 所示。窄带隙 InAsSb 有源层被较宽能隙的半导体材料包围。

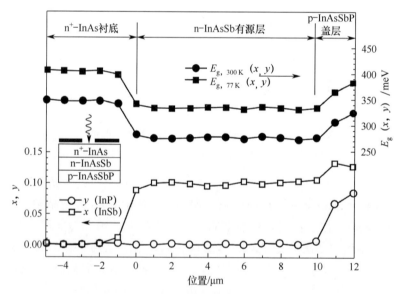

图 4.12　n$^+$-InAs/n-InAsSb/p-InAsSbP 双异质结构光电二极管的合金组分
和能带结构与位置的关系[15]

　　在器件制备工艺中，采用标准光刻和湿化学刻蚀工艺可以制备出 $26 \mu m$ 高的圆形台面（$\Phi_m = 190 \mu m$），也可以在 $580 \mu m \times 430 \mu m$ 矩形芯片上制备出 $55 \mu m$ 深的台面隔离槽。采用真空溅射和热蒸发工艺在芯片同侧制备圆形 Au 或 Ag 基反射阳极（$\Phi_a = 170\,\mu m$）和阴极接触，然后沉积 $3\,\mu m$ 厚镀金层。最后，使用由含有 Pb-Sn 接触区的半绝缘 Si 晶片制成的 $1800\,\mu m \times 900\,\mu m$ 的框架来实现倒装焊/封装过程。光电二极管芯片倒置安装，其中 n⁺-InAs 侧是入射辐射的"入射窗口"，如图 4.12 中的插图所示。一些芯片采用镀有增透膜的消球差超半球形 Si 浸没透镜（$\Phi = 3.5\,mm$），采用硫化物玻璃作为 Si 和 n⁺-InAs（或 n-InAs）之间的光学填充材料。浸没式光电二极管的最终结构与图 4.5（a）所示的类似。

图 4.13 所示为 n⁺-InAs/n-InAsSb/p-InAsSbP 双异质结构光电二极管的零偏电阻率、R_0A 与光子能量之间关系的实验数据。由图 4.13 可以看出，R_0A 与光子能量之间呈指数关系，可以近似为 $\exp(E_g/kT)$，表明在这种光电二极管中扩散电流决定了异质结的传输特性。在 $T > 190K$ 时漏电流可以忽略不计；当温度较低时，高偏压时 G-R 起主导作用，低偏压时隧穿电流起主导作用。

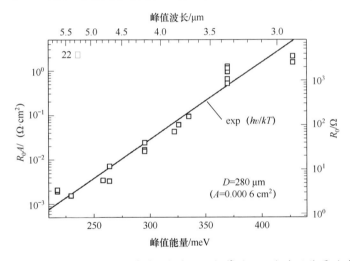

图 4.13　室温下一系列 InAsSb 双异质结构光电二极管的 R_0A 与光子能量的关系图[12]

图 4.14 为室温下不同截止波长 InAsSb 双异质结构光电二极管的归一化光谱响应曲线。由图 4.14 可以看出，此类光电二极管的特征是光谱响应窄（半峰宽（FWHM）约为 $0.3 \sim 0.8\,\mu m$），这是由衬底和中间层对光谱滤光结果决定的，其中 PD29 器件光谱响应范围最窄是因为 n⁺-InAs 在短波长一侧的透过率比较低。另外，较长波长光电二极管的光谱响应在较短波长端表现出宽而平坦，这是因为高能 InAsSbP 区域中产生的载流子向窄带隙 pn 结扩散的缘故。

图 4.15 为 InAsSb 双异质结构光电二极管在不同温度下的 Johnson 限制探测率随波长变化情况。由图 4.15 可以看出，随波长变化的响应特性分为四个不同的区域：①截止区域（$4.7 < \lambda < 5.5\,\mu m$），②较长波长端响应急剧下降区域，③响应平滑下降区域，④较短波长端响应快速下降区域。区域 4 是由于重掺杂 n⁺-InAs 衬底的透过率降低造成的。在这种情况下，n⁺-InAs 中与 Burstein-Moss 效应

相关的吸收边缘偏移可大至 $1\mu m$（重掺杂的#878 样品和非掺杂的#877 样品在其较短波长端的响应特性存在较大差异）。

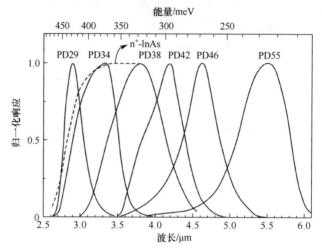

图 4.14　InAsSb 双异质结构光电二极管的室温光谱响应和 $175\mu m$
厚 n^+-InAs $[n^+ = (3 \sim 6) \times 10^{18} cm^{-3}]$ 的归一化透过率[12]

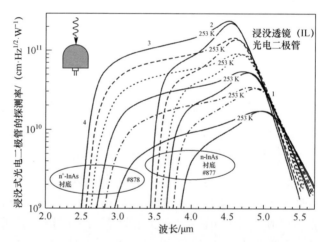

图 4.15　衬底为 n-InAs 和 n^+-InAs 的 InAsSb 双异质结构
光电二极管在不同温度下的探测率光谱[15]

　　图 4.16（a）描述了光电二极管的峰值探测率与温度和波长的关系。图 4.16（b）表示背光照（BSI）和镀膜光电二极管（带浸没透镜（IL））的探测率与峰值波长的关系。浸没式透镜光电二极管的峰值探测率通常比裸芯片光电二极管的探测率约高 10 倍，如图 4.16（b）所示。约菲物理技术研究所开发的光电二极管性能优于文献报道的大多数光电二极管。同时，二极管 R_0A 值小于参考文献［11］中给出的值。

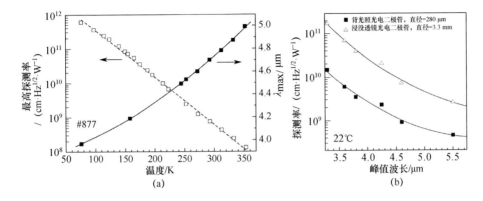

图 4.16　InAsSb 双异质结构光电二极管的探测率

（a）最大探测率和峰值波长与温度的关系[15]；（b）无 Si 透镜（背光照）
和有 Si 透镜（浸没式照射）的光电二极管的光谱峰值探测率[12]。

4.2.2　性能限制

虽然 III-V 族探测器具有良好的前景，但 HgCdTe 材料仍然是许多系统应用中性能最优的红外材料。制约 InAsSb 光电二极管快速发展的主要障碍是单晶生长和外延层制备方面的困难。过去 20 年，研究人员已开发出用于 $3 \sim 5\mu m$ 探测的高质量 InAsSb 光电二极管，但响应 $8 \sim 12\mu m$ 波段的 InAsSb 探测器至今尚未实现。与 HgCdTe 相比，主要的技术问题是：晶体结构质量差，难以找到理想的用于 LWIR 的 III-V 族衬底/外延层材料组合；SRH 寿命短；本底载流子浓度较高（一般在 $10^{15} cm^{-3}$ 以上）。此外，由于 CuPt 型排序和残余应变的影响，观察到 Sb 中等组分时 $InAs_{1-x}Sb_x$ 合金的能隙（接近最小能隙（图 2.11））不是固定的，并且难以控制。

1996 年，Rogalski 等报道了 MWIR $InAs_{1-x}Sb_x$（$0 \leqslant x \leqslant 0.4$）光电二极管的理论分析结果，稳定工作温度可以扩展到 $200 \sim 300K$[30]。这表明工作高温度 InAsSb 光电二极管的理论性能可以与 HgCdTe 光电二极管的性能相当。图 4.17 表示当基极 n 型层的掺杂浓度（$10^{15} cm^{-3}$ 和 $10^{16} cm^{-3}$）接近实际可用浓度时，200K 和 300K 条件下工作在 $3 \sim 8\mu m$ 的 p^+-n InAsSb 光电二极管的 R_0A 值的理论极限。为了与理论预测进行比较，在这里仅标记了有限的实验数据，可以看出理论预测与实验结果的一致性较好。

最近，Wróbel 等分析了掺杂分布对室温 MWIR InAsSb 光电二极管参数（R_0A 值和探测率）的影响[35]。在理论计算中，他们新引入了自旋-轨道分裂带隙能对组分的依赖关系（图 2.13）[40]。

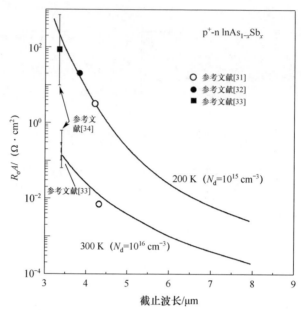

图 4.17　在 200K 和 300K 的温度下，p^+-n $InAs_{1-x}Sb_x$ 光电二极管

的 R_0A 值与截止波长的关系[30]

（计算了光电二极管的基极区厚度为 15μm 时两种掺杂浓度（10^{15} cm^{-3} 和 10^{16} cm^{-3}）

的曲线；假设厚度为 1μm 的 p^+ 盖层中的载流子浓度为 10^{18} cm^{-3}）

300K 时 $InAs_{1-x}Sb_x$ 光电二极管的 R_0A 值和截止波长的关系如图 4.18 所示，计算了掺杂浓度均为 10^{16} cm^{-3}、有源区厚度为 5μm 时 p-on-n 型和 n-on-p 型两种结构的理论曲线。由图 4.18 可以看出，与 p-on-n 型器件相比，随着有源区组分

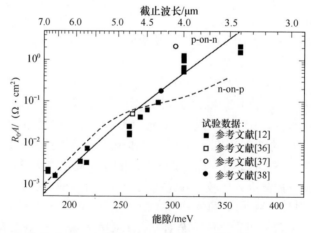

图 4.18　室温下 $InAs_{1-x}Sb_x$ 光电二极管的 R_0A 值与截止波长的关系[35]

（计算了掺杂浓度都是 10^{16} cm^{-3} 时 5μm 厚有源区 p-on-n 和 n-on-p 的理论曲线，

收集的为具有 n 型有源区的 p-on-n 光电二极管的实验数据）

接近 InAs 组分（$0 \leqslant x \leqslant 0.15$、$\lambda_c \leqslant 4.5 \mu m$），n-on-p 型光电二极管中俄歇 S 机制对 R_0A 值的影响显著降低；同时，当有源区组分为 $x \geqslant 0.15$（$\lambda_c > 4.5 \mu m$）时，则 n-on-p[①] 型材料结构比 p-on-n 结构更好。

具有 n 型有源区的 p-on-n 光电二极管理论预测性能与实验值相当，这两种数据的一致性较好，也有一些实验数据位于理论线之上。研究了光电二极管有源区的厚度是否小于少数载流子扩散长度。研究结果表明，减小产生扩散电流的有源区体积会降低相应的暗电流，并使 R_0A 值增大。

图 4.19 所示为室温工作的 p-on-n InAsSb 光电二极管的热噪声限制探测率与光谱的关系，可用以下公式计算理论曲线，即

$$D^* = \frac{\eta \lambda q}{2hc}\left(\frac{R_0A}{kT}\right)^{1/2} \tag{4.3}$$

式中：设定量子效率 $\eta = 0.7$，有源区中的掺杂浓度为 $10^{16} cm^{-3}$。

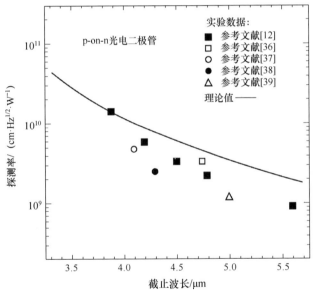

图 4.19 室温下 p-on-n $InAs_{1-x}Sb_x$ 光电二极管的 R_0A 值与截止波长的关系[35]

（计算了 $5\mu m$ 厚有源区、掺杂浓度 $10^{16} cm^{-3}$ 时的理论曲线）

由图 4.19 可以看出，截止波长较短时探测率实验数据与理论预测一致性较好。两种结果之间的差异随截止波长增加而增大，这主要是由实验测得二极管的量子效率降低造成的。

$InAs_{1-x}Sb_x$ 材料可能是整个 Ⅲ-Ⅴ 族合金中工作截止波长能够达到最长的材料，在 77K 下约为 $12.0\mu m$。开发所有潜在工作波段的红外探测器，需要寻找到晶格匹配的衬底材料。采用 $Ga_{1-x}In_xSb$ 衬底可以解决这个问题。在这种情况中，

---

① 译者注：原文为 p，应为 n-on-p。

晶格参数在 6.095Å（GaSb）～6.479Å（InSb）之间可调。几家研究小组已经成功地生长了 GaInSb 单晶。特别是一种组分为 $Ga_{0.38}In_{0.62}Sb$ 的单晶材料，它与具有最小带隙的 $InAs_{0.35}Sb_{0.65}$ 晶格相匹配。

最近，有研究人员在 GaSb 衬底上引入组分渐变 GaInSb 和 AlInSb 缓冲层，利用 MBE 生长了 Sb 组分高达 65% 的非弛豫 InAsSb 合金变性材料[41]，渐变缓冲层总厚度达到 3.5μm。InAsSb 层的晶格常数等于缓冲层顶部的横向晶格常数，可以使残余应变减小（小于 0.1%）。因此，在渐变缓冲层上生长的无应变弛豫的 InAsSb 外延层是无序的，V 族原子呈随机分布。

参考文献

1. C. Hilsum and A. C. Rose-Innes, *Semiconducting III-V Compounds*, Pergamon Press, Oxford (1961).
2. O. Madelung, *Physics of III-V Compounds*, Wiley, New York (1964).
3. T. S. Moss, G. J. Burrel, and B. Ellis, *Semiconductor Optoelectronics*, Butterworths, London (1973).
4. *Mid-Infrared Semiconductor Optoelectronics*, edited by A. Krier, Springer, London (2006).
5. W. F. M. Micklethwaite and A. J. Johnson, "InSb: Materials and devices," in *Infrared Detectors and Emitters: Materials and Devices*, edited by P. Capper and C. T. Elliott, Kluwer Academic Publishers, Boston, pp. 178–204 (2001).
6. A. Rogalski, *Infrared Detectors*, 2nd edition, CRC Press, Boca Raton, Florida (2010).
7. T. S. Moss, G. J. Burrel, and B. Ellis, *Semiconductor Optoelectronics*, Butterworths, London (1973).
8. P. J. Love, K. J. Ando, R. E. Bornfreund, E. Corrales, R. E. Mills, J. R. Cripe, N. A. Lum, J. P. Rosbeck, and M. S. Smith, "Large-format infrared arrays for future space and ground-based astronomy applications," *Proc. SPIE* **4486**, 373 (2002) [doi: 10.1117/12.455119].
9. M. Zandian, J. D. Garnett, R. E. DeWames, M. Carmody, J. G. Pasko, M. Farris, C. A. Cabelli, D. E. Cooper, G. Hildebrandt, J. Chow, J. M. Arias, K. Vural, and D. N. B. Hall, "Mid-wavelength infrared p-on-on $Hg_{1-x}Cd_xTe$ heterostructure detectors: 30–120 Kelvin state-of-the-art performance," *J. Electron. Mater.* **32**, 803–809 (2003).
10. I. Shtrichman, D. Aronov, M. Ben Ezra, I. Barkai, E. Berkowicz, M. Brumer, R. Fraenkel, A. Glozman, S. Grossman, E. Jacobsohn, O. Klin, P. Klipstein, I. Lukomsky, L. Shkedy, N. Snapi, M. Yassen, and E. Weiss, "High operating temperature epi-InSb and XBn-InAsSb photodetectors," *Proc. SPIE* **8353**, 83532Y (2012) [doi: 10.1117/12.918324].
11. L. O. Bubulac, A. M. Andrews, E. R. Gertner, and D. T. Cheung, "Backside-illuminated InAsSb/GaSb broadband detectors," *Appl. Phys. Lett.* **36**, 734–736 (1980).
12. M. A. Remennyy, B. A. Matveev, N. V. Zotova, S. A. Karandashev, N. M. Stus, and N. D. Ilinskaya, "InAs and InAs(Sb)(P) (3–5 μm)

immersion lens photodiodes for potable optic sensors," *Proc. SPIE* **6585**, 658504 (2007) [doi: 10.1117/12.722847].

13. C. H. Kuan, R. M. Lin, S. F. Tang, and T. P. Sun, "Analysis of the dark current in the bulk of InAs diode detectors," *J. Appl. Phys.* **80**, 5454–5458 (1996).

14. X. Zhou, J. S. Ng, and C. H. Tan, "InAs photodiode for low temperature sensing," *Proc. SPIE* **9639**, 96390V (2015) [doi: 10.1117/12.2197343].

15. P. N. Brunkov, N. D. Il'inskaya, S. A. Karandashev, A. A. Lavrov, B. A. Matveev, M. A. Remennyi, N. M. Stus, and A. A. Usikov, "InAsSbP/InAs$_{0.9}$Sb$_{0.1}$/InAs DH photodiodes ($\lambda_{0.1} = 5.2$ μm, 300 K) operating in the 77–353 K temperature range," *Infrared Phys. Technol.* **73**, 232–237 (2015).

16. R. J. McIntryre, "Multiplication noise in uniform avalanche diodes," *IEEE Trans. Electron Devices* **ED-13**, 164–168 (1966).

17. J. D. Beck, C.-F. Wan, M. A. Kinch, and J. E. Robinson, "MWIR HgCdTe avalanche photodiodes," *Proc. SPIE* **4454**, 188 (2001) [doi: 10.1117/12.448174].

18. J. Beck, C. Wan, M. Kinch, J. Robinson, P. Mitra, R. Scritchfield, F. Ma, and J. Campbell, "The HgCdTe electron avalanche photodiode," *J. Electronic Materials* **35**, 1166–1173 (2006).

19. A. R. J. Marshall, "The InAs Electron Avalanche Photodiode," in *Advances in Photodiodes*, edited by G. F. D. Betta, InTech, 2011, http://www.intechopen.com/books/advances-in-photodiodes/the-inas-electron-avalanche-photodiode.

20. S. Bank, S. J. Maddox, W. Sun, H. P. Nair, and J. C. Campbell, "Recent progress in high gain InAs avalanche photodiodes," *Proc. SPIE* **9555**, 955509 (2015) [doi: 10.1117/12.2189149].

21. A. R. J. Marshall, C. H. Tan, and J. P. R. David, "Impact ionization in InAs electron avalanche photodiodes," *IEEE Trans. Electron. Dev.* **57** (10), 2631–2638 (2010).

22. A. R. J. Marshall, P. J. Ker, A. Krysa, J. P. R. David, and C. H. Tan, "High speed InAs electron avalanche photodiodes overcome the conventional gain-bandwidth product limit," *Opt. Exp.* **19**(23), 23341–23349 (2011).

23. W. Sun, Z. Lu, X. Zheng, J. C. Campbell, S. J. Maddox, H. P. Nair, and S. R. Bank, "High-gain InAs avalanche photodiodes," *IEEE J. Quant. Electron.* **49**(2), 154–161 (2013).

24. S. Adachi, *Physical Properties of III-V Semiconducting Compounds: InP, InAs, GaAs, GaP, InGaAs, and InGaAsP*, Wiley-Interscience, New York, 1992; *Properties of Group-IV, III-V and II-VI Semiconductors*, John Wiley & Sons, Ltd., Chichester, UK (2005).

25. I. Vurgaftman, J. R. Meyer, and L. R. Ram-Mohan, "Band parameters for III–V compound semiconductors and their alloys," *J. Appl. Phys.* **89**, 5815–5875 (2001).

26. W. F. Micklethwaite, R. G. Fines, and D. J. Freschi, "Advances in infrared antimonide technology," *Proc. SPIE* **2554**, 167 (1995) [doi: 10.1117/12.218185].

27. A. Tanaka, J. Shintani, M. Kimura, and T. Sukegawa, "Multi-step pulling of GaInSb bulk crystal from ternary solution," *J. Crystal Growth* **209**, 625–629 (2000).

28. P. S. Dutta, "III-V ternary bulk substrate growth technology: a review," *J. Crystal Growth* **275**, 106–112 (2005).

29. M. P. Mikhailova and I. A. Andreev, "High-speed avalanche photodiodes for the 2–5 μm spectral range," in *Mid-infrared Semiconductor Opto-electronics*, edited by A. Krier, Springer-Verlag, London, pp. 547–592 (2006).

30. A. Rogalski, R. Ciupa, and W. Larkowski, "Near room-temperature InAsSb photodiodes: Theoretical predictions and experimental data," *Solid-State Electron.* **39**, 1593–1600 (1996).

31. L. O. Bubulac, E. E. Barrowcliff, W. E. Tennant, J. P. Pasko, G. Williams, A. M. Andrews, D. T. Cheung, and E. R. Gertner, "Be ion implantation in InAsSb and GaInSb," *Inst. Phys. Conf.* Ser. No. 45, 519–529 (1979).

32. M. P. Mikhailova, N. M. Stus, S. V. Slobodchikov, N. V. Zotova, B. A. Matveev, and G. N. Talalakin, "InAs$_{1-x}$Sb photodiodes for 3–5 μm spectral range," *Fiz. Tekh. Poluprovodn.* **30**, 1613–1619 (1996).

33. EG&G Optoelectronics, Inc., Data Sheet (1995).

34. A. I. Andrushko, A. V. Pencov, Ch. M. Salichov, and S. V. Slobodchikov, "R$_0$A product of p–n InAs junctions," *Fiz. Tekh. Poluprovodn.* **25**, 1696–1690 (1991).

35. J. Wróbel, R. Ciupa, and A. Rogalski, "Performance limits of room-temperature InAsSb photodiodes," *Proc. SPIE* **7660**, 766033 (2010) [doi: 10.1117/12.855196].

36. A. Krier and W. Suleiman, "Uncooled photodetectors for the 3–5 μm spectral range based on III-V heterojunctions," *Appl. Phys. Lett.* **89**, 083512 (2006).

37. Y. Sharabani, Y. Paltiel, A. Sher, A. Raizman, and A. Zussman, "InAsSb/GaSb heterostructure based mid-wavelength-infrared detector for high temperature operation," *Appl. Phys. Lett.* **90**, 232106 (2007).

38. H. Shao, W. Li, A. Torfi, D. Moscicka, and W. I. Wang, "Room-temperature InAsSb photovoltaic detectors for mid-infrared applications," *IEEE Photnics Technol. Lett.* **18**, 1756–1758 (2006).

39. H. H. Gao, A. Krier, and V. V. Sherstnev, "Room-temperature InAs$_{0.89}$Sb$_{0.11}$ photodetectors for CO detection at 4.6 μm," *Appl. Phys. Lett.* **77**, 872–874 (2000).

40. S. A. Cripps, T. J. C. Hosea, A. Krier, V. Smirnov, P. J. Batty, Q. D. Zhuang, H. H. Lin, P. W. Liu, and G. Tsai, "Determination of the fundamental and spin-orbit-splitting band gap energies of InAsSb-based ternary and pentenary alloys using mid-infrared photoreflectance," *Thin Solid Films* **516**, 8049–8058 (2008).

41. Y. Lin, D. Donetsky, D. Wang, D. Westerfeld, G. Kipshidze, L. Shterengas, W. L. Sarney, S. P. Svensson, and G. Belenky, "Development of bulk InAsSb alloys and barrier heterostructures for long-wave infrared detectors," *J. Electronic Mater.* **44** (10), 3360–3366 (2015).

第 5 章　Ⅱ 类超晶格红外光电二极管

在低维异质结构中引入量子约束，可以显著提高很多光电器件的性能，这也是研究人员将超晶格作为红外探测器替代材料的主要原因。1979 年提出的 HgTe/CdTe SL 系统[1-2]是第一个用于红外光电子学的新型量子尺寸结构的材料体系，被认为是一种有前景的新型替代结构，可以用于开发 LWIR 探测器以取代 HgCdTe 合金。科学家预测超晶格红外材料比体材料 HgCdTe 更具优势，原因如下：

（1）均匀性更好，这对探测器阵列性能均匀性非常重要；

（2）超晶格中隧穿效应受到抑制（电子有效质量较大），因此漏电流更小；

（3）轻空穴和重空穴能带实质上分裂和电子有效质量增加，俄歇复合速率降低。

最近，科学家们对多量子阱 AlGaAs/GaAs 光导探测器也表现出极大的兴趣[3]。但是，这种探测器本质上是非本征的，其理论性能比本征 HgCdTe 探测器的性能差[4]。因此，除了采用子带间吸收之外，还需要利用另外两个物理原理将带隙直接移到红外光谱范围内：

（1）超晶格应变导致的带隙减小，如 InSb/InAsSb 和 InAs/InAsSb；

（2）超晶格导致断带隙减小，如 InAs/GaInSb。

这些类型的超晶格性能取决于本征价带 – 导带吸收过程。早期研究人员尝试制备适合红外探测特性的超晶格材料没有取得成功，主要是因为外延沉积 HgTe/CdTe 超晶格技术没有突破。目前，与高性能 HgCdTe 光电二极管相比，相同截止波长的 HgTe/HgCdTe SL 光电二极管的性能较差。因此，由于缺乏研究资金投入，导致业界全面停止了对 HgTe/HgCdTe SL 红外探测器的进一步开发。

除了采用子带间跃迁，Ⅲ-V 族化合物还可以通过包络波函数重叠，在交替层的能态之间很好地实现价带 – 导带的光学跃迁，有效用于红外波段探测。采用这种方式，红外器件可以在垂直入射时有较大的吸收系数[5-8]。1990 年，Miles 及其同事报道了第一个结构质量好的 $Ga_{1-x}In_xSb/InAs$ T2SL 材料[8]，这种材料结构中俄歇复合机制受到抑制，InAs/GaInSb SL 光伏探测器理论上的本征寿命较长，可以获得性能优异的探测器[9-10]。

➡ 5.1　InAs/GaSb 超晶格光电二极管

Johnson 等提出首个 InAs/GaInSb SLS 光电二极管，其响应截止波长超过

$10.6\mu m^{[11]}$。探测器由双异质结（DH）SL组成，包括在 GaSb 衬底上生长的 n 型和 p 型 GaSb。光电二极管中异质结比同质结具有若干优势。1997 年，德国弗劳恩霍夫研究所的研究人员验证了多个器件具有良好的探测率，其性能接近 77K、$8\mu m$ 截止波长 HgCdTe 的探测率，使研究人员重新对 T2SL 用于 LWIR 探测产生兴趣[12]。理论上 InAs/GaInSb 系统中 GaInSb 层具有附加应变，用这种结构的材料制备探测器性能似乎更好，但由于其采用摩尔分数大的 In 生长的结构复杂，因此过去十年大部分研究集中在二元 InAs/GaSb 系统上。如图 3.6 所示，InAs/GaSb T2SL 由纳米级厚度材料层交替组成。通常，每层材料厚度介于 6～20 个 ML 之间，相邻 InAs（GaSb）层之间的电子（空穴）波函数重叠，在导（价）带中形成电子（空穴）微带。两个中间带隙半导体通过限制在 GaSb 层中的空穴和束缚在 InAs 层中的电子之间产生光学跃迁，可用于 3～30μm 宽光谱范围内的红外探测。

Taalat 等已经指出[13]，超晶格组分对材料特性和 MWIR 光电探测器性能的影响很大，如本底掺杂浓度、响应光谱形状和暗电流。如图 5.1 所示，在三个不同 SL 周期得到的带隙能量约为 248meV（77K 条件下，$\lambda_c=5\mu m$），三个周期分别为：富 GaSb 组分（每个周期为 10ML InAs/19ML GaSb）、具有相同厚度的 InAs 和 GaSb（10ML）的对称结构和富 InAs 组分（7ML InAs/4ML GaSb）。

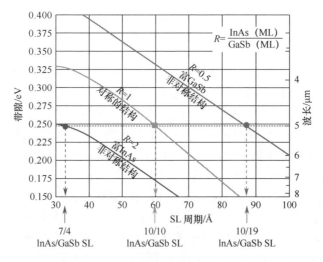

图 5.1 计算得到 77K 时 $R=$ InAs/GaSb 不同比值的超晶格带隙与周期厚度的关系[13]

5.1.1 MWIR 光电二极管

超晶格光电二极管通常采用 p-i-n 双异质结构，在器件重掺杂接触部分之间为非故意掺杂本征区。本文中的样品是 InAs/GaSb T2SL p-i-n 探测器，该样品在新墨西哥大学阿尔伯克基分校的高科技材料中心进行 SU-8 钝化[14]。在 Te 掺杂外延级（100）GaSb 衬底上生长器件结构，包括 100 个周期 10ML InAs：Si（$n=$

$4 \times 10^{18} \mathrm{cm}^{-3}$）/10ML GaSb 组成的底部接触层、50 个周期渐变 n 掺杂的 10ML InAs：Si/10ML GaSb、350 个周期的吸收层、25 个周期的 10ML InAs：Be（$p = 1 \times 10^{18} \mathrm{cm}^{-3}$）/10ML GaSb 和 17 个周期 10ML InAs：Be（$p = 4 \times 10^{18} \mathrm{cm}^{-3}$）/10ML GaSb 形成的 p 型接触层。为了改善探测器结构中少数载流子的传输，在吸收层与接触层之间增加了 25 个周期含有渐变掺杂层的 SL 结构，通过改变有源区 InAs 层中的 Be 浓度，补偿残余 n 型超晶格成为 p 型轻掺杂。因此，在相似结构中可以观察到 RA 值和量子效率得到提升[15]。

图 5.2 为光电二极管结构及其设计示意图。采用光刻和电感耦合等离子体刻蚀制备电学面积为 $450\mu\mathrm{m} \times 450\mu\mathrm{m}$ 的垂直入射单个像元台面光电二极管；然后将制作的器件浸入磷酸基溶液，去除刻蚀台面侧壁上自然形成的氧化膜，再覆上 SU-8（厚度约 $1.5\mu\mathrm{m}$）钝化层，在接触层上沉积 Ti/Pt/Au 制成欧姆接触[16-17]。

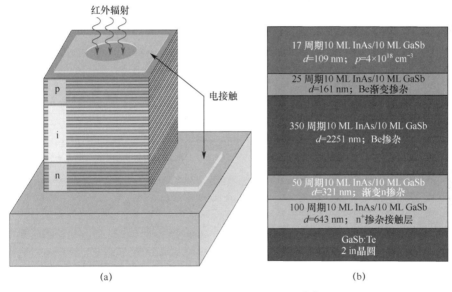

图 5.2　MWIR InAs/GaSb T2SL 光电二极管[19]（见彩图）

（a）光电二极管结构示意图；（b）光电二极管设计。

探测器的截止波长随温度升高而增加，假定 120K 时为 $5.6\mu\mathrm{m}$，在 230K 时为 $6.2\mu\mathrm{m}$。根据 Varshni 公式，这种偏移可归因于带隙对温度的依赖性，研究人员采用一种有效带隙 SL 材料的体材料模型来解释 MWIR T2SL 光电二极管的上述电流 - 电压特性。

光电二极管暗电流是几种机制暗电流的叠加（图 5.3），即

$$I_{\mathrm{dark}} = I_{\mathrm{diff}} + I_{\mathrm{gr}} + I_{\mathrm{btb}} + I_{\mathrm{tat}} + I_{R_{\mathrm{shunt}}} \tag{5.1}$$

式中：有四个主要机制：扩散电流 I_{diff}、产生 - 复合电流 I_{gr}、带间隧穿电流 I_{btb} 和陷阱辅助隧穿电流 I_{tat}。其余暗电流来自分流电阻，即 $I_{R_{\mathrm{shunt}}}$，包含存在反向偏置区中的表面和体内漏电流，耗尽宽度大和反向偏压高的二极管中的雪崩电流可忽

略不计。参考文献 [18 – 20] 概括了模型中已经考虑的暗电流贡献。

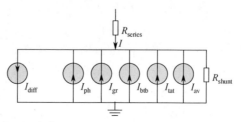

图 5.3 光电二极管中可能存在的电流 (I_{diff} 是理想扩散电流，I_{ph} 是光电流，I_{gr} 是产生 –
复合机制电流，I_{btb} 是带间隧穿电流，I_{tat} 是陷阱辅助隧穿电流，I_{av} 是雪崩电流，
R_{shunt} 是表面和体内漏电流相关的分流电阻。限制性电流作用与扩散电流作用相反)

图 5.4 和图 5.5 分别给出了温度为 160K 和 230K 时，MWIR InAs/GaSb 超晶格光电二极管暗电流密度与偏压的关系 $J – V$、电阻面积乘积与偏压关系 RA (V)的实验和理论预测特性比较的例子。由图可以看出，在较宽偏压（– 1.6 ~+0.1V）和温度（可低于 160K，图中未示出）条件下，实验和理论两种结果的一致性极好。

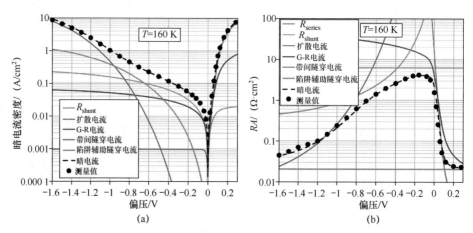

图 5.4 MWIR p-i-n InAs/GaSb T2SL 光电二极管在 160K 下的测量值和模拟特性[20]（见彩图）
(a) 暗电流密度与偏压的关系；(b) 电阻面积乘积与偏压的关系。

在低温（不大于 120K）和反向偏压条件下，通过分流电阻的电流决定二极管的反向特性。贯穿结的位错和/或表面漏电流是造成二极管中存在分电流的原因。在反向电压大于 1V 的强反偏区域，带间隧穿电流的影响起到决定性的作用。采用热电制冷（TE 制冷）的光电二极管（其温度在 170K 以上）中分流电阻的影响可以忽略不计。

随着温度升高，在零偏压和低反向偏压区域中，扩散电流和产生 – 复合电流的贡献增大，在 230K 时占主导。在中等反向偏压（160K 在 0.6 ~ 1.0V 之间）区域，暗电流主要是陷阱辅助隧穿电流。在高反向偏压（160K 温度下为 1V 以上）区域，体内带间隧穿电流占主导。在正偏压大于 0.1V 的区域，串联电阻的影响是决定性的。

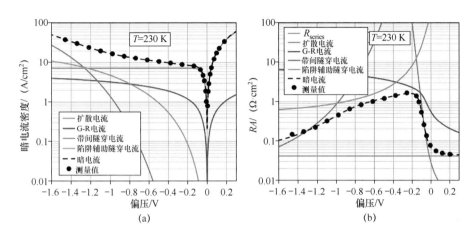

图 5.5　MWIR p-i-n InAs/GaSb T2SL 光电二极管在 230 K 下的测量值和模拟特性[20]（见彩图）
(a) 暗电流密度与偏压的关系；(b) RA 与偏压的关系。

Wróbel 等[21]利用暗电流的热分析、傅里叶变换光致发光和低频噪声光谱等测试技术研究了 $InAs_{10ML}/GaSb_{10ML}$ T2SL 近中间带隙陷阱能级，研究了几个具有相似周期设计和相同宏观结构的晶圆和二极管。所有表征技术都给出约 140meV 这一近乎相同的能级，并与衬底类型无关。另外，光致发光光谱测试结果也表明与陷阱中心相关的跃迁与温度无关。

波兰华沙军事技术大学应用物理学院实验室制作的 HgCdTe 光电二极管的 R_0A 值与截止波长关系，以及与工作在 230K 的 InAs/GaSb T2SL 光电二极管的比较[19,22]，如图 5.6 所示。由图 5.6 可以清楚地看到，超晶格器件的性能可以达到现有 HgCdTe 探测器性能相当的水平。事实上，在 0.3V 反向偏压下，截止波长为 6.2μm 超晶格器件的 R_0A 值甚至更高。图 5.6 中虚线是 HgCdTe 器件实验数据的趋势线。HgCdTe 探测器量子效率较高，光电二极管具有较好性能，尤其是在较低温度如 77K 条件下性能更好[23]。通常，T2SL 光电二极管的量子效率约为 30%（在 0.3V 反向偏压下），而 HgCdTe 器件的量子效率为 70%。超晶格器件的有源区比 HgCdTe 光电二极管的有源区的厚度要薄。因此，对含有宽带隙接触电极的器件而言，其暗电流和 R_0A 值与 230K 时 HgCdTe 光电二极管的相当。

蒙彼利埃大学的研究团队[13,24-25]详细阐述了 MWIR T2SL p-i-n 器件的结构，结构图类似于图 4.11。如上所述，InAs/GaSb SL 材料的几个特性如温度带隙能、吸收系数、残余掺杂浓度和载流子寿命与所选 SL 周期的关系很大。超晶格周期影响载流子的位置，导致不同的微带宽度，因此联合态密度和吸收系数曲线不同。图 5.7 为对称结构的 InAs/GaSb SL 在 MWIR 波段的响应光谱。

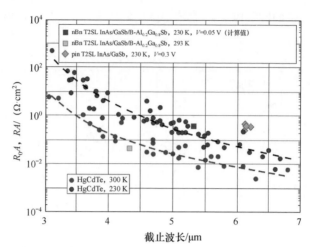

图 5.6　近室温下工作的 MWIR InAs/GaSb/B-Al$_{0.2}$Ga$_{0.8}$Sb T2SL nBn 探测器、

HgCdTe 体二极管和 InAs/GaSb T2SL p-i-n 二极管的 RA 和 R_0A

乘积与截止波长的关系[19]（见彩图）

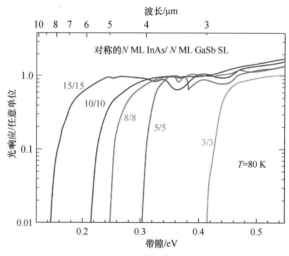

图 5.7　$N=$ 3、5、8、10 和 15ML 的 InAs（N）/GaSb（N）对称结构 MWIR SL 探测器的

归一化响应光谱，在 80K 温度下得到的光谱曲线[24]

　　少数载流子寿命与界面密度无关是一个重要发现。限制 SL 寿命的复合中心位于二元材料中而非在界面处[13,26]，GaSb 含量最大时材料的特性最差。在 77K 截止波长接近 5μm 的 SL 样品中，当每个 SL 周期中 GaSb 含量从 36% 增加到 65% 时，残余掺杂浓度从 6×10^{14}cm^{-3} 增加到 5.5×10^{15}cm^{-3}。在 77K 时 G-R 电流限制占主导，与 $n_i/\tau n^{1/2}$（n 是多数载流子密度）成正比，因此 τ 增加有助于使 I_{gr} 降低相同的量。富 GaSb 对称结构和富 InAs SL 的暗电流密度实验数据如图 5.8 所示。在 77K、截止波长 5.5μm 条件下，不对称结构的（7/4）富 InAs InAs/GaSb T2SL（$R=1.75$）的 R_0A 值高达 $7\times10^6\Omega\cdot$cm^2[24]。

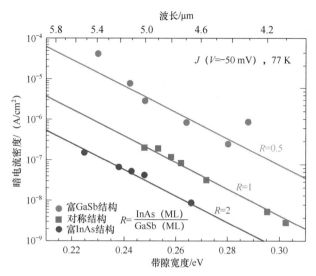

图 5.8　不同 R = InAs/GaSb 比在 77K 温度时 p-i-n InAs/GaSb T2SL 光电二极管
的暗电流密度与周期厚度的关系[25]

5.1.2　LWIR 光电二极管

图 5.9 为截止波长为 10.5μm InAs/GaSb SL 光电二极管探测器的台面截面和设计截面示意图。这种材料一般是在非掺杂 <001> 方向的 GaSb 衬底上、衬底温度约400℃条件下采用 MBE 技术生长的。通过采用 V 族裂解源，超晶格质量得到明显提高。GaSb 衬底的吸收系数较低，为了进一步提高相应的红外辐射透过率，需要将 GaSb 衬底的厚度减至 25μm 以下[27]。由于 GaSb 衬底和缓冲层是本征 p 型的，因此首先生长受主浓度为 $1 \times 10^{18} atom/cm^3$ 的故意掺杂 Be 的 p 型接触层。

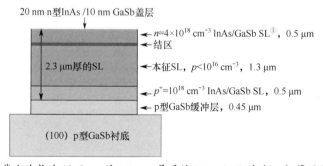

图 5.9　截止波长为 10.5μm 的 p-i-n 双异质结 InAs/GaSb 光电二极管设计示意图

LWIR 传感器基于二元 InAs/GaSb 短周期超晶格[28-29]，所需的每一层厚度很薄，所以采用 GaInSb 合金没有什么额外的益处。InAs/GaSb SL 的振子强度比

---

①　译者注：原文为 SI，应为 SL。

InAs/GaInSb 的弱，但采用无应变和最小应变二元半导体层的 InAs/GaSb SL 比采用应变三元半导体（GaInSb）的 SL 的材料质量更高。为了形成 p-i-n 光电二极管，在 GaSb 层中掺杂了浓度为 $1 \times 10^{17} \mathrm{cm}^{-3}$ 的 Be，形成 p 掺杂短周期 InAs/GaSb SL，之后生长 $1 \sim 2 \mu \mathrm{m}$ 厚的非故意掺杂本征超晶格区域，本征区宽度为一系列不同值。为提高性能，本征区宽度应与载流子扩散长度相关。上层是在 InAs 层中掺 Si 形成 $0.5 \mu \mathrm{m}$ 厚的 SL（$1 \times 10^{17} \sim 1 \times 10^{18} \mathrm{cm}^{-3}$），然后顶部是 InAs：Si（$n \approx 10^{18} \mathrm{cm}^{-3}$）盖层，以提供良好的欧姆接触。

制作光电二极管的主要技术难题是生长厚的 SL 结构而不降低材料质量。高质量的 SLS 材料要足够厚，才能达到可接受的量子效率，这对于获得性能优良的光电二极管很关键。

图 5.10 所示为 78K 时截止波长 $10.5 \mu \mathrm{m}$ 的 InAs/GaSb 光电二极管的 $R_0 A$ 值与温度关系的实验数据及理论预测特性。光电二极管在温度低于 100K 时是耗尽区（G-R）限制的。如图 5.10（a）所示，78K 时，由于主导的复合中心位于本征费米能级，所以空间电荷复合电流主导反向偏压。在 $T \leqslant 40K$ 时陷阱辅助隧穿电流占主导。LWIR 光电二极管在高温时性能受扩散过程的限制。低温和接近零偏压情况下，电流是扩散限制的。在较大偏压下，陷阱辅助隧穿电流占主导。

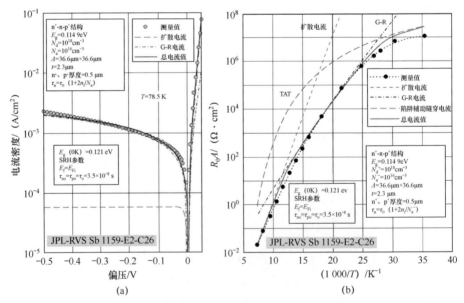

图 5.10　78.5K、$\lambda_c = 10.5 \mu \mathrm{m}$ 的 InAs/GaSb 光电二极管的实验数据和理论特性[30]

(a) 78K 时的 J-V 特性；(b) $R_0 A$ 值和温度的关系。

Rehm 等对 LWIR InAs/GaSb SL 光电二极管暗电流机制有另一种理论分析[31-32]。假定器件受到侧壁漏电流的影响，体内电流和侧壁电流对总暗电流密度的贡献可用熟知的关系式表示为

$$I_{\text{dark}} = I_{\text{dark,bulk}} + \sigma \times P/A \tag{5.2}$$

式中：σ 为台面侧壁每单位长度的侧壁电流，是所施加偏压 V 和温度 T 的函数，可用 $\sigma(V, T)$ 表示；P/A 为器件的周长/面积比；体内暗电流 $I_{\text{dark,bulk}}$ 包含式（5.1）中的分量。

图 5.11（a）表明 77K、低反向偏压下侧壁电流不主导 $I(V)$ 特性。在 77K、低反向偏压下，$I(V)$ 特性与温度的依赖关系是扩散限制的，如图 5.11（b）所示。

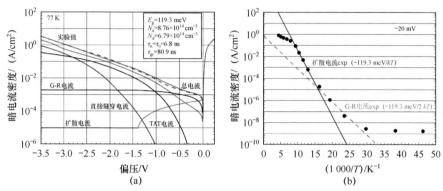

图 5.11　同质结 LWIR InAs/GaSb SL 光电二极管的暗电流密度分析[32]
（a）77 K 时暗电流密度与偏压的关系；（b）暗电流密度与温度的关系。

异质结器件概念有助于显著降低暗电流[32]，如 p$^+$-InAs/GaSb SL 吸收层结合 n$^-$ 型宽带隙层的设计，采用了更宽带隙的导带匹配的第二种 InAs/GaSb SL 实现该结构。

图 5.12 比较了 InAs/GaSb SLS 和 HgCdTe 光电二极管的长波 R_0A 值。实线为

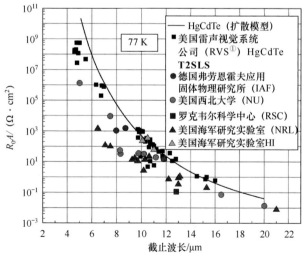

图 5.12　77K 条件下 InAs/GaSb SLS 光电二极管的 R_0A 值与截止波长的关系，

与 HgCdTe 光电二极管对应值的理论和实验趋势线进行比较[33]

① 译者注：原文为 RSV，应为 RVS。

p 型 HgCdTe 材料的理论扩散限性能。在图中可以看到，最新 SL 器件的光电二极管性能可与实际的 HgCdTe 器件的性能相接近，表明 SL 探测器的开发已取得实质性的进步。

图 5.13 中所示的 i（π）区厚度对 p-i-n 光电二极管结构的量子效率有决定性影响。通过拟合 i 区厚度为 $1\sim4\mu m$ 的一系列光电二极管的量子效率，Aifer 等[34]分析出 LWIR 中的少数载流子电子扩散长度为 $3.5\mu m$。与高质量 HgCdTe 光电二极管的典型值相比，该值相当低。最近，通过将 π 区厚度扩展到 $6\mu m$，使截止波长为 $12\mu m$ 的光电二极管的外量子效率达到 54%。图 5.13（a）表示量子效率对 π 区厚度的对应关系，图 5.13（b）表示 8 种不同厚度 π 区结构的光谱电流响应率[35]。

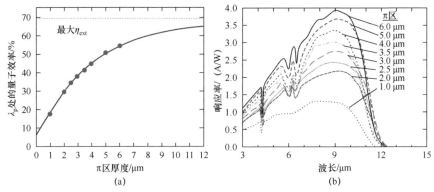

图 5.13　77K 条件下 InAs/GaInSb SL 光电二极管的光谱特性[35]
（$4.2\mu m$ 为 CO_2 吸收；$5\sim8\mu m$ 为水蒸气吸收）

（a）量子效率和 π 区厚度的关系，其中虚线表示无增透膜时最大可能的量子效率；（b）π 区厚度为 $1\sim6\mu m$ 时测量得到光电二极管的电流响应率。

图 5.14 将 78K 时工作的 T2SL 探测器的实验数据与 T2SL 和 p-on-n HgCdTe 光电二极管探测率的理论值进行了比较[36]。实线是 HgCdTe 光电二极管的理论热受限探测率，采用一维（1D）模型计算，假定窄带隙 n 侧的扩散电流是主导电流和少数载流子通过俄歇和辐射过程进行复合。理论计算采用了 n 侧施主浓度（$N_d = 1 \times 10^{15}\,cm^{-3}$）、窄带有源层厚度（$10\mu m$）和量子效率（60%）的典型值。由图 5.14 可以看出，T2SL 的热受限探测率大于 HgCdTe 的相应值[10,37-38]。

从图 5.14 的结果可以看出，测量得到的 T2SL 光电二极管的热受限探测率仍然低于 HgCdTe 光电二极管的当前性能，T2SL 光电二极管性能还未达到理论值。这种局限性理论上是由以下两个主要因素造成的：本底浓度较高（约 $5 \times 10^{15}\,cm^{-3}$，虽然报道的值低于 $10^{15}\,cm^{-3}$）[39]和少数载流子寿命短（轻掺杂 p 型材料中通常为几十 ns）。到目前为止，研究人员已经观测到未优化的载流子寿命，在载流子浓度达到预期的低浓度时少子寿命受 SRH 复合机制的限制，使得少数载流子扩散长度仅为几微米范围。改进这些基本参数对实现 T2SL 光电二极管的理论性能至关重要。

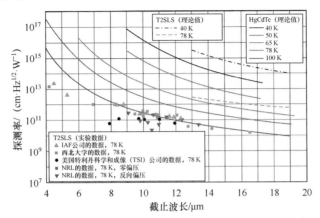

图 5.14　T2SL 和 p-on-n HgCdTe 光电二极管的理论预测探测率与截止波长和温度的关系。实验数据有几个来源[36]　（见彩图）

5.2　InAs/InAsSb 超晶格光电二极管

对红外探测用 InAs/InAsSb 超晶格（SL）材料进行研究是因为 InAs/GaSb SL 中 GaSb 层对载流子寿命有限制。如 3.2 节中提到的，与相同波长和工作温度的 InAs/GaSb SL 相比，InAs/InAsSb SL 系统中少数载流子寿命明显更长。与 InAs/GaSb SL 的暗电流相比，少数载流子寿命增加使 InAs/InAsSb SL 探测器的暗电流更低[40]。此外，由于 SL 层中有两种共有元素（In 和 As），InAs/InAsSb SL 的界面结构相对简单，只有一种元素（Sb）改变，这有助于提高外延生长的可控性，并简化制造过程。

MWIR[41] 和 LWIR[42] InAs/InAsSb SL 光电二极管已经得到实际探测器的验证。实验测量得到 77K 时截止波长为 5.4μm 的 MWIR 光电二极管的暗电流密度比传统 InAs/GaSb SL 探测器的大，这是由于 InAs/InAsSb SL 系统中价带和导带的带阶减小引起载流子隧穿概率的增加而造成的。

Hoang 等已经验证了更高质量 LWIR InAs/InAs$_{1-x}$Sb$_x$ SL 光电二极管[42]。虽然引入了较高的 Sb 组分（$x = 0.43$），材料质量依然很好，能够得到高性能光电探测器。有源区的截止波长主要由 InAs$_{1-x}$Sb$_x$ 层中的价带能级决定，与 Sb 组分直接相关。样品是在掺 Te 的（001）GaSb 衬底上利用 MBE 技术生长制备。器件结构包括 0.5μm 厚 InAsSb 缓冲层，上面分别是 0.5μm 厚底部 n 接触层（$n \sim 10^{18}$cm^{-3}）、0.5μm 厚 n 轻掺杂势垒层、2.3μm 厚 p 轻掺杂有源区（$\sim 10^{15}$cm^{-3}），以及 0.5μm 厚顶部 p 接触层（$p \sim 10^{18}$cm^{-3}）；最后，该结构采用 200nm 厚 p 掺杂 GaSb 层覆盖。n 型和 p 型掺杂剂分别是 Si 和 Be。

InAs/InAsSb T2SL 光电二极管的有效钝化技术仍处于早期的开发阶段。一般情况下，光电二极管未得到有效钝化。正如 Si 工业中常用方式一样，最简单的钝化工艺是将通用介电绝缘体（例如，Si 的氧化物或氮化物）沉积到器件的裸露表面上。

LWIR InAs/InAsSb SL 光电二极管在 25 ~ 77K 温度范围的电学特性如图 5.15 所示。77K 时，R_0A 值为 $0.84\Omega \cdot cm^2$，比 InAs/GaSb SL 的低（图 5.12）。当制冷温度高于 50K 时二极管表现出 Arrhenius 特性，激活能为 39meV，约为有源区带隙（截止波长为 15μm 时约为 80meV）的 1/2，这表明来自有源区的 G-R 电流为暗电流限制机制。低于 50K，R_0A 偏离趋势线，对温度变化的敏感性降低。这种特性表明在该温度范围内暗电流受到其他机制的限制，可能是隧穿电流，或是表面漏电流。

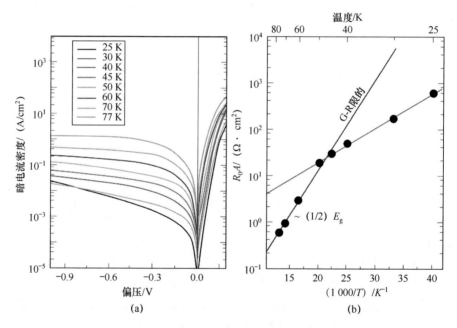

图 5.15　LWIR InAs/InAsSb SL 光电二极管的电学特性[42]（见彩图）

（a）暗电流密度－偏压特性与温度的关系；（b）R_0A 与温度的关系。

光电二极管的光谱特性如图 5.16 所示。在 77K 时，样品 100% 截止时的波长为 17μm，50% 截止时的波长为 14.6μm。反向偏压高于 150mV 时可得到高量子效率，300mV 时达到饱和。饱和时，电流响应率达到的峰值为 4.8A/W，有源区厚度为 2.3μm 时对应的量子效率为 46%。图 5.16（b）为测量出的量子效率、暗电流和 R_0A 值，计算得到 77K 时器件的散粒噪声限制和约翰逊（Johnson）噪声限制探测率。

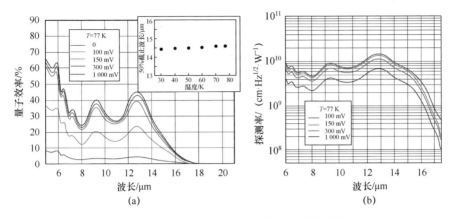

图 5.16　LWIR InAs/InAsSb SL 光电二极管的光谱特性[42]（见彩图）
（a）77 K 时不同偏压下的量子效率曲线，插图：截止为 50% 时波长与温度的关系；
（b）计算得到 77K 时不同偏压下的散粒噪声限制和 Johnson 噪声限制探测率。

5.3　器件钝化

　　虽然各国的研究小组为制作 T2SL 器件开展了大量研究工作，但尚未形成有效的器件钝化方案。台面侧壁是过剩电流的来源。适用于批量生产工艺的钝化层除了能够有效抑制表面漏电流还必须经受后续对器件进行各种处理工艺的考验。大量表面漏电流是由于台面刻蚀导致周期晶体结构出现不连续引起的。探测器像元阵列面积为 $1cm^2$ 的 FPA 仍占据主要的红外市场，像元中心距在过去几年中已降至 $15\mu m$，目前达到 $12\mu m$ 和 $10\mu m$，在测试器件中甚至达到 $5\mu m^{[43]}$，这一趋势预计还将持续。减小像元尺寸也是降低系统成本所必要的，降低系统成本包括减小光学系统直径、减小杜瓦尺寸和重量，以及降低功耗和提高可靠性等。像元尺寸的减小使 FPA 的性能很大程度上依赖于由于像元表面/体积比大而产生的表面效应。因此，FPA 性能的提升需要开发消除表面电流的方法。

　　大多数Ⅲ-Ⅴ族化合物的自然氧化物不适于作钝化材料。GaSb 在较低温度下容易氧化，即

$$2GaSb + 3O_2 \rightarrow Ga_2O_3 + Sb_2O_3 \tag{5.3}$$

在化学钝化的第一步中，用溶液去除表面的自然氧化物，新的原子占据悬空键以防止材料再氧化和表面污染，以及使能带弯曲最小。

　　关于 T2SLS 探测器钝化技术的综述可在 Plis 等的著作中找到[44]，可以分为两类：

　　（1）用厚的介电层、有机材料（聚酰亚胺和各种光致抗蚀剂）或者带隙更宽的Ⅲ-Ⅴ族材料覆盖已刻蚀的探测器侧壁；

　　（2）采用硫族化合物进行钝化，用硫原子使半导体表面未饱和键达到饱和。

这里我们简单介绍可用的钝化技术及其局限性。

通常采用可变面积二极管阵列方法来评估钝化效果。暗电流密度可以表示为暗电流的体内分量和表面漏电流之和。零偏压下光电二极管动态 R_0A 值的倒数可近似为

$$\frac{1}{R_0A} = \frac{1}{(R_0A)_{Bulk}} + \frac{1}{\rho_{Surface}}\frac{P}{A} \tag{5.4}$$

式中：$(R_0A)_{Bulk}$ 为体材料 $R_0A(\Omega \cdot cm^2)$；$\rho_{Surface}$ 为表面电阻率（$\Omega \cdot cm$）；P 为二极管周长；A 为二极管面积。函数 $(R_0A)^{-1} = f(P/A)$ 的斜率与二极管表面漏电流 $1/\rho_{Surface}$ 成正比。如果体内电流主导探测器性能，那么 $(R_0A)^{-1} = f(P/A)$ 的斜率接近零。如果表面漏电流较大，则观察到较小器件的暗电流密度增加。

图 5.17 所示为采用不同方法钝化、工作在 77K 时的 LWIR T2SL 光电二极管的 $(R_0A)^{-1}$ 与 P/A 的典型函数关系[45-46]。采用电感耦合等离子体（ICP）和电子回旋共振（ECR）刻蚀制备尺寸为 $100 \sim 400\mu m$ 的台面，测试结果表明，在四种处理方法中，侧壁采用聚酰亚胺钝化的探测器的表面电阻率最大（$6.7 \times 10^4 \Omega \cdot cm$），如图 5.17（a）所示。研究人员比较了采用相同刻蚀后钝化方法（聚酰亚胺）的几种探测器电学性能，测试结果表明 ICP - 聚酰亚胺样品的暗电流密度降低了一个数量级。在实际低于 T2LS 生长温度的工艺温度下（以防止 T2SL 周期混合），采用低固定电荷密度和低界面电荷密度的介电层钝化，对开发高质量钝化层挑战巨大。由于周期性晶体结构突然终止，导致在台面侧壁引起能带弯曲，使电荷累积或电荷类型反转，并沿侧壁表面形成隧穿电流。正如 Delaunay 等验证的[47]，在介电钝化层（例如，SiO_2）中的固定电荷可以使窄带隙器件的性能变好或变差。沿器件侧壁加反向偏压是控制 SiO_2-T2SL 能带弯曲以建立平坦能带条件和抑制漏电流的一种有效方法[48]。

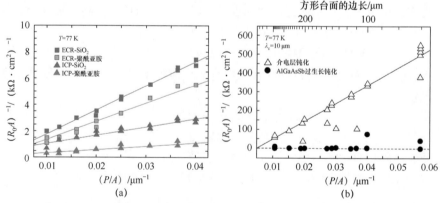

图 5.17 77K 温度下 LWIR T2SL 光电二极管的 $(R_0A)^{-1}$ 和 P/A 的关系

（a）用 ICP 和 ECR 刻蚀技术制作探测器，用 SiO_2 和聚酰亚胺钝化的探测器[45]；

（b）通过 $Al_xGa_{1-x}As_ySb_{1-y}$ 过生长和传统介电层钝化方法钝化的探测器[46]。

T2SL 器件钝化的有效方法包括用宽带隙材料对已刻蚀的侧壁进行钝化，或者用"浅刻蚀"技术隔离相邻器件像元，但刻蚀需要在宽带隙层内终止。Rehm 等采用 MBE 制备晶格匹配的宽带隙 AlGaAsSb 层，对已刻蚀台面的侧壁进行钝化[46]。为了防止含 Al 钝化层氧化，需要在再生长过程之后沉积薄的氮化硅层。图 5.17（b）表示两种相似探测器结构的 $(R_0A)^{-1}$ 和周长/面积比（P/A）的关系，一种是过生长钝化，另一种是传统介电层钝化。由图 5.17（b）可以看出，过生长钝化层后，器件表面没有表面漏电流（斜率接近于零）。此外，Szmulowicz 和 Brown[49] 提出用 GaSb 对台面侧壁钝化以消除表面电流，GaSb 钝化层充当 SL 的 n 型和 p 型侧电子的势垒。

对于 LWIR 光电二极管而言，SiO_2 钝化层的重复性和长期稳定性比 MWIR 光电二极管更为关键。通常，较宽带隙材料的反转电位更大，因此 SiO_2 可以钝化宽带隙材料（MWIR 光电二极管），但不能钝化窄带隙材料（LWIR 光电二极管）。利用这种特性，P. Y. Delaunay 等提出了一种防止宽带隙 p 型和 n 型超晶格接触区反转的双异质结构（图 4.11）[47]。这种结构在有源区和 p 或 n 型接触层之间的界面上表面漏电通道明显减少。

上面已经对几种能显著改进 LWIR 光电二极管暗电流和 R_0A 值的设计做了阐述。浅刻蚀样品的侧壁斜率非常小，表明可能会减少由于侧壁导致的过剩电流[49]。

另一种消除侧壁刻蚀导致过剩电流的方法是采用具有渐变带隙结的浅刻蚀台面隔离[34,50]。渐变带隙的主要作用是在低温下抑制耗尽区中的隧穿电流和 G-R 电流。由于两个过程均与带隙呈指数关系，因此将宽带隙引入耗尽区是非常有利的。在这种方法中，在刚越过结的终点处结束台面刻蚀，仅暴露出二极管很薄的（300nm）宽带隙区。因此，后续的钝化层是在宽带隙材料上进行生长。这种钝化减少了电学结面积，提高了光学填充因子，同时也消除了探测器阵列内的深沟道。但是，如果横向扩散长度大于 FPA（通常为几个像元）中相邻像元的间距，那么 FPA 像元间可能会出现串扰，从而降低图像分辨率。

因为引入到 T2SL 探测器的制作工艺流程比较简单，所以不同的有机材料如聚酰亚胺和光致抗蚀剂用作钝化剂引起了研究人员的注意。一般情况下，有机钝化剂在室温下采用旋涂方法涂覆到探测器上，厚度范围为 $0.2 \sim 100\mu m$。最常用的钝化剂是 SU-8，一种由 IBM 公司开发的高对比度环氧基负性光刻胶[51]。光聚合后的 SU-8 在坚膜烘烤后机械性和化学性稳定。在几篇文献中报道了采用 SU-8 光刻胶[52-54]、聚酰亚胺[55] 以及 AZ-1518 光刻胶[56] 对 MWIR 和 LWIR T2SL 探测器进行钝化效果的对比。聚酰亚胺是酰亚胺单基聚合物，特征是热稳定性和耐腐蚀性好，并且机械性能优异。用聚酰胺层钝化 LWIR InAs/GaSb SL 光电二极管（77K 下 $\lambda_c = 11.0\mu m$，侧面尺寸为 $25 \sim 50\mu m$），$R_0A = 6 \sim 13\Omega \cdot cm^2$，二极管性能不受表面状态的影响[55]。

随着硫化物成功用于 GaAs 表面钝化，包括水溶液 Na_2S 和 $(NH_4)_2S$ 在内的碱性硫化物也被用于 T2SL 器件钝化。研究人员发现通过浸入含硫溶液中或沉积硫族化合物进行钝化，能以最小刻蚀表面有效去除自然氧化物，并形成共价键的硫化层。但是，硫化物钝化不能对器件进行物理保护和密封，已经报道了这种钝化层具有时间不稳定性[44]。

目前，减少 T2SL 器件表面漏电流最有效的技术是栅极技术，图 4.11 给出了示意图。通过在介电钝化层顶部形成金属栅电极，并给金属栅电极施加电压来裁剪表面漏电流[48]。

以上总结了 T2SL 探测器钝化的技术性问题，同时介绍了各种新的钝化技术。然而到目前为止，还没有一种通用的方法可以同样有效处理不同截止波长的 SL 探测器。因此还需要对所提出的钝化方案的长期稳定性进行更多研究，以成功地将其用到 FPA 制备流程中。

5.4 II 类超晶格光电探测器的噪声机制

目前仍然缺乏对 T2SL 光电探测器噪声特性的准确解释。实际观察到的噪声特性非常复杂，根据被测二极管的情况，可能存在几种机制。文献中关于噪声特性的详细数据仍然很少[57-65]。T2SL 光电探测器的最新通用分类为：p-i-n 光电二极管、nBn 探测器和带间级联（IBC）探测器。第 6 章和第 7 章中将阐述后两种 T2SL 光导探测器。

根据经典理论，扩散限制和 G-R 限制光电二极管的基本噪声电流可表示为

$$I_n^2 = 2q(I_{dark} + 2I_s)\Delta f \tag{5.5}$$

式中：q 为基本电荷；I_{dark} 为总的暗电流，I_s 为扩散电流的反向偏置饱和值；Δf 为测量的带宽值。在零偏压下，式（5.5）简化为 Johnson 噪声表达式。在高偏压下的 G-R 限制光电二极管中，$2I_s$ 比 I_d 小，式（5.5）为散粒噪声表达式。

对于受 SRH 过程限制的高质量 T2SL 光电二极管，噪声电流遵循式（5.5）。图 5.18 所示为在 7kHz 带宽下测量富 InAs 的 MWIR InAs/GaSb p-i-n 光电二极管的噪声。由图可以看出，低频时 $1/f$ 噪声是最重要的。该光电二极管结构包括在 GaSb 衬底上的 200nm 掺 Be（p^+ 型掺杂浓度约为 $1 \times 10^{18} cm^{-3}$）GaSb 缓冲层、晶格匹配的几个周期 p^+ 掺杂 SL、非故意掺杂 InAs/GaSb SL 有源层、几个周期 n^+ 掺杂 SL，以及 20nm 厚掺 Te（n^+ 型掺杂浓度约为 $1 \times 10^{18} cm^{-3}$）InAs 盖层。非故意掺杂富 InAs 的 SL 有源层由 300 个周期 7.5ML InAs 和 3.5ML GaSb（7.5/3.5 SL 结构）组成，总厚度为 1μm，台面顶部和衬底背面采用 Cr/Au 制备金属接触电极。

相关研究表明，T2SL 结构中不存在本征 $1/f$ 噪声，但侧壁漏电流会产生大的、额外的与频率相关的噪声[57,60]，因此消除侧壁漏电流的有效方法是开发可靠的钝化技术。

来自德国弗莱堡的弗劳恩霍夫研究所的研究人员[61-63]将大尺寸结面积 400μm × 400μm 的中波和长波 p-i-n InAs/GaSb 光电二极管的测量噪声与采用低频

白噪声机制小尺寸参考二极管的测量结果进行比较。由于大面积二极管中存在宏观缺陷，造成暗电流变化约为 4 个数量级，与体内 G-R 限制电流相比大幅增加。简单的散粒噪声模型完全不能解释上述现象。散粒噪声模型仅解释了接近 G-R 限制体内暗电流的器件噪声，实验观察到的噪声与预期散粒噪声的偏差随着暗电流增加而增大，如图 5.19 所示。为了解释这些实验数据，McIntyre 成功建立了电子引发雪崩倍增的过剩噪声模型，提出暗电流和过剩噪声增大是由于结晶缺陷位置存在高电场域，由此引起了雪崩倍增过程。

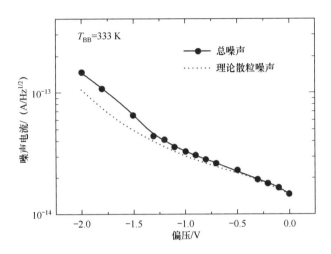

图 5.18　77K 工作温度、7kHz 带宽下测量 60℃黑体得到的实验噪声电流与偏压的关系[64]

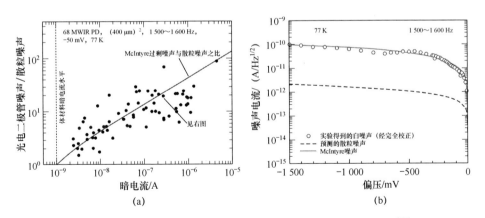

图 5.19　MWIR 同质结 InAs/GaSb T2SL 光电二极管的噪声数据[63]

（a）77K、反向偏压约 50mV 条件下，实验得到的光电二极管白噪声/预测散粒噪声之比与暗电流的关系，采用一组 68 个光电二极管，其尺寸为 400μm×400μm，垂直虚线表示小尺寸二极管中的 G-R 限制体内暗电流；（b）77K 时图（a）中黑线指向器件的光电二极管白噪声与偏压的关系。

Ciura 等人[65]研究了采用不同 InAs/GaSb SL 吸收层的 MWIR 光电探测器中 G-R 电流和扩散电流在产生 1/f 噪声时的作用。在恒定、小的反向偏压下 1/f 噪声与温度的关系表明，噪声强度是漏电流的平方，G-R 电流或扩散电流对 1/f 噪声没有贡献，或者噪声太小观测不到。由于作为分析对象的器件样品包括各种结构（p-i-n 光电二极管、nBn 探测器和 IBC 探测器）、不同钝化方法和衬底，因此这种一般性结论只适用于 InAs/GaSb SL 材料，而不能扩展至任意器件。图 5.20 所示为反向偏压光电探测器样品的噪声功率谱密度（PSD），HgCdTe 和 T2SL p-i-n 器件的 PSD 仅有 1/f 噪声，nBn 和 IBC 探测器的 1/f 噪声通常与不同转折频率的热洛伦兹频谱过程分布有关。

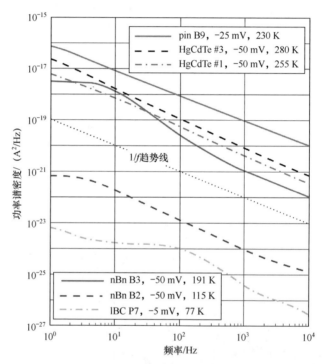

图 5.20　反向偏压样品的噪声 PSD 测量值[65]（见彩图）

Kinch 等在 2013 年发表的论文中提出了对 1/f 噪声的新见解[66]。他们考虑了图 5.21 所示 n^+-n^--p-p^+ 二极管的简单几何结构，并做出了如下假设：钝化层中的固定电荷为正，在 n 侧产生累积层，而在 p 侧表面产生耗尽层；施主浓度 n^- 小于受主浓度 p，即 $n^- \ll p$（在 n 侧完全形成主要的耗尽区）；p 侧表面可以是或不是反型层，主要取决于钝化层中固定正电荷和二极管上的反向偏压的大小。

基于隧穿效应引起类 McWhorter 表面陷阱之外的电荷波动，研究人员设计了两个 1/f 噪声分量模型[67]。第一个模型表示分量为系统性的，与二极管钝化的外表面相关；第二个模型表示分量是隔离的缺陷，与内在物理缺陷（例如，位错）的内表面相关。

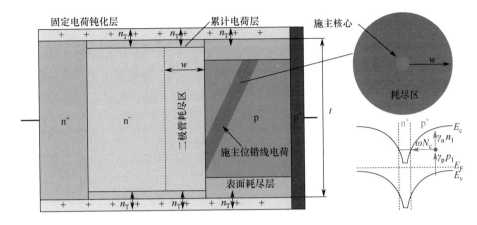

图 5.21　具有固定正电荷钝化表面的 n^+-n^--p-p^+ 二极管结构以及
p 型半导体区域的施主管道位错概念[66]（见彩图）

噪声电流谱密度可表示为

$$S_I = \left[\frac{qH}{2\tau_{A1}^i} - \frac{qn_i^2}{(n+n_i)^2\tau_{SRH}} - \frac{qn_i}{\tau_{SRH}}\frac{w}{2nt} \right]\frac{n_T A_{dif}}{f}$$
$$+ \left[\frac{qn_i}{\tau_{SRH}n} - \frac{q}{2\tau_{A1}^i} - \frac{qn_i^2}{(n+n_i)\tau_{SRH}} \right]\frac{N_T A_{dep}}{f} \qquad (5.6)$$

式中：H 为固定正电荷产生累积层引起的屏蔽效应对表面电荷调制的抑制系数；
w 为耗尽区宽度；t 为 n 区厚度；A_{dif} 和 A_{dep} 分别为在二极管 n 侧对陷阱波动有贡
献的扩散层和耗尽层的表面积；N_T 为有效表面陷阱密度。隧穿进入半导体累积和
耗尽表面区域的每个电荷单元在该区域产生电荷变化，对流过二极管的一些少数
载流子暗电流分量即暗电流中 $1/f$ 噪声谱进行可能的调制。

由式（5.6）可以得出，如果耗尽电流占主导，则系统 $1/f$ 噪声随 n_i 变化，
而扩散电流则随 n_i^2 而变化。通常，在较低温度下耗尽电流占优势，二极管的 $1/f$
噪声性能由掺杂较低的一侧决定。然而，在较高温度下俄歇产生占主导，$1/f$ 噪
声与结两侧的掺杂浓度无关。这些一般性结论得到 MWIR 和 LWIR HgCdTe 光电
二极管实验数据的支持[66]。对于累积型光导器件，式（5.6）中没有耗尽项，$1/f$
噪声在所有温度下均随 n_i^2 而变化。

Kinch 等[66]也模拟了对图 5.21 所示的施主管道位错概念有影响的隔离缺陷
噪声。其模型建立在 Baker 和 Maxey 的工作基础上，他们曾提出了 HgCdTe 中线
位错特性模型[68]，这种位错被视为沿着位错边缘的 n 型施主管道。如果位错横
穿 np 结并延伸到 p 区中，那么它将被耗尽区包围，如图 5.21 所示。但是，在结
的 n 型侧或简单的 n 型光导器件中位错效应最小。

通常，隔离的缺陷像元具有过剩暗电流和/或过剩噪声，特别在高温下是影
响 FPA 有效像元率的主要因素。例如，HgCdTe FPA 的有效像元率通常不受暗电

流缺陷的限制，而受噪声缺陷的限制。$1/f$ 噪声大的像元在均方根噪声分布中产生拖尾现象[69-71]。在 T2SL 光电二极管也观察到类似的特性。

第 6 章中阐述的势垒探测器减小了与 III-V 半导体中短 SRH 寿命相关的暗电流。吸收层中无耗尽区也使 nBn 探测器性能与位错和其他缺陷无关，允许在晶格失配的衬底上生长探测器结构。然而，对于所有偏压条件，需要避免 p 型势垒层自发地在 nBn 探测器的窄带隙吸收层中形成耗尽区。

由于位于钝化的台面侧壁上的类 McWhorter 表面态无耗尽电流项，造成假定的系统性 $1/f$ 噪声，图 5.22（a）所示为 MWIR nBn 器件的噪声电流与温度倒数的关系，$\tau_{SR} = 400\text{ns}$，$n = 10^{16}\text{cm}^{-3}$，$n_T = 10^{12}\text{cm}^{-2}$，$H = 1$。关于 LWIR T2SL 的类似计算如图 5.22（b）所示。含有耗尽区的 nBn 器件的模拟 $1/f$ 噪声很高，如图 5.22 所示。

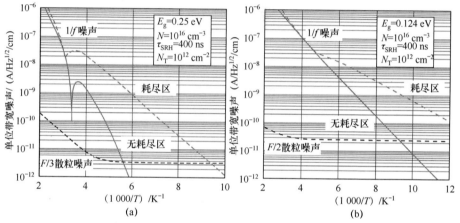

图 5.22　$1/f$ 噪声电流与温度倒数的关系曲线[71]（$\tau_{SR} = 400\text{ns}$，$n = 10^{16}\text{cm}^{-3}$，

$n_T = 10^{12}\text{cm}^{-2}$，$H = 1$）

（a）MWIR nBn 器件；（b）LWIR nBn 器件。

参考文献

1. J. N. Schulman and T. C. McGill, "The CdTe/HgTe superlattice: Proposal for a new infrared material," *Appl. Phys. Lett.* **34**, 663–665 (1979).

2. D. L. Smith, T. C. McGill, and J. N. Schulman, "Advantages of the HgTe-CdTe superlattice as an infrared detector material," *Appl. Phys. Lett.* **43**, 180–182 (1983).

3. B. F. Levine, "Quantum-well infrared photodetectors," *J. Appl. Phys.* **74**, R1–R81 (1993).

4. A. Rogalski, *Infrared Detectors*, 2nd edition, CRC Press, Boca Raton, Florida (2010).

5. G. C. Osbourn, "InAsSb strained-layer superlattices for long wavelength detector applications," *J. Vac. Sci. Technol. B* **2**, 176–178 (1984).

6. D. L. Smith and C. Mailhiot, "Proposal for strained type II superlattice infrared detectors," *J. Appl. Phys.* **62**, 2545–2548 (1987).

7. C. Mailhiot and D. L. Smith, "Long-wavelength infrared detectors based on strained InAs-GaInSb type-II superlattices," *J. Vac. Sci. Technol. A* **7**, 445–449 (1989).

8. R. H. Miles, D. H. Chow, J. N. Schulman, and T. C. McGill, "Infrared optical characterization of InAs/Ga$_{1-x}$In$_x$Sb superlattices," *Appl. Phys. Lett.* **57**, 801–803 (1990).

9. E. R. Youngdale, J. R. Meyer, C. A. Hoffman, F. J. Bartoli, C. H. Grein, P. M. Young, H. Ehrenreich, R. H. Miles, and D. H. Chow, "Auger lifetime enhancement in InAs-Ga$_{1-x}$In$_x$Sb superlattices," *Appl. Phys. Lett.* **64**, 3160–3162 (1994).

10. C. H. Grein, P. M. Young, M. E. Flatté, and H. Ehrenreich, "Long wavelength InAs/InGaSb infrared detectors: Optimization of carrier lifetimes," *J. Appl. Phys.* **78**, 7143–7152 (1995).

11. J. L. Johnson, L. A. Samoska, A. C. Gossard, J. L. Merz, M. D. Jack, G. H. Chapman, B. A. Baumgratz, K. Kosai, and S. M. Johnson, "Electrical and optical properties of infrared photodiodes using the InAs/Ga$_{1-x}$In$_x$Sb superlattice in heterojunctions with GaSb," *J. Appl. Phys.* **80**, 1116–1127 (1996).

12. F. Fuchs, U. Weimer, W. Pletschen, J. Schmitz, E. Ahlswede, M. Walther, J. Wagner, and P. Koidl, "High performance InAs/Ga$_{1-x}$In$_x$Sb superlattice infrared photodiodes," *Appl. Phys. Lett.* **71**, 3251–3253 (1997).

13. R. Taalat, J.-B. Rodriguez, M. Delmas, and P. Christol, "Influence of the period thickness and composition on the electro-optical properties of type-II InAs/GaSb midwave infrared superlattice photodetectors," *J. Phys. D: Appl. Phys.* **47**, 015101 (2014).

14. H. S. Kim, E. Plis, A. Khoshakhlagh, S. Myers, N. Gautam, Y. D. Sharma, L. R. Dawson, S. Krishna, S. J. Lee, and S. K. Noh, "Performance improvement of InAs/GaSb strained layer superlattice detectors by reducing surface leakage currents with SU-8 passivation," *Appl. Phys. Lett.* **96**, 033502 (2010).

15. D. Hoffman, B. M. Nguyen, P. Y. Delaunay, A. Hood, and M. Razeghi, "Beryllium compensation doping of InAs/GaSb infrared superlattice photodiodes," *Appl. Phys. Lett.* **91**, 143507 (2007).

16. B. Klein, E. Plis, M. N. Kutty, N. Gautam, A. Albrecht, S. Myers, and S. Krishna: "Varshni parameters for InAs/GaSb strained layer superlattice infrared photodetectors," *J. Phys. D: Appl. Phys.* **44**, 075102 (2011).

17. H. S. Kim, E. Plis, N. Gautam, A. Khoshakhlagh, S. Myers, M. N. Kutty, Y. Sharma, L. R. Dawson, and S. Krishna, "SU-8 passivation of type-II InAs/GaSb strained layer superlattice detectors," *Proc. SPIE* **7660**, 76601U (2010) [doi: 10.1117/12.850284].

18. A. Rogalski, K. Adamiec, and J. Rutkowski, *Narrow-Gap Semiconductor Photodiodes*, SPIE Press, Bellingham (2000).

19. J. Wrobel, P. Martyniuk, E. Plis, P. Madejczyk, W. Gawron, S. Krishna, and A. Rogalski, "Dark current modeling of MWIR type-II superlattice detectors," *Proc. SPIE* **8353**, 835316 (2012) [doi: 10.1117/12.925074].

20. J. Wróbel, E. Plis, W. Gawron, M. Motyka, P. Martyniuk, P. Madejczyk, A. Kowalewski, M. Dyksik, J. Misiewicz, S. Krishna, and A. Rogalski, "Analysis of temperature dependence of dark current mechanisms in mid-

wavelength infrared pin type-II superlattice photodiodes," *Sensors and Materials* **26**(4), 235–244 (2014).

21. J. Wróbel, Ł. Ciura, M. Motyka, F. Szmulowicz, A. Kolek, A. Kowalewski, P. Moszczyński, M. Dyksik, P. Madejczyk, S. Krishna, and A. Rogalski, "Investigation of a near mid-gap trap energy level in mid-wavelength infrared InAs/GaSb type-II superlattices," *Semicond. Sci. Technol.* **30**, 115004 (2015).

22. P. Martyniuk, J. Wróbel, E. Plis, P. Madejczyk, A. Kowalewski, W. Gawron, S. Krishna, and A. Rogalski, "Performance modeling of MWIR InAs/GaSb/B-Al$_{0.2}$Ga$_{0.8}$Sb type-II superlattice nBn detector," *Semicond. Sci. Technol.* **27**, 055002 (2012).

23. D. R. Rhiger, "Performance comparison of long-wavelength infrared type II superlattice devices with HgCdTe," *J. Electron. Mater.* **40**, 1815–1822 (2011).

24. P. Christol and J. B. Rodriguez, "Progress on type-II InAs/GaSb superlattice infrared photodetectors: from MWIR to VLWIR spectral domains," *ICSO 2014 International Conference on Space Optics*, Tenerife, Canary Islands, 7–10 October (2014).

25. P. Christol, M. Delmas, R. Rossignol, and J. B. Rodriguez, "Influence of the InAs/GaSb super lattice period composition on the electro-optical performances of T2SL infrared photodiode," *3rd International Conference and Exhibition on Lasers, Optics and Photonics*, Valencia, 1–3 September (2015).

26. S. P. Svensson, D. Donetsky, D. Wang, H. Hier, F. J. Crowne, and G. Belenky, "Growth of type II strained layer superlattice, bulk InAs and GaSb materials for minority lifetime characterization," *J. Crystal Growth* **334**, 103–107 (2011).

27. J. L. Johnson, "The InAs/GaInSb strained layer superlattice as an infrared detector material: An overview," *Proc. SPIE* **3948**, 118 (2000) [doi: 10.1117/12.382111].

28. G. J. Brown, "Type-II InAs/GaInSb superlattices for infrared detection: an overview," *Proc. SPIE* **5783**, 65 (2005) [doi: 10.1117/12.606621].

29. M. Razeghi, Y. Wei, A. Gin, A. Hood, V. Yazdanpanah, M. Z. Tidrow, and V. Nathan, "High performance type II InAs/GaSb superlattices for mid, long, and very long wavelength infrared focal plane arrays," *Proc. SPIE* **5783**, 86 (2005) [doi: 10.1117/12.605291].

30. J. Pellegrino and R. DeWames, "Minority carrier lifetime characteristics in type II InAs/GaSb LWIR superlattice n$^+$–p$^+$ photodiodes," *Proc. SPIE* **7298**, 72981U (2009) [doi: 10.1117/12.819641].

31. R. Rehm, F. Lemke, J. Schmitz, M. Wauro, and M. Walther, "Limiting dark current mechanisms in antimony-based superlattice infrared detectors for the long-wavelength infrared regime," *Proc. SPIE* **9451**, 94510N (2015) [doi: 10.1117/12.2177091].

32. R. Rehm, F. Lemke, M. Masur, J. Schmitz, T. Stadelman, M. Wauro, A. Wörl, and M. Walther, "InAs/GaSb superlattice infrared detectors," *Infrared Physics & Technol.* **70**, 87–92 (2015).

33. C. L. Canedy, H. Aifer, I. Vurgaftman, J. G. Tischler, J. R. Meyer, J. H. Warner, and E. M. Jackson, "Antimonide type-II W photodiodes with long-wave infrared R_0A comparable to HgCdTe," *J. Electron. Mater.* **36**, 852–856 (2007).

34. E. H. Aifer, J. G. Tischler, J. H. Warner, I. Vurgaftman, W. W. Bewley, J. R. Meyer, C. L. Canedy, and E. M. Jackson, "W-structured type-II superlattice long-wave infrared photodiodes with high quantum efficiency," *Appl. Phys. Lett.* **89**, 053519 (2006).

35. B.-M. Nguyen, D. Hoffman, Y. Wei, P.-Y. Delaunay, A. Hood, and M. Razeghi, "Very high quantum efficiency in type-II InAs/GaSb superlattice photodiode with cutoff of 12 μm," *Appl. Phys. Lett.* **90**, 231108 (2007).

36. J. Bajaj, G. Sullivan, D. Lee, E. Aifer, and M. Razeghi, "Comparison of type-II superlattice and HgCdTe infrared detector technologies," *Proc. SPIE* **6542**, 65420B (2007) [doi: 10.1117/12.723849].

37. C. H. Grein, P. M. Young, and H. Ehrenreich, "Minority carrier lifetimes in ideal InGaSb/InAs superlattices," *Appl. Phys. Lett.* **61**, 2905–2907 (1992).

38. C. H. Grein, H. Cruz, M. E. Flatte, and H. Ehrenreich, "Theoretical performance of very long wavelength InAs/In$_x$Ga$_{1-x}$Sb superlattice based infrared detectors," *Appl. Phys. Lett.* **65**, 2530–2532 (1994).

39. A. Hood, D. Hoffman, Y. Wei, F. Fuchs, and M. Razeghi, "Capacitance-voltage investigation of high-purity InAs/GaSb superlattice photodiodes," *Appl. Phys. Lett.* **88**, 052112 (2006).

40. D. Lackner, M. Steger, M. L. W. Thewalt, O. J. Pitts, Y. T. Cherng, S. P. Watkins, E. Plis, and S. Krishna, "InAs/InAsSb strain balanced superlattices for optical detectors: material properties and energy band simulations," *J. Appl. Phys.* **111**, 034507–034510 (2012).

41. T. Schuler-Sandy, S. Myers, B. Klein, N. Gautam, P. Ahirwar, Z.-B. Tian, T. Rotter, G. Balakrishnan, E. Plis, and S. Krishna, "Gallium free type II InAs/InAsSb superlattice photodetectors," *Appl. Phys. Lett.* **101**, 071111 (2012).

42. A. M. Hoang, G. Chen, R. Chevallier, A. Haddadi, and M. Razeghi, "High performance photodiodes based on InAs/InAsSb type-II superlattices for very long wavelength infrared detection," *Appl. Phys. Lett.* **104**, 251105 (2014).

43. A. Rogalski, P. Martyniuk, and M. Kopytko, "Challenges of small-pixel infrared detectors: a review," *Rep. Prog. Phys.* **79**, 046501 (2016).

44. E. Plis, M. N. Kutty, and S. Krishna, "Passivation techniques for InAs/GaSb strained layer superlattice detectors," *Laser Photonics Rev.* **7**(1), 45–59 (2013).

45. E. K. Huang, D. Hoffman, B.-M. Nguyen, P.-Y. Delaunay, and M. Razeghi, "Surface leakage reduction in narrow band gap type-II antimonide-based superlattice photodiodes," *Appl. Phys. Lett.* **94**, 053506 (2009).

46. R. Rehm, M. Walther, F. Fuchs, J. Schmitz, and J. Fleissner, "Passivation of InAs/(GaIn)Sb short-period superlattice photodiodes with 10 μm cutoff wavelength by epitaxial overgrowth with Al$_x$Ga$_{1-x}$As$_y$Sb$_{1-y}$," *Appl. Phys. Lett.* **86**, 173501 (2005).

47. P. Y. Delaunay, A. Hood, B. M. Nguyen, D. Hoffman, Y. Wei, and M. Razeghi, "Passivation of type-II InAs/GaSb double heterostructure," *Appl. Phys. Lett.* **91**, 091112 (2007).

48. G. Chen, B.-M. Nguyen, A. M. Hoang, E. K. Huang, S. R. Darvish, and M. Razeghi, "Elimination of surface leakage in gate controlled type-II InAs/GaSb mid-infrared photodetectors," *Appl. Phys. Lett.* **99**, 183503 (2011).

49. F. Szmulowicz and G. J. Brown, "GaSb for passivating type-II InAs/GaSb superlattice mesas," *Infrared Phys. Technol.* **53**, 305–307 (2011).

50. E. H. Aifer, H. Warner, C. L. Canedy, I. Vurgaftman, J. M. Jackson, J. G. Tischler, J. R. Meyer, S. P. Powell, K. Oliver, and W. E. Tennant, "Shallow-etch mesa isolation of graded-bandgap W-structured type II superlattice photodiodes," *J. Electron. Mater.* **39**, 1070–1079 (2010).

51. US Patent No. 4882245, 1989.

52. H. S. Kim, E. Plis, A. Khoshakhlagh, S. Myers, N. Gautam, Y. D. Sharma, L. R. Dawson, S. Krishna, S. J. Lee, and S. K. Noh, "Performance improvement of InAs/GaSb strained layer superlattice detectors by reducing surface leakage currents with SU-8 passivation," *Appl. Phys. Lett.* **96**, 033502–033504 (2010).

53. E. A. DeCuir, Jr., J. W. Little, and N. Baril, "Addressing surface leakage in type-II InAs/GaSb superlattice materials using novel approaches to surface passivation," *Proc. SPIE* **8155**, 815508 (2011) [doi: 10.1117/12.895448].

54. H. S. Kim, E. Plis, N. Gautam, S. Myers, Y. Sharma, L. R. Dawson, and S. Krishna, "Reduction of surface leakage current in InAs/GaSb strained layer long wavelength superlattice detectors using SU-8 passivation," *Appl Phys. Lett.* **97**, 14351 (2010).

55. A. Hood, P.-Y. Delaunay, D. Hoffman, B.-M. Nguyen, Y. Wei, and M. Razeghi, "Near bulk-limited R_0A of long-wavelength infrared type-II InAs/GaSb superlattice photodiodes with polyimide surface passivation," *Appl Phys. Lett.* **90**, 233513 (2007).

56. R. Chaghi, C. Cervera, H. Ait-Kaci, P. Grech, J. B. Rodriguez, and P. Christol, "Wet etching and chemical polishing of InAs/GaSb super-lattice photodiodes," *Semicond. Sci. Technol.* **24**, 065010 (2009).

57. A. Soibel, D.Z.-Y. Ting, C. J. Hill, M. Lee, J. Nguyen, S. A. Keo, J. M. Mumolo, and S. D. Gunapala, "Gain and noise of high-performance long wavelength superlattice infrared detector," *Appl. Phys. Lett.* **96**, 111102 (2010).

58. V. M. Cowan, C. P. Morath, S. Myers, N. Gautam, and S. Krishna, "Low temperature noise measurement of an InAs/GaSb-based nBn MWIR detector," *Proc. SPIE* **8012**, 801210 (2011) [doi: 10.1117/12.884808].

59. C. Cervera, I. Ribet-Mohamed, R. Taalat, J. P. Perez, and P. Christol, and Rodriguez, "Dark current and noise measurements of an InAs/GaSb superlattice photodiode operating in the midwave infrared domain," *J. Electron. Mater.* **41**(10), 2714–2718 (2012).

60. T. Tansel, K. Kutluer, A. Muti, O. Salihoglu, A. Aydinli, and R. Turan, "Surface recombination noise in InAs/GaSb superlattice photodiodes," *Applied Physics Express* **6**, 032202 (2013).

61. A. Wörl, R. Rehm, and M. Walther, "Excess noise in long-wavelength infrared InAs/GaSb type-II superlattice pin-photodiodes," *22nd International Conference on Noise and Fluctuations (ICNF)*, 24–28 June 2013.

62. R. Rehm, A. Wörl, and M. Walther, "Noise in InAs/GaSb type-II superlattice photodiodes," *Proc. SPIE* **8631**, 86311M (2013) [doi: 10.1117/12.2013854].

63. M. Walther, A. Wörl, V. Daumer, R. Rehm, L. Kirste, F. Rutz, and J. Schmitz, "Defects and noise in type-II superlattice infrared detectors," *Proc. SPIE* **8704**, 87040U (2013) [doi: 10.1117/12.2015926].

64. E. Giard, R. Taalat, M. Delmas, J.-B. Rodriguez, P. Christol, and I. Ribet-Mohamed, "Radiometric and noise characteristics of InAs-rich T2SL MWIR pin photodiodes," *J. Euro. Opt. Soc. Rap. Public.* **9**, 14022 (2014).

65. Ł. Ciura, A. Kołek, J. Wróbel, W. Gawron, and A. Rogalski, "1/f noise in mid-wavelength infrared detectors with InAs/GaSb superlattice absorber," *IEEE Trans. Electron Devices* **62**(6), 2022–2026 (2015).

66. M. A. Kinch, R. L. Strong, and C. A. Schaake, "1/f noise in HgCdTe focal-plane arrays," *J. Electron. Mater.* **42**(11), 3243–3251 (2013).

67. A. L. McWhorter, "1/f Noise and Germanium Surface Properties," in *Semiconductor Surface Physics*, edited by R. H. Kingston, Pennsylvania University Press, Philadelphia, pp. 207–228 (1957).

68. I. M. Baker and C. D. Maxey, "Summary of HgCdTe 2D array technology in the U.K," *J. Electron. Mater.* **30**(6), 282–289 (2000).

69. L. O. Bubulac, J. D. Benson, R. N. Jacobs, A. J. Stoltz, M. Jaime-Vasquez, L. A. Almeida, A. Wang, L. Wang, R. Hellmer, T. Golding, J. H. Dinan, M. Carmody, P. S. Wijewarnasuriya, M. F. Lee, M. F. Vilela, J. Peterson, S. M. Johnson, D. F. Lofgreen, and D. Rhiger, "The distribution tail of LWIR HgCdTe-on-Si FPAs: a hypothetical physical mechanism," *J. Electron. Mater.* **40**(3), 280–288 (2011).

70. R. L. Strong and M. A. Kinch, "Quantification and modeling of RMS noise distributions in HDVIP® infrared focal plane arrays," *J. Electron. Mater.* **43**(8), 2824–2830 (2014).

71. M. A. Kinch, *State-of-the-Art Infrared Detector Technology*, SPIE Press, Bellingham, Washington (2014) [doi: 10.1117/3.1002766].

第6章 势垒型红外光电探测器

1983 年，势垒型红外探测器作为一种高阻抗光导器件由 A. M. White 首先提出[1]。这种探测器采用窄带隙吸收区与薄的宽带隙层相耦合，后面是窄带隙接触区的 n 型异质结构。A. M. White 在其申请的专利中还提出了一种具有偏压选择功能的双色探测器构想，目前已在 HgCdTe 和 T2SL 材料系统中得到研究和开发。

势垒型探测器假定在整个异质结构中价带或导带的一个带阶近似为零、而另一个带阶较大，在光导器件中只允许少数载流子流过。采用 InSb 和 HgCdTe 等标准红外探测器材料能够实现的价带带阶（VBO）极小甚至接近于零。21 世纪第一个 10 年中期，在势垒型探测器中引入了 6.1Å Ⅲ-Ⅴ族材料，并且在高性能探测器和焦平面阵列均得到了验证，使得势垒型探测器的情况发生了巨大变化[2-3]，各种基于 T2SL 的单极势垒设计极大地改变了红外探测器的结构[4]。通常，采用多个单极势垒构建势垒型探测器结构，可以提高光生载流子收集效率并减少暗电流产生，但不会阻止光电流。断带隙 T2SL 可以独立调整导带和价带带边位置，这种特性非常适合单极势垒设计。

▶ 6.1 工作原理

"单极势垒"是可以阻挡一种载流子（电子或空穴）但允许另一种载流子无阻碍通过的势垒，如图 6.1 所示。在各类势垒型探测器中，最常见的是图 6.1 中所示的 nBn 探测器。势垒一侧的 n 型半导体构成器件的接触层，用来施加偏压；而势垒另一侧的 n 型窄带隙半导体是光子吸收层，其厚度应与器件的吸收长度相当，通常为几微米。势垒层和有源层掺杂类型是相同的，这是保持低扩散限制暗电流的关键。势垒需要精确设计，实现与周围材料近乎晶格匹配，并且一个为零带阶，而另一个带阶较大。势垒应位于少数载流子收集区附近，远离光学吸收区。这种势垒分布允许光生空穴流到接触层（阴极），而多数载流子暗电流、再注入的光电流和表面电流被阻挡，如图 6.1 的（d）所示。nBn 探测器结构设计可以有效降低暗电流（与 SRH 过程相关）和噪声，同时不会阻挡光电流（信号）。尤其是，势垒可用于降低表面漏电流，nBn 结构具有自钝化优势。nBn 探测器中各种电流分量和势垒阻挡的空间组成如图 6.1 所示[5]。

窄带隙吸收层中无耗尽区的主要优势是材料位错和其他缺陷对 nBn 探测器性能没有影响，这个特点可以允许材料在晶格失配的衬底如 GaAs 上进行生长，从

114

而减少由失配位错引起的过量暗电流。

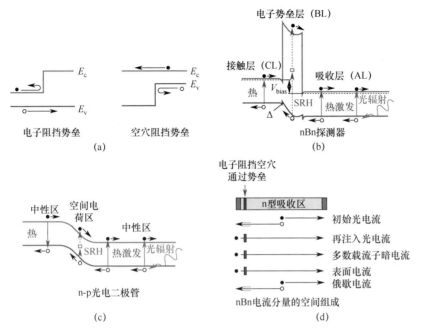

图 6.1　（a）阻挡电子和空穴的单极势垒；（b）nBn 势垒型探测器的带隙图
（Δ 为价带带阶）；（c）n－p 光电二极管；
（d）nBn 探测器各种电流分量的空间组成[5]

　　Reine 及其同事为了更好地理解简单的、理想的、无缺陷的 p 型[6]和 n 型势垒[7]nBn 器件的物理特性和工作过程，开发了数值模拟和理论建模方法。对于 p 型势垒型探测器，该模型是对熟知的耗尽模型的一种近似，是传统 pn 结在应对理想背对背光电二极管时存在的新边界条件下建立的。

　　参考文献［8－9］中的研究建立了一种用于组合偏压和势垒浓度的标准，可以在窄带隙吸收层中产生无耗尽区。n 型势垒结构（图 6.1）存在价带势垒，可以很好地阻挡吸收层和接触层之间的空穴电流传输，这需要很大的偏压才能克服。相反，p 型势垒结构没有势垒，而是在价带中有空穴势阱，不会阻挡吸收层和接触层之间的空穴传输。在后一种情况下，p 型势垒层在所有的偏压条件下本身都会导致在窄带隙吸收层中形成耗尽区，由于耗尽区引起过剩 G-R 暗电流，因此应该避免这种情况。

　　由于没有多数载流子，所以 nBn 探测器本质上是增益为 1 的光导器件，这方面与光电二极管类似，结（空间电荷区）被电子阻挡单极势垒（B）取代，而 p 接触被 n 接触取代。可以说，nBn 设计是光导和光电二极管的混合体。

　　图 6.2 为传统的标准光电二极管和 nBn 探测器中暗电流的典型 Arrhenius 曲线。扩散电流通常随 $T^3 \exp(-E_{g0}/kT)$ 变化，其中 E_{g0} 为外推到温度为零时的带

隙，T 为温度，k 为玻耳兹曼常数。G-R 电流随 $T^{3/2}\exp(-E_{g0}/2kT)$ 变化，由耗尽区中 SRH 陷阱产生的电子和空穴主导。因为 nBn 探测器中没有耗尽区，所以G-R 在光子吸收层产生的暗电流被完全抑制。标准光电二极管的 Arrhenius 曲线下面部分的斜率约是上部分的一半。实线（nBn）是高温扩散限制区在 T_c 以下温度的延长，该温度定义为转折温度，在此温度下扩散电流和 G-R 电流相等。在低温区，与传统的标准光电二极管相比，nBn 探测器有两个重要优点。首先，相同工作温度下的 SNR 更高；其次，相同暗电流条件下允许更高工作温度。图 6.2中的水平虚线表示第二个优点。

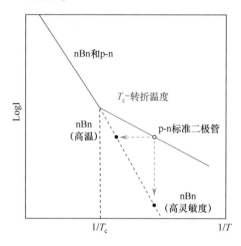

图 6.2　标准二极管和 nBn 器件中暗电流的 Arrhenius 曲线[8]

　　无耗尽区为 SRH 寿命相对较短的材料诸如所有Ⅲ-Ⅴ族化合物等提供了一种如何克服大耗尽暗电流的方法。

　　nBn 结构及相关探测器的工作原理已在文献中详细阐述[3-13]。虽然 nBn 结构的设计思想源于 InAs 材料[3]，但 T2SL 材料由于能更好地控制能带边缘的排列，有利于在实验上实现势垒型探测器概念[14]。

　　Klipstein 等人[15]总结了涵盖范围较广的势垒型探测器，并将其分为两组：XB_n 和 XB_p 探测器，如图 6.3 所示。在前一组情况中，所有设计都具有相同的n 型 B_n 结构单元，但采用了不同的接触层 X，接触层中的掺杂浓度和材料其中之一或两者都发生改变。如果采用如 C_pB_n 和 nB_n 器件，则 C_p 是由不同于有源层的材料制成的 p 型接触，而 n 是由与有源层相同的材料制成的 n 型接触。在pB_n 结构的情况下，pn 结可以位于重掺杂 p 型材料和低掺杂势垒之间的界面，或者位于低掺杂势垒之内。目前的势垒型探测器家族还有 p 型探测器，称为 XB_p，极性与 n 型探测器相反。当材料的表面传导是 p 型时，应该采用 pBp 结构，并且吸收层必须是 p 型，可以采用如 p 型 InAs/GaSb T2SL 作为吸收层来实现这种结构[13,16-17]。此外，被称为 pMp 的器件是由两个 p 掺杂超晶格有源层和一个具有较高势垒的薄"M"结构组成，"M"结构超晶格的带隙差位于价带内，为 p

型半导体中的多数空穴构建了一个价带势垒。

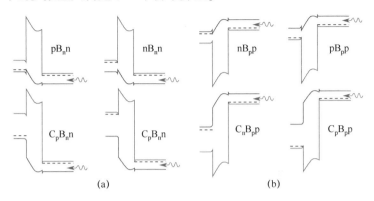

图6.3　（a）XB_nn 和（b）XB_pp 势垒型探测器系列在偏压工作条件下的能带结构示意图[15]
注：在每种情况中，接触层 X 在左侧，红外辐射入射在右侧的有源层上。当 X 由与
有源层相同的材料组成时，两个层符号相同（表示掺杂类型）；否则，
X 表示为 C（掺杂类型作为下标）。

　　单极势垒也可以插入到传统的 p-n 光电二极管结构中[5,18]。其中有两种可能
的位置可以插入单极势垒：①在耗尽层之外的 p 型层中；②在结的附近，但在 n
型吸收层的边缘上，如图6.4所示。根据势垒位置，对不同的暗电流分量进行抑
制。例如，势垒位于 p 型层中会阻挡表面电流，但是不能阻挡扩散电流、G-R 电
流、陷阱辅助隧穿（TAT）电流以及带间隧穿（BBT）电流。如果势垒位于 n 型
区，就会有效滤掉结电流和表面电流。光电流与扩散电流有相同的空间组成，如
图6.5所示。

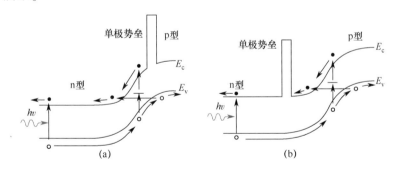

图6.4　偏压下（a）p 侧和（b）n 侧单极势垒光电二极管的能带图[18]

　　单极势垒可以显著提高红外光电二极管的性能。对于 InAs 材料体系而言，
$AlAs_{0.18}Sb_{0.82}$ 是理想的电子阻挡单极势垒材料。理论计算表明，对于组分
$0.14 < y < 0.18$ 的 $AlAs_ySb_{1-y}$ 势垒，VBO 应小于 kT，如图6.6所示。图6.6比
较了 n 侧单极势垒光电二极管与传统 p-n 光电二极管的 R_0A 值与温度的关系。
单极势垒光电二极管的性能接近 "Rule 07"，激活能在 InAs 带隙附近，这表明
与传统 pn 结单极势垒相比，低温时单极势垒光电二极管具有扩散限制性能，

R_0A 值高 6 个数量级。

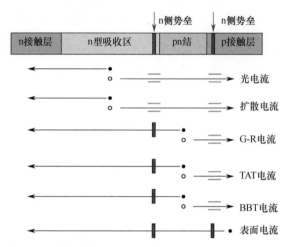

图 6.5 将势垒放在单极势垒光电二极管中会滤掉表面电流和结相关电流[18]

注：因为扩散电流与光电流具有相同的空间组成，所以不会被滤掉。

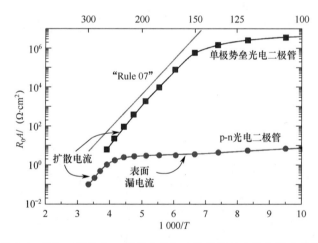

图 6.6 传统 InAs 光电二极管和 n 侧势垒光电二极管的 R_0A 值与温度关系的比较[18]

"Rule 07" 准则表示 p-on-n HgCdTe 光电二极管结构的性能，受到掺杂浓度为 10^{15} cm^{-3} 的 n 型材料的俄歇 1 扩散电流的限制。它是任何类型探测器与 HgCdTe 探测器性能比较时所用的普遍性标志。任何受俄歇 7 p 型扩散或耗尽电流限制的探测器结构都不符合 "Rule 07"。实际上，用于比较研究的合适准则是探测器暗电流与系统辐射通量之比。

6.2 SWIR 势垒型探测器

已经证明，采用 InGaAs 和 GaInAsSb 合金系统的势垒型探测器已将 SWIR 探测区域延伸至 3 μm[19-20]。SWIR 探测器材料的标准生长方法是采用 MBE 技术进行制备。

Savich 等[20]对传统光电二极管和 nBn 结构探测器的电学和光学特性进行了比较，nBn 探测器由晶格失配的 InGaAs 和晶格匹配的 GaInAsSb 吸收层组成，截止波长为 2.8 μm。为了使 InP 衬底上 $In_{1-x}Ga_xAs$ 吸收层中的缺陷数最少，在衬底表面生长 2 μm 厚梯度组分 AlInAs 作为缓冲层，使其晶格常数从 InP 渐变为 $Ga_{0.18}In_{0.82}As$。传统光电二极管和 nBn 探测器都需要生长梯度缓冲层，而势垒型探测器还包括一个附加的赝晶 AlAsSb 单极势垒，形成比 $Ga_{0.18}In_{0.82}As$ 更高的导带势垒。

晶格匹配的方案是在 GaSb 衬底上生长混溶隙边缘的四元 $Ga_{0.70}In_{0.30}As_{0.56}Sb_{0.44}$ 合金，同时满足截止波长和晶格匹配的要求。nBn 探测器中也有赝晶 AlGaSb 单极势垒，相比 $Ga_{0.70}In_{0.30}As_{0.56}Sb_{0.44}$ 吸收层有更宽的导带带阶（CBO）和零 VBO。

图 6.7 所示为工作在 100 mV 反向偏压下晶格失配 InGaAs 和晶格匹配 GaInAsSb 探测器的暗电流特性与温度的关系[20]。InGaAs-on-InP 器件的材料质量较差，材料存在较高密度晶格失配导致的线性位错，增大了探测器的暗电流。

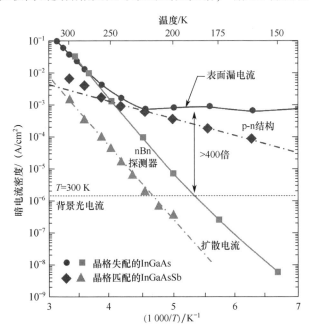

图6.7　InGaAs 和 GaInAsSb p-n 结构以及 nBn 探测器的 Arrhenius 曲线，截止波长为 2.8 μm

p-n InGaAs 光电二极管在低于 220K 时性能受材料表面漏电流的限制，而 nBn 探测器保持扩散限制性能的温度低至 150K。室温背景光电流水平下，nBn 探测器的暗电流大幅度减小，约是传统光电二极管的 1/400。

p-n GaInAsSb 结构在低于 250K 时受耗尽区电流的限制，而 nBn 探测器在低至 250K 仍保持扩散限制性能的温度可低至 250K。在 300K 背景光电流水平下，nBn 探测器的暗电流比传统光电二极管降低近 3 个数量级。

图 6.8 所示为与 GaSb 衬底晶格匹配的 GaInAsSb nBn 探测器，性能接近"Rule 07"，其暗电流水平是晶格失配的 InGaAs nBn 探测器暗电流的 1/20 ~ 1/10。

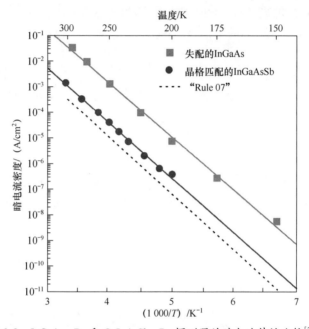

图 6.8   InGaAs nBn 和 GaInAsSb nBn 探测器的暗电流特性比较[20]

注：晶格匹配 GaInAsSb nBn 势垒型探测器比晶格失配 InGaAs nBn 探测器的暗电流至少降低了一个数量级。

6.3   MWIR InAsSb 势垒型探测器

$InAs_{1-x}Sb_x/AlAs_{1-y}Sb_y$ nBn MWIR 探测器的详细生长流程和器件性能在参考文献 [8-10，21-22] 中有所阐述。通常采用 Si 或 Te 得到 n 型掺杂，使用 Veeco Gen200 MBE 系统在 GaAs (100) 或 GaSb (100) 衬底上生长 InAsSb 结构[22]。采用晶格失配的 GaAs (100) 衬底，需要生长 4μm 厚 GaSb 缓冲层，而采用 GaSb (100) 衬底则可直接生长其余结构。器件结构主要包括：厚的 n 型 InAsSb 吸收层 (1.5~3μm)、薄的 n 型 AlSbAs 势垒层 (0.2~0.35μm) 和薄的 n 型 InAsSb 接触层 (0.2~0.3μm)。底部接触层为高掺杂的材料。

图 6.9 所示为 Martyniuk 和 Rogalski 从理论上分析的 nBn 器件结构[23]，以及参考文献 [24] 中 J-V 特性和温度的关系。150K 条件下 $InAs_{1-x}Sb_x$ 吸收层组分 $x=0.09$ 时，截止波长约为 4.9μm。200K 时 J_{dark} 为 $1.0 \times 10^{-3} A/cm^2$，150K 时为

$3.0 \times 10^{-6}\,\mathrm{A/cm^2}$。探测器在偏压为 $-1.0\mathrm{V}$ 时扩散电流占主导，在此条件下探测器的量子效率达到峰值。

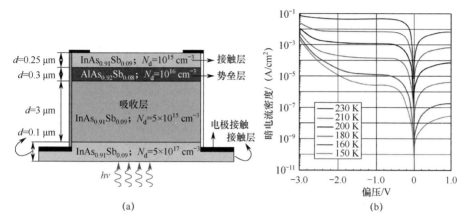

(a)　　　　　　　　　　　　　(b)

图 6.9　InAsSb/AlAsSb nBn MWIR 探测器[24]（见彩图）

（a）器件结构；（b）不同温度下暗电流密度与偏压的关系，
探测器为 4096 元（18μm 间距）并联（150K 时 λ_c 约为 4.9μm）。

图 6.10 为两个名称相同、势垒极性相反的器件结构的暗电流密度与温度关系的有趣差异，两个器件都工作在 $-0.1\mathrm{V}$ 的偏压下。$nB_n n$ 器件表现为单一直线，具有扩散限制特性；而 $nB_p n$ 器件表现为双斜率特性，从高温扩散限制特性

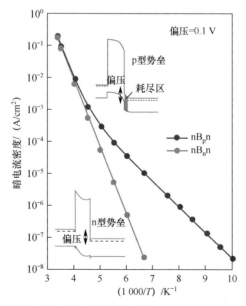

图 6.10　具有相反势垒掺杂极性的两个 InAsSb/AlSbAs nBn 器件的
暗电流密度与温度的关系（150 K 时有源层带隙波长为 4.1μm）[13]（见彩图）

到低温 G-R 限制特性转变。由图 6.10 可以看出，150K 温度条件下，p 型势垒型探测器已经是 G-R 限制的，使得其暗电流密度高两个数量级。采用 F/3 光学系统，量子效率取 70% 典型值，n 型势垒型探测器性能达到 BLIP 的温度为 175K，而 p 型势垒型探测器性能达到 BLIP 的温度约为 140K。

Klipstein 等介绍了首批商用的一种 nBn 阵列探测器，该探测器工作在 MWIR 大气窗口的蓝色部分（3.4~4.2μm），由 SCD 公司在市场上出售。这种探测器被称为 Kinglet，是一种尺寸、重量和功耗（SWaP）综合性能良好的集成探测器制冷组件（IDCA），探测器冷屏 F 数为 5.5，工作温度为 150K。基于 SCD 公司 Pelican-D 数字化读出电路（DROIC）的 Kinglet 数字探测器为 nBn InAs$_{0.91}$Sb$_{0.09}$/B-AlAsSb 640×512 像元结构，像元间距为 15μm。光学系统为 F/3.2 时 NETD 和有效像元率与工作温度的关系如图 6.11 所示。工作温度在 120~160K 条件下，当积分时间为 10ms 时，探测器的 NETD 可达 20mK，经标准两点非均匀性校正后，无缺陷像元的有效像元率大于 99.5%。工作温度在 170K 以上时 NETD 和有效像元率开始变化，与理论 BLIP 时温度为 175K 相一致。

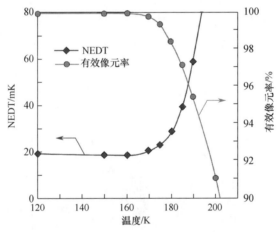

图 6.11　Kinglet 探测器的 NETD（冷屏 F 数为 3.2）和有效像元率与温度的关系[25]

6.4　LWIR InAsSb 势垒型探测器

最近，Lin 等[26] 报道了 77K 时截止波长约为 10μm 的体材料 InAsSb 势垒型探测器。由于晶体结构质量差，LWIR InAsSb 三元合金探测器的性能比 HgCdTe 光电二极管的差很多。

图 6.12（a）所示为长波红外探测器的截面示意图。器件结构包括在 GaSb 衬底上 MBE 生长 3μm 厚组分渐变 GaInSb 缓冲层、1μm 厚 InAs$_{0.60}$Sb$_{0.40}$ 吸收层、20nm 厚 Al$_{0.6}$In$_{0.4}$As$_{0.1}$Sb$_{0.9}$ 非掺杂势垒，以及 Te 掺杂浓度为 10^{18}cm^{-3} 的 20nm 厚 InAs$_{0.60}$Sb$_{0.40}$ 作为顶部接触层，其中非掺杂 AlInAsSb 势垒与 Sb 组分为 40% 的

InAsSb 晶格匹配。如图 6.12 所示，异质结构外延层顶部制备有入射窗口（边长为 $250\mu m$ 的正方形）。顶部金属接触层为边长 $300\mu m$ 的正方形，通过反应离子刻蚀将金属接触电极外部的 InAsSb 接触层移除向下直至势垒层。采用 Si_3N_4 作为探测器的钝化层。

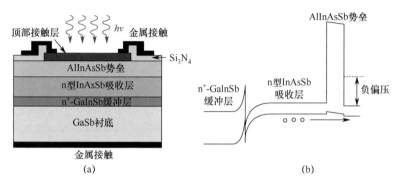

图 6.12　LWIR nBn InAsSb 探测器

（a）探测器截面示意图；（b）带有 $InAs_{0.60}Sb_{0.40}$ 体吸收层异质结构的带隙示意图[26]。

研究人员测定了在 77K 时 $InAs_{0.60}Sb_{0.40}$ 吸收层中的少数空穴寿命为 185ns，扩散长度为 $9\mu m$，采用频率响应测量方法估计空穴迁移率为 $10^3 cm^2/(V \cdot s)$。

势垒邻近的吸收层耗尽会影响探测器的电流-电压特性，这种特性使 G-R 层和隧穿电流分量成为主导。为了达到扩散限制暗电流，需要消除与异质界面相关的 VBO。

两种吸收层掺杂浓度的 LWIR nBn InAsSb 探测器的光谱探测率曲线如图 6.13 所示。尽管掺杂吸收边缘有显著蓝移，但在 2π FOV 和 $8\mu m$ 波长下得到探测率仍

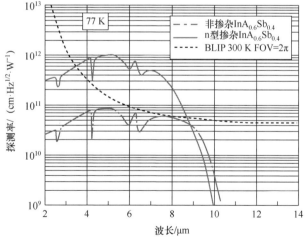

图 6.13　$T = 77K$ 时含有厚度 $1\mu m$ 的 $InAs_{0.6}Sb_{0.4}$ 吸收层的势垒型探测器的光谱探测率[26]

（实线和点画线分别对应掺杂和非掺杂吸收层的器件，

虚线表示 2π FOV 时 300K 的背景限制探测率）

然达到 $2 \times 10^{11}\,\mathrm{cm \cdot Hz^{1/2} \cdot W^{-1}}$。$1\,\mu m$ 厚 $InAs_{0.60}Sb_{0.40}$ 吸收层在 $\lambda = 8\,\mu m$ 波长处的理论计算吸收系数为 $3 \times 10^{3}\,\mathrm{cm^{-1}}$，对应的量子效率为 22%。随着吸收层厚度的增加，量子效率随偏压增大而增加（对于 $3\,\mu m$ 厚吸收层量子效率增加到 40%），直至偏压为 $-0.4V$ 时量子效率不再变化。

⬤ 6.5　Ⅱ类超晶格势垒型探测器

6.1Å Ⅲ-Ⅴ族材料如 InAs、GaSb 和 AlSb 具有较强的灵活性，因此构建 InAs/GaSb 超晶格单极势垒相对简单。对于含相同宽度 GaSb 层的 SL，由于重空穴质量大，因此其价带边缘排列更加紧密。因此，可以采用含更薄 InAs 层的 InAs/GaSb SL 或者 GaSb/AlSb SL 形成给定的 InAs/GaSb SL 的电子阻挡单极势垒。

通过不同方法采用复杂的超级单元可以得到空穴阻挡单极势垒，例如，四层材料的 InAs/GaInSb/InAs/AlGaInSb "W" 结构[27] 和四层材料的 GaSb/InAs/GaSb/AlSb "M" 结构[28]，其设计如图 6.14 所示。最初开发 "W" 结构是为了提高 MWIR 激光器增益，也有望作为 LWIR 和 VLWIR 的光电二极管材料。在这些结构中，两个 InAs 电子阱位于 GaInSb 空穴阱两侧并受 AlGaInSb 势垒层束缚。这些势垒将电子波函数对称地限制在空穴阱周围，增加了电子-空穴的重叠，同时几乎限制了波函数。这种结构得到的准空间态密度在带边缘附近具有强吸收。由于 "W" 结构调节具有灵活性，因此这种 SL 结构被用作空穴阻挡单极势垒、吸收层以及电子阻挡单极势垒。

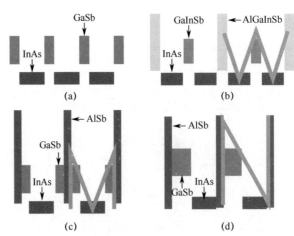

图 6.14　能带示意图

(a) InAs/GaSb SL；(b) InAs/GaInSb/InAs/AlGaInSb "W" SL；
(c) GaSb/InAs/GaSb/AlSb "M" SL；(d) GaSb/InAs/AlSb "N" SL[4]。

改进设计的 "W" 结构 T2SL 光电二极管采用渐变带隙的 p-i-n 结构。耗尽区中的带隙渐变抑制了耗尽区中隧穿电流和 G-R 电流，使暗电流降低了一个数量级，在 78K 时、截止波长为 $10.5\mu m$ 器件的 R_0A 值为 $216\Omega\cdot cm^2$，未经处理的台面侧壁电阻率约为 $70k\Omega\cdot cm$，说明这个渐变带隙可自钝化[29]。

在"M"结构中[30,31]，较宽能隙的 AlSb 层阻挡了两个相邻 InAs 阱中电子的相互作用，从而降低了隧穿概率并增大了电子有效质量。AlSb 层还可以作为价带中空穴的势垒，将 GaSb 空穴量子阱转换为双量子阱。因此，有效阱宽减小，空穴能级变得对阱尺寸敏感，这种结构有效降低了暗电流，但器件的光学特性并没有明显退化；此外，这种结构被证明能控制导带和价带能级位置[31]。因此，这种结构的材料可以用来制作用于各种红外成像的 SWIR 到 VLWIR FPA[32]。当采用 500nm 厚的"M"结构时，截止波长为 $10.5\mu m$ 器件的 R_0A 值为 $200\Omega\cdot cm^2$。在单元器件级采用双"M"结构异质结，77K、截止波长 $9.3\mu m$ 时 R_0A 值可达到 $5300\Omega\cdot cm^2$[33]。

在"N"结构中[34]，两个单层 AlSb 沿着生长方向不对称地插入 InAs 和 GaSb 层之间作为电子势垒。这种结构显著提高了偏压下电子 – 空穴波函数重叠程度，因此也增加了对光的吸收，同时降低了探测器的暗电流。

表 6.1 示出了一些平带能带图，并介绍了采用单极势垒的超晶格红外探测器，包括 DH、双波段 nBn、带有渐变带隙结的 DH 和互补势垒结构。由表 6.1 可以看出，这些设计都是基于 nBn/pBp/XBn 结构或各种双异质结构。

表 6.1　T2SL 势垒型探测器

平带能带图	示意图	说明	参考文献
双异质结构 E_c E_v	SLS: 38 Å InAs/16 Å Ga$_{0.64}$In$_{0.36}$Sb 0.30 μm　p$^+$-GaSb（2×10^{17} cm^{-3}） p$^-$-GaSb（6×10^{16} cm^{-3}） 0.75 μm　n$^-$-SLS（2×10^{16} cm^{-3}） 1.00 μm　n$^+$-GaSb（8×10^{17} cm^{-3}） n 型 GaSb 衬底（5×10^{17} cm^{-3}）	**双异质结（DH）光电二极管** 在 GaSb 衬底上生长了首个 LWIR InAs/GaInSb SL DH 光电二极管，光响应达到 $10.6\mu m$。有源区由 n 型 39Å InAs/16Å Ga$_{0.65}$In$_{0.35}$Sb SL（2×10^{16} cm^{-3}）构成，被 p-GaSb 和 n-GaSb 构成的势垒包围	35
nB$_p$p 势垒 E_c E_v	Ti/Pt/Au接触 n掺杂 InAs/GaSb "M-"结构SL π掺杂 InAs/GaSb p掺杂 InAs/GaSb GaSb缓冲层 残余p型GaSb衬底	**p-π-M-n 光电二极管结构** 在典型 p-π-n 结构的 π 和 n 区之间插入"M"结构。T2SL 标称 13ML InAs 和 7ML GaSb，截止波长约为 $11\mu m$。"M"结构设计采用 18ML InAs/3ML GaSb/5ML AlSb/3ML GaSb，截止波长约为 $6\mu m$。P-π-M-n 结构包括：250nm 厚 GaSb：Be p$^+$缓冲层（$p\sim10^{18}$ cm^{-3}）、500nm 厚 InAs/GaSb：Be p$^+$（$p\sim10^{18}$ cm^{-3}）超晶格、2000nm 厚的 p 型轻掺杂 InAs：Be/GaSb 区（π 区 $p\sim10^{18}$ cm^{-3}）、"M"结构势垒、500nm 厚 InAs：Si/GaSb n$^+$（$n\sim10^{18}$ cm^{-3}）区，顶部为薄的 InAs：Si n$^+$掺杂（$n\sim10^{18}$ cm^{-3}）接触层	28, 30 – 32

（续）

平带能带图	例子	说明	参考文献
双波段 nBn E_c E_v	8ML InAs/8 ML GaSb MWIR SL n型 d=97 nm Al$_{0.2}$Ga$_{0.8}$Sb, d=100 nm 9 ML InAs/5 ML InGaSb LWIR SL 非故意掺杂 d=2.5 μm 8 ML InAs/8 ML GaSb SL n型接触层 d=360 nm GaSb: Te 2in晶圆	**MWIR/LWIR nBn 探测器** 　在这种双波段 nBn SL 探测器中，LWIR SL 和 MWIR SL 被 AlGaSb 单极势垒隔开。通过改变所加偏压极性实现双波段响应（图 6.15）。该结构的优点是设计简单和与商用 ROIC 兼容。缺点是空穴迁移率低和横向扩散	36
具有渐变带隙结的 DH E_c E_v	在较宽带隙的 SL 中生长结n p渐变带隙 "W" 型SL结构 p-T2SL有源层	**浅刻蚀台面隔离（SEMI）结构** 　这是一种 n-on-p 渐变带隙 "W" 光电二极管结构，其中能隙以从 p 型轻掺杂吸收区逐渐阶梯式增加至 2～3 倍。空穴阻挡单极势垒层通常由四层 InAs/GaInSb/InAs/AlGaInSb SL 制成。在结构最后被 n$^+$ 掺杂 InAs 顶盖层覆盖之前，较宽带隙在离掺杂结约 10nm 处继续向 n 型重掺杂阴极另外延伸 0.25μm。用浅刻蚀刻出单个光电二极管，浅刻蚀通常刻入结只有 10～20nm，这足以隔离相邻像元，同时将窄带隙吸收层埋于表面以下 100～200nm	37～38
互补势垒 E_c E_v	InAs/AlSb SL空穴势垒 p型LW InAs/GaSb SL吸收层 MW InAs/GaSb SL电子势垒 n型InAsSb发射层 GaSb缓冲层 GaSb衬底	**互补势垒红外探测器（CBIRD）** 　这种器件由轻掺杂 p 型 InAs/GaSb SL 吸收层组成，吸收层夹在 n 型 InAs/AlSb 空穴势垒层（hB）SL 和较宽的 InAs/GaSb 电子势垒（eB）之间。根据 SL 吸收层的情况，势垒设计成价带及带阶近似为零。与 eB SL 相邻的重掺杂 n 型 InAsSb 层用作底部接触层。hB InAs/AlSb SL 和吸收层 SL 之间的 n-p 结使 SRH 相关的暗电流和陷阱辅助隧穿电流减小。 　LWIR CBIRD 超晶格探测器性能接近 "Rule 07" 趋势线。对于截止波长为 9.24μm 的探测器，测量得到 78K 温度下时 $R_0A > 10^5 \Omega \cdot cm^2$	9，39

（续）

平带能带图	例子	说明	参考文献
	SL p⁺型接触层 (5/8 ML InAs/GaSb) ×38；130 nm　p SL电子阻挡层 (eB) (7/4 ML GaSb/AlSb) ×45；149 nm　B SL吸收层 (p型，10¹⁶ cm⁻³) (14/7 ML InAs/GaSb) ×300；1 940 nm　i SL空穴阻挡层 (hB) (16/4 ML InAs/AlSb) ×45；275 nm　B SL n⁺型接触层 (9/4 ML InAs/GaSb) ×200；800 nm　n GaSb衬底	**pBiBn 探测器结构** 这是 DH CBIRD 结构的另一种衍生型。 在这种设计中，改进了 p-i-n 光电二极管，使单极 eB 和 hB 层分别夹在 p 接触层和吸收层之间以及 n 接触层和吸收层之间。 这种设计有助于使通过窄带隙吸收区的电场显著减小（宽带隙 eB 和 hB 层的大多数电场减小），使吸收区中的耗尽区很小，因此 SRH、BBT 和 TAT 电流分量也减小	40 – 41
pBₚp 势垒 （能带图） E_c E_v	13 ML InAs/7 ML GaSb p型LWIR SL 有源层 15 ML InAs/4 ML AlSb SL 势垒层 13 ML InAs/7 ML GaSb p型LWIR SL 接触层 GaSb衬底	**LWIR pBₚp 结构** AL 和 CL 均由 InAs/GaSb T2SL 和 13ML InAs/7ML GaSb 构成。BL 为 15ML InAs/4ML AlSb T2SL。界面是类 InSb 的，其存在确保了与 GaSb 衬底有良好晶格匹配	13，42

　　1996 年，Johnson 等研究了首个在 GaSb 衬底上生长的 LWIR InAs/InGaSb SL 双异质结构光电二极管，截止波长达到 $10.6\,\mu m$[35]，见表 6.1。在该结构中，SL 有源区被 p-GaSb 和 n-GaSb 二元化合物构成的势垒包围。近年来，其他研究人员也采用了不同类型的超晶格制备这些势垒层。

　　采用 nBn 设计制备的探测器可以实现双波段探测能力（表 6.1），如图 6.15 所示[4,36]。在正偏压下（施加到顶部接触的为负电压），从截止波长为 λ_2 的 SL 吸收层中收集光生载流子；当器件在反向偏压时（施加到顶部接触的为正电压），从截止波长为 λ_1 的 SL 吸收层收集光生载流子，而来自截止波长为 λ_2 的吸收层的光生载流子被势垒阻挡。因此，上述 nBn 探测器可在两个不同的偏压下获得双色响应。

　　Hood 等[43]修正了 nBn 概念，以制作备优质的 pBn LWIR 器件（图 6.3）。在这种结构中，pn 结可以位于 p 型重掺杂接触和低掺杂势垒之间的界面处，或者位于低掺杂势垒本身的内部。与 nBn 结构类似，pBn 结构仍会降低与 SRH 中心相关的 G-R 电流（耗尽区主要存在于势垒中，不会贯穿窄带隙 n 型吸收层）。此外，势垒中的电场将有源区中的光生载流子扫出，在复合之前到达势垒，从而提高探测器光响应。

　　p-π-M-n 结构（表 6.1）与标准 p-π-n 结构类似，但 p-π-M-n 结构的耗尽区的电场是减小的。因此，与来自有源区的扩散电流相比，G-R 电流可忽略不计，并且因为 p 区和 n 区之间的势垒在空间上变宽，所以隧穿电流贡献降低。

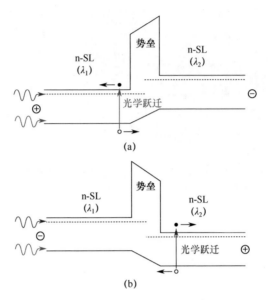

图 6.15　在正向（a）和反向（b）偏压下双波段 nBn 探测器的能带示意图

DH 探测器结构的衍生型是一种在耗尽区中带渐变带隙的结构，见表 6.1。将渐变带隙区插在吸收层和空穴势垒之间，可以减少隧穿和 G-R 过程。美国海军研究实验室和 Teledyne 公司开发的类似结构采用浅刻蚀台面隔离结构减少了表面漏电流。在此结构中，结被放在渐变带隙 W 层的宽带隙中；而浅台面刻蚀隔离仅通过结，但不进入有源层，隔离了二极管但仍为便于钝化留下宽带隙表面。适度的反向偏压允许从有源层进行有效收集，这与平面双异质结 p-on-n HgCdTe 光电二极管类似[44]。

通过综合对比，最好的器件结构是采用一对互补势垒，即按生长顺序在不同深度形成电子势垒和空穴势垒（表 6.1），这种结构称为 CBIRD，由美国喷气推进实验室（JPL）Ting 等发明，即在导带中插入电子势垒，在价带中插入空穴势垒，这两个势垒互补，以阻挡暗电流流动。带隙最窄的吸收区为 p 型，顶部接触区为 n 型，使探测器单元为 n-on-p 极性。从顶部顺序向下，前三个区由超晶格材料组成：n 型盖层、p 型吸收层和 p 型电子势垒；电子势垒下面为高掺杂 n-InAsSb 层合金；再向下底部是 GaSb 缓冲层和 GaSb 衬底。

器件设计引入单极势垒等使 LWIR CBIRD 超晶格探测器性能接近 "Rule 07" 趋势线，通过该趋势线可以预测 HgCdTe 光电二极管的性能[45]。采用这种势垒结构制备的探测器测试结果证明对抑制暗电流是非常有效的。图 6.16 比较了 CBIRD 器件与采用相同吸收层超晶格制作的同质结器件的 $J-V$ 特性，前者暗电流较低，得到的 RA 值也较大。

通常 R_0A 值是针对接近零偏压开启工作的探测器，研究人员希望探测器在较高偏压下工作，因此更重要的参数是有效电阻与面积乘积 $(RA)_{eff}$ 的大小。与相同截止波长 InAs/GaSb 同质结制备的探测器 R_0A 约为 $100\,\Omega\cdot cm^2$ 相比，在探测器截止波长为 $9.24\mu m$ 的情况下测量 CBIRD 探测器得到 78K 时 $R_0A > 10^5\,\Omega\cdot cm^2$。为了获得良好的光响应，器件需要加偏压到 $-200mV$；假定探测器的内量子效率大于 50%，则 $(RA)_{eff}$ 需保持在 $10^4\,\Omega\cdot cm^2$ 以上[9]。

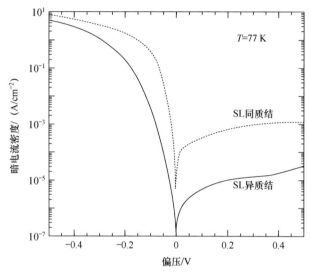

图 6.16　77K 温度条件下 LWIR CBIRD 探测器和超晶格同质结的暗电流的 $J\text{-}V$ 特性[4]

最近，SCD 公司在开发 LWIR pB_pp T2SL 势垒型探测器方面取得了显著进展。这些探测器具有扩散限制特性，暗电流水平与 HgCdTe "Rule 07" 相当，并且量子效率高。这些器件的有源层和接触层都由 13ML InAs/7ML GaSb T2SL 构成，势垒阻挡层为 15ML InAs/4ML AlSb T2SL。为了在 T2SL 和 GaSb 衬底之间获得晶格匹配的类 InSb 界面，补偿超晶格材料的应变，单个 InSb 层以 In 层结束，而 AlSb 或 GaSb 层以 Sb 层结束。

如图 6.17（a）所示，与 pB_pp T2SL 势垒型探测器相比，InAs/GaSb T2SL 标准 LWIR n-on-p 二极管在低温区暗电流较高，前者带边示意图如图 6.17 中插图所示。该势垒器件的扩散限制温度低至 77K，而 p-n 二极管在此温度下是 G-R 限制的，其暗电流要高 20 倍。pB_pp 器件中有源层厚度在 $1.5\sim6.0\mu m$ 之间，其暗电流与 HgCdTe "Rule 07" 在一个数量级，如图 6.17（b）所示。

对于有无增透膜的两种情况，采用 k·p 方法和光学传递矩阵方法从理论上预测的光谱响应曲线与实验数据具有高度一致性，如图 6.18 所示。探测器结构包含一个在接触层上的反射层，可以将 80% 的光反射用于第二次吸收。图 6.18 中的插图表示无增透膜 $100\mu m\times100\mu m$ 测试器件的典型量子效率和偏压关系。当施加约 0.6V 的正偏压时，探测器的信号达到最大值。该偏压需要克服由 p 型耗尽势垒中负空间电荷引起针对少数载流子的静电势垒。LWIR T2SL pB_pp 器件在冷屏 F 数为 2 时 BLIP 温度约为 100K。

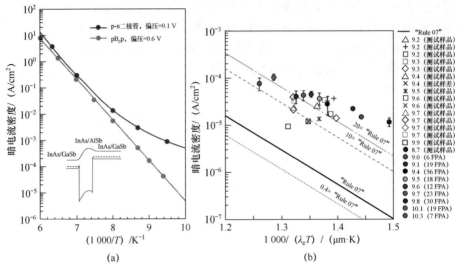

图 6.17　pB$_p$p T2SL 势垒型探测器（面积为 100μm×100μm）的暗电流密度[46]

（带隙波长范围：$9.0 < \lambda_e < 10.3 μm$；实线表示 HgCdTe "Rule 07"，

虚线表示不确定因子为 0.4、10 和 20 时的曲线）（见彩图）

（a）与 p-n 二极管比较[13]；（b）不同厚度有源层条件下势垒结构的 "Rule 07" 曲线。

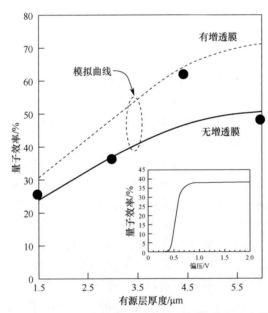

图 6.18　77K 下 LWIR pB$_p$p InAs/GaSb T2SL 器件的模拟曲线和测量值（黑点表示）得到

量子效率值[47]

（有源层厚度为 1.5~6.0μm，截止波长约 9.5μm；接触层上的

反射层将 80% 的光反射回用于第二次吸收

插图：量子效率和偏压的关系的例子）

对于 InAs/InAsSb T2SL 的等效结构的探测器，理论计算平均量子效率仅为 InAs/GaSb 的 2/3，是因为在截止波长附近 InAs/InAsSb T2SL 的吸收系数较小的缘故[47]。

最近，Martyniuk 等[48] 研究了可在较高温度条件下（大于 200K）工作、GaAs 衬底上生长、具有台面结构带有 AlGaSb 势垒层的 InAs/GaSb nBn T2SL 探测器的性能，230K 时 50% 截止波长约为 5.1μm。探测器结构（图 6.19）包含两个 10ML InAs/10ML GaSb：Te n 型掺杂接触层，在接触层之间生长有非故意掺杂吸收层（2μm）和非故意掺杂 $Al_{0.2}Ga_{0.8}Sb$ 势垒层（100nm），器件总厚度约为 3.3μm。在结构中引入界面失配位错阵列和 GaSb 缓冲层，以容纳探测器结构和 GaAs 衬底之间 7.8% 的晶格失配。将 1.1mm 厚 GaAs 衬底制备成浸没透镜，用于限制在 GaAs 衬底上生长时产生的缺陷对器件性能的影响，并在反向偏压 200mV 条件下提高探测器的探测率（230K 时约 10^{10} cm·$Hz^{1/2}$·W^{-1}）；在反向偏压 400mV 以下、300K 时约 3×10^{9} cm·$Hz^{1/2}$·W^{-1}。得到的上述探测器性能结果既优于采用 GaAs 衬底、不采用浸没透镜、具有相同或稍长截止波长的 nBn 结构探测器的性能，也优于在 GaSb 衬底上生长、具有相同或稍长截止波长的 nBn 结构探测器的性能。

(a)

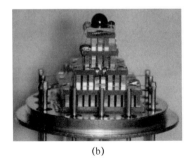

(b)

SL 10 ML InAs×10 ML GaSb 15周期（0.09 μm） n型接触层；N_d=4×10^{18} cm^{-3}
$Al_{0.2}Ga_{0.8}Sb$ 势垒层；n.i.d.（0.1 μm）
SL 10 ML InAs×10 ML GaSb 333周期（2 μm） 吸收层；N_d=1×10^{16} cm^{-3}
SL 10 ML InAs×10 ML GaSb 36周期（0.21 μm） n型缓变层
SL 10 ML InAs×10 ML GaSb 90周期（0.52 μm） n型接触层；N_d=4×10^{18} cm^{-3}
GaSb IMF缓冲层（0.35 μm）
GaAs:Si 2in晶圆（1.8 μm）

(c)

图 6.19 （a）GaAs 浸没透镜的扫描电子显微镜（SEM）图；（b）带有四级热电制冷器封装之前的全工作器件；（c）包括 GaAs 衬底的 MWIR T2SL nBn 探测器结构[48]。

6.6 势垒型探测器与 HgCdTe 光电二极管的比较

目前，研究人员共开发出有两种广泛应用的红外探测器材料，即 HgCdTe 三元合金材料和Ⅲ-Ⅴ族半导体材料。20世纪90年代中期，美国政府逐渐将研究重点放在Ⅲ-Ⅴ族材料上，用来作为HgCdTe的替代技术，以达到实现低成本大面积IRFPA的目标。这个目标通常涉及Ⅲ-Ⅴ族超晶格的制备，通过调整材料的带隙来探测所需红外辐射。

Ⅲ-Ⅴ族化合物的带隙结构及物理性质与相同带隙的HgCdTe非常相似，对二者的MWIR和LWIR探测器性能进行比较是一项有趣的工作。

通常，pn结产生的暗电流密度是有源区扩散电流和耗尽区电流之和，即

$$I_{dark} = qG_{diff}V_{diff} + qG_{dep}V_{dep} \tag{6.1}$$

式中：q 为电子电荷；G_{diff} 为扩散区中的热产生速率；$V_{diff} = At$ 为有源区体积（A 是探测器面积，t 为有源区厚度）；G_{dep} 为空间电荷区中的产生速率；$V_{dep} = Aw$ 为耗尽区体积（w 为耗尽区宽度）。

扩散电流可以估算为

$$I_{diff} = \frac{qn_i^2At}{N_{dop}\tau_{diff}} \tag{6.2}$$

式中：N_{dop} 为吸收区（非本征区）中多数载流子浓度；τ_{diff} 为扩散载流子寿命；n_i 为本征载流子浓度。

通过简化公式给出耗尽层电流为

$$I_{dep} = \frac{qn_iAw}{2\tau_{SRH}} \tag{6.3}$$

为了得到式（6.3），假设陷阱位于本征能级上（电子和空穴浓度都等于 n_i），SRH寿命为 τ_{SRH}。

从式（6.2）、式（6.3）可以得出两个重要结论：
- 扩散限制光电二极管的暗电流与 $N_{dop}\tau_{diff}$ 乘积成反比；
- 扩散电流与耗尽电流之比为

$$\frac{I_{diff}}{I_{dep}} \approx 2\frac{n_i}{N_{dop}}\frac{\tau_{SRH}}{\tau_{diff}}\frac{t}{w} \tag{6.4}$$

式（6.4）表明，本征载流子浓度高的情况下（例如，窄带隙材料中），扩散电流主导耗尽电流，宽带隙半导体观察到的则是相反的情况。式（6.4）还表明，I_{diff}/I_{dep} 比还取决于掺杂浓度 N_{dop}、相应的体积比 t/w 和寿命。寿命问题需要对G-R机制进行进一步的讨论。

6.6.1 扩散限制光电探测器的品质因数 $N_{dop}\tau_{diff}$ 乘积

人工T2SL材料的基本特性与各组分材料的特性完全不同（见3.3节）。由于InAs/GaSb SL的电子有效质量比相同带隙HgCdTe材料的要大，所以SL中的二极管隧穿电流比HgCdTe合金的要小。因此，T2SL的掺杂浓度在 $1\times10^{16}\,cm^{-3}$ 量级，远高于HgCdTe的掺杂浓度（通常约为 $10^{15}\,cm^{-3}$）。

对比图 6.20 和图 6.21 中所示的实验和理论寿命数据，研究人员提出了描述红外材料载流子寿命特性随掺杂浓度变化的半经验曲线，图 6.20 表示主要红外吸收材料的拟合数据。

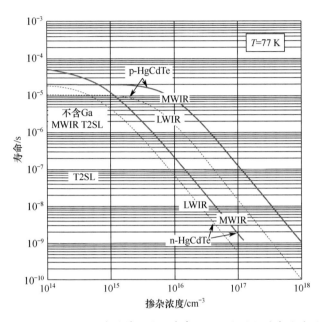

图 6.20　77 K 时不同红外材料体系的寿命数据拟合值与掺杂浓度的关系

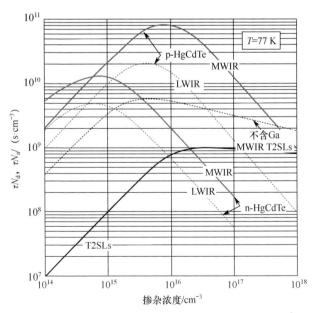

图 6.21　在 77K 下，HgCdTe 和 T2SL 材料制备的扩散限制 MWIR 和 LWIR
光电二极管的 $N_{\text{dop}}\tau_{\text{diff}}$ 乘积与掺杂浓度的关系

从式（6.2）可以看出，扩散限制光电二极管的品质因数是 $N_{dop}\tau_{diff}$ 乘积，因此在最高掺杂条件下要求有最长载流子寿命。SRH 寿命（低掺杂浓度）转变为俄歇寿命（较高掺杂）导致 HgCdTe 扩散限制光电二极管的 $N_{dop}\tau_{diff}$ 乘积为类钟型函数，如图 6.21 所示。

p-on-n 型 HgCdTe 光电二极管的最佳掺杂浓度约为 $10^{15}\,cm^{-3}$，对应于经验性描述俄歇 1 和 SRH 限制的经验暗电流的所谓 "Rule 07"[45]。n-on-p 型光电二极管的最佳掺杂浓度较高，但是也低于 $10^{16}\,cm^{-3}$。

图 6.21 也比较了 HgCdTe 光电二极管和等效 T2SL 光电二极管的 $N_{dop}\tau_{diff}$ 乘积。如图 6.21 所示，InAs/GaSb T2SL 的最佳掺杂浓度（约 $2\times10^{16}\,cm^{-3}$）比 HgCdTe 材料体系的高。因此，高掺杂浓度可以补偿短扩散电流寿命，使得 InAs/GaSb T2SL 光电二极管的扩散暗电流较低。

由于不含 Ga 的 T2SL 的载流子寿命相当长，因此观察到另外一种情况，其最佳掺杂浓度为 $5\times10^{15}\,cm^{-3}$。

6.6.2　暗电流密度

吸收区中产生的扩散暗电流密度为

$$J_{dark} = qGt \tag{6.5}$$

式中：q 为电子电荷；G 为基区中的热载流子产生速率；t 为有源区厚度。

假定 n 型吸收区中热产生是俄歇 1 和 SRH 机制的总和，即

$$G = \frac{n_i^2}{N_d\tau_{A1}} + \frac{n_i^2}{(N_d + n_i)\tau_{SRH}} \tag{6.6}$$

并且 $\tau_{A1} = 2\tau_{A1}^i/[1 + (N_d/n_i)^2]$，则暗电流密度为

$$J_{dark} = \frac{qN_dt}{2\tau_{A1}^i} + \frac{qn_i^2t}{(N_d + n_i)\tau_{SRH}} \tag{6.7}$$

在 III-V 族势垒型探测器和 HgCdTe 光电二极管中都可以忽略耗尽区中产生的电流（$J_{dep} = qn_iw/\tau_{SRH}$，$w$ 为耗尽宽度）的影响。这里，仅在截止波长为 $5\,\mu m$ 的 InAsSb 光电二极管中考虑 J_{dep} 的贡献。

在式（6.6）、式（6.7）中，n_i 为本征载流子浓度，N_d 为吸收区施主掺杂浓度，τ_{A1}^i 为本征俄歇 1 寿命。式（6.6）的 SRH 产生项估算中，假定复合中心的能级接近中间带隙，那么 SRH 复合速率接近最大。

对于探测器中 p 型吸收区的暗电流密度，可以表示为

$$J_{dark} = \frac{qN_at}{2\tau_{A7}^i} + \frac{qn_i^2t}{(N_a + n_i)\tau_{SRH}} \tag{6.8}$$

式中：N_a 为吸收区受主掺杂浓度；τ_{A7}^i 为本征俄歇 7 寿命，且 $\tau_{A7} = 2\tau_{A7}^i/[1 + (N_a/n_i)^2]$。

在进一步的理论计算中，研究人员选择截止波长分别为 $5\,\mu m$ 和 $10\,\mu m$ 的 III-

V族势垒型探测器和 HgCdTe 光电二极管进行对比。最常用的探测器结构采用同质结（n⁺-on-p）和异质结（p-on-n）光电二极管。在两种光电二极管中，轻掺杂窄带隙吸收区（光电二极管的"基极"：p(n)型载流子浓度约为 $3 \times 10^{15}\,cm^{-3}$（$5 \times 10^{14}\,cm^{-3}$））决定暗电流和光电流的大小。为了获得高量子效率，有源探测层的厚度至少应等于截止波长。无增透膜的探测器芯片的典型量子效率约为 70%。

制作Ⅲ-V族势垒型探测器主要的技术挑战是如何生长厚的有源探测区 SL 结构，同时又不降低材料质量。采用高质量足够厚的 SL 材料可以得到较高的量子效率，这对于该技术的成功至关重要。由于这些原因，现阶段开发出的技术，有源区的典型厚度约为 $3\,\mu m$，且与探测器截止波长无关。制作探测器是台面形状会导致晶体周期性结构不连续，引起较大的表面漏电流，但在势垒型探测器中消除了该暗电流的影响。

式（6.7）表明，俄歇1暗电流随 N_d 而变化，而 SRH 暗电流随 $1/N_d$ 而变化。因此，最小暗电流密度取决于探测器的吸收区掺杂浓度和 SRH 寿命。在 Kinch 等[49]对 MWIR nBn InAsSb 势垒型探测器研究之后，这种依赖关系如图 6.22 所示。为了接近 BLIP 性能，采用 F/3 光学系统，工作在 160K、截止波长 $4.8\,\mu m$ 的探测器要求红外材料的 SRH 寿命通常约为 $1\,\mu s$，吸收区的最佳掺杂浓度约为 $10^{16}\,cm^{-3}$。参考文献[50]中提出 τ_{SRH} 值为 $0.6\,\mu s$，与工作温度无关。

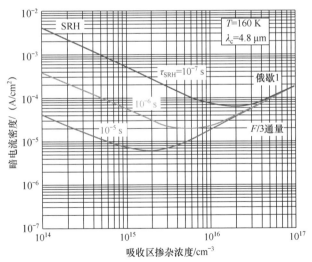

图 6.22 工作温度 160K、截止波长 $4.8\,\mu m$、F/3 工作背景通量条件下，不同 SRH 值时吸收区暗电流密度和掺杂浓度的关系[49]

P. Martyniuk 等采用 Crosslight 软件公司的商业软件 APSYS 进行了暗电流的数值分析[51]，具体参数见表 6.2，器件建模中采用的其他关系式在 Rogalski 的专著[44]和 Ting 等的综述文章[4]中给出。

表 6.2　有源区的材料参数

探测器类型	材料	截止波长/μm	有源区掺杂浓度，N_d、N_a/cm^{-3}	有源区厚度/μm	τ_{SRH}/μs	探测器面积/μm×μm	量子效率	F_1F_2	τ_{int}/ms
nBn	InAsSb	5	1×10^{16}	3	0.40	15×15	0.70	0.28	10
nBn	InAs/GaSb	10	1×10^{16}	3	0.20	15×15	0.50	0.28	1
n-on-p	HgCdTe	5	3×10^{15}	5	–	15×15	0.70	0.20	10
n-on-p	HgCdTe	10	3×10^{15}	10	–	15×15	0.70	0.20	1
p-on-n	HgCdTe	5	5×10^{14}	5	–	15×15	0.70	0.20	10
p-on-n	HgCdTe	10	5×10^{14}	10	–	15×15	0.70	0.20	1

　　研究人员认为，目前 InAs/GaSb T2SL 探测器的性能受到吸收区材料中导带和价带能级之间 SRH 跃迁时间太短的限制。到据目前所知，尚未对 T2SL 材料的载流子寿命和扩散长度与温度之间的关系进行系统性研究。几家研究小组从理论上分析 SRH 载流子的寿命为从几十纳秒到157ns[52]。由此，我们这里假设 MWIR 和 LWIR 材料中的载流子寿命均为200ns。

　　像元尺寸减小是提高红外成像系统探测和识别距离的必要条件。当前生产的红外阵列像元间距为15μm。我们在理论计算中，假设探测器像元面积为15μm×15μm。

　　图 6.23 比较了截止波长为5μm 的不同类型探测器暗电流密度和工作温度理论关系。由图 6.23 可以看出，与 InAsSb 光电二极管（具有内建耗尽区）相比，nBn 结构的优点明显，可在较高温度下工作。但是，HgCdTe 光电二极管可比 InAsSb nBn 探测器的工作温度高约 20K。当俄歇寿命明显缩短时，最好的 MWIR

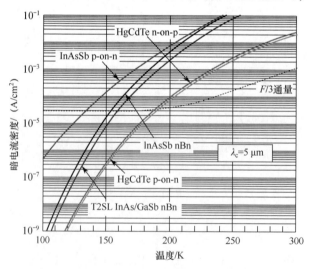

图 6.23　截止波长为5μm 的 InAsSb 光电二极管、nBn 探测器以及HgCdTe 光电二极管的暗电流密度与温度的关系[51]

III-V族器件为采用重掺杂的材料制备的器件。Bewley 等[53] 给出的 300K 时数据表明，SL 器件的俄歇系数是 HgCdTe 的 1/20 ~ 1/5。为了开发其全部潜能，探测器开发人员需要在掺杂浓度为 $10^{15} cm^{-3}$ 范围内实现俄歇限制器件。到目前为止，III-V族 MWIR 探测器结构还不能达到 $F/3$ 光学系统、工作温度 150K 的最终性能。而从市场可得到可在 160K、$F/3$ 光学系统工作的性能较理想的 MWIR HgCdTe 探测器。

单从理论上进行分析，LWIR T2SL 材料比 HgCdTe 的基础暗电流低。但是，LWIR T2SL 材料制备的器件性能还未达到理论值。这种局限性主要因为两个原因：本底载流子浓度相对较高（约 $10^{16} cm^{-3}$）和少数载流子寿命短（通常为几十 ns）。到目前为止，研究人员已经观察到 SRH 复合机制限制的非优化载流子寿命，少数载流子扩散长度在几微米范围内。提高这些基本参数对实现 T2SL 光电二极管理论预测性能至关重要。

在现有的技术条件下，LWIR T2SL 光电二极管的性能比 HgCdTe 光电二极管略差。图 6.24 比较了截止波长为 10μm 的 nBn InAs/GaSb 和 HgCdTe 光电二极管的理论暗电流密度与工作温度的关系。在 $F/1$ 光学系统、约 130K 温度可得到 BLIP 性能的 HgCdTe 光电二极管，该温度值比 InAs/GaSb nBn 探测器约高 15K。

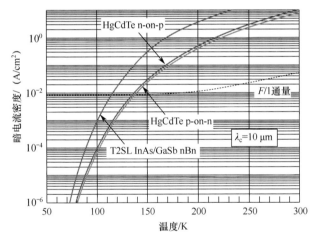

图 6.24 截止波长为 10μm 的 InAs/GaSb T2SL nBn 探测器和
HgCdTe n-on-p 光电二极管的暗电流密度与温度的关系[51]

6.6.3 噪声等效温差

探测器灵敏度也可以用噪声等效温差（NETD）表示，该参数是红外热像仪的品质因数（见 1.5.2 节）。

根据以下关系式[54]，NETD 可由暗电流密度 J_{dark}、背景光通量（由系统光学导致）Φ_B 和积分时间 τ_{int} 决定。

$$\mathrm{NETD} = \frac{1 + (J_{\mathrm{dark}}/J_{\Phi})}{\sqrt{N_{\mathrm{w}}}\left(\dfrac{1}{\Phi_{\mathrm{B}}}\dfrac{\mathrm{d}\Phi_{\mathrm{B}}}{\mathrm{d}T}\right)} \tag{6.9}$$

$$J_{\Phi} = q\eta\Phi_{\mathrm{B}} \tag{6.10}$$

$$\sqrt{N_{\mathrm{w}}} = \frac{(J_{\mathrm{dark}} + J_{\Phi})\tau_{\mathrm{int}}}{q} \tag{6.11}$$

式中：N_{w} 为读出势阱容量；$J_{\Phi} = \eta\Phi_{\mathrm{B}}A$ 为背景通量电流；A 为探测器面积。这里 η 代表探测器的总量子效率，包括内量子效率；假设光学透过率和冷屏效率为 1。

考虑到 $(\mathrm{d}\Phi_{\mathrm{B}}/\mathrm{d}T)/\Phi_{\mathrm{B}} = C$ 为场景对比度，式（6.9）可表示为

$$\mathrm{NETD} = \frac{1 + (J_{\mathrm{dark}}/J_{\Phi})}{\sqrt{N_{\mathrm{w}}}\,C} \tag{6.12}$$

MWIR 波段在 300 K 时的对比度为 3.5% ~4%，相比之下 LWIR 波段的对比度为 1.7%。根据当前 CMOS ROIC 设计能力，15μm 像元的单节点电荷储存能力 N 值通常为 1×10^6 ~1×10^7 个电子。在这里的理论计算中，假设 N 为 1×10^7 个电子。

式（6.12）表明，如果 $I_{\mathrm{dark}}/I_{\Phi}$ 比增加和/或 η 减小，则需要更长的积分时间和更快速的光学系统[①]。因此，量子效率不高的探测器可用在快速光学系统和低帧频系统中。

图 6.25 所示为截止波长分别为 5μm、10μm 的势垒型探测器和 HgCdTe 光电二极管的 NETD 与温度之间的关系。通过比较这两种探测器技术可以看出，HgCdTe 光电二极管的理论性能极限比工作在 150K 以上的中波势垒型探测器和工作在 80K 以上的长波势垒型探测器的高；由于低温下探测器性能主要受读出电路的限制，所以两种材料体系的品质因数得到的性能相近。

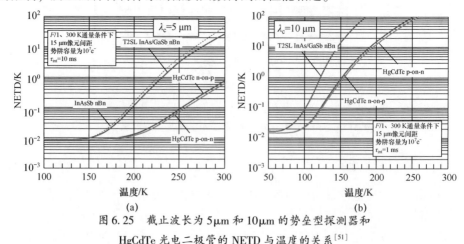

图 6.25　截止波长为 5μm 和 10μm 的势垒型探测器和
HgCdTe 光电二极管的 NETD 与温度的关系[51]

① 译者注：更快速的光学系统要求其相对孔径更大，光学 F 数更小。

6.6.4 实验数据比较

这里通过测试中波和长波Ⅲ-Ⅴ族势垒型探测器的暗电流密度与截止波长关系来评估目前探测器的技术水平。采用称为"Rule 07"的HgCdTe基准,将势垒型探测器的实验数据与描述HgCdTe光电二极管暗电流随温度和波长变化的简单经验关系式进行比较[45]。

图6.26收集了公开发表文献中的MWIR势垒型探测器的暗电流密度,用于与"Rule 07"进行比较。截止波长被定义为最大响应的50%所对应的波长,经验数据仅列举了150K和300K的结果。对于势垒型器件,零偏压下特性没有相关性;因此,选择约150mV的反向偏压来提取光生少数载流子。

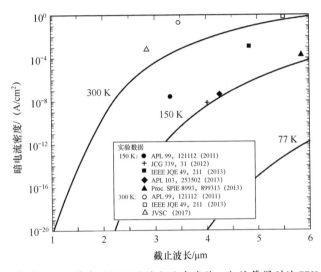

图6.26 收集的MWIR势垒型探测器暗电流密度值,与计算得到的77K、150K和
300K时HgCdTe光电二极管的"Rule 07"进行比较[51]

实验数据表明液氮温度下MWIR势垒型探测器的漏电流比"Rule 07"大许多量级。有文献报道,制备出的MWIR势垒型探测器在截止波长约4μm、150K时结果接近"Rule 07",这些最优质器件采用与GaSb衬底晶格匹配的InAsSb有源区进行制备。由图6.26可以看到,随着波长增加,暗电流密度值整体趋势接近"Rule 07",尤其在LWIR更可以看到这种趋势,同时表明控制较短波长探测器的暗电流更加困难。

Rhiger也收集了工作在78K温度时的非势垒型(同质结)和势垒型(异质结)LWIR T2SL探测器的类似实验数据,如图6.27所示[55]。由图6.27可以看出,非势垒型LWIR T2SL探测器的暗电流通常较高,最大值约是"Rule 07"型探测器暗电流的8倍;而势垒型器件平均暗电流较低,在截止波长不小于9μm时有些器件的暗电流接近于"Rule 07"曲线。因此可以得出以下结论,虽然SL

探测器有源区中的少数载流子寿命不受俄歇机制的限制，但是这类探测器的扩散电流与"Rule 07"的没有太大差别。

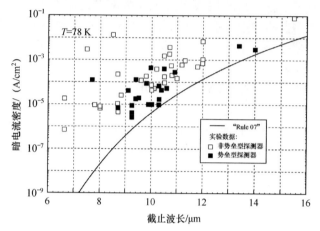

图 6.27　自 2010 年末以来，文献报道的 T2SL 非势垒型和势垒型探测器 78K 时暗电流密度随截止波长变化的曲线[55]（实线表示采用经验"Rule 07"模型计算的暗电流密度）

在对 nBn InAsSb 探测器的 NETD 性能的理论计算中，假设探测器结构设计与图 6.9（a）所示类似。图 6.11 表示工作在 MWIR 大气窗口（3.4 ~ 4.2μm）的 15μm 间距 InAs$_{0.91}$Sb$_{0.09}$/B-AlAsSb 势垒型探测器在 $F/3.2$ 光学系统条件下 NETD 与工作温度之间的关系；积分时间为 10ms 时 NETD 为 20mK。由图 6.11 可以看出，实验值与理论值的一致性良好，在 170K 以上时 NETD 值增加很快，与理论计算 BLIP 温度为 175K 的结果一致。

为了比较 MWIR Ⅲ-V 族势垒型探测器阵列和最先进的 HgCdTe 阵列的性能，选择质量最优的 MWIR 阵列——640 × 512 元 Hawk 中波探测器，具有 16μm 间距和 $F/4$ 防辐射冷屏，80K 工作温度时 50% 截止波长为 5.5μm；这些 n$^+$-p(As) 异质结构 Hg$_{1-x}$Cd$_x$Te 光电二极管取 $x = 0.3$ 和 $x = 0.2867$，针对 HOT 条件进行了优化；采用金属有机气相外延在 GaAs 衬底上生长器件结构，n$^+$ 区掺 I 的浓度为 10^{16}cm^{-3}，厚约 3μm 的 p 吸收层能隙较小，掺 As 浓度为 10^{15}cm^{-3}。

Hawk 探测器阵列在 160 ~ 190K 温度具有高质量图像。210K 图像与 160K 图像相比存在轻微纹理，但 210K 图像的可用性很好。图 6.28 为自 2011 年（标准器件技术）以来器件技术提高后 Hawk 探测器的 NETD 与工作温度的关系及数据[56]，这些新数据预测探测器的性能更高，工作温度也更高。

采用标准化工艺生产制备的探测器阵列在 150 ~ 160K 工作时 NETD 保持不变，185K 时 NETD 值会加倍，如图 6.28 所示。在提高器件制备技术后，在 180K 接近背景限性能，比采用标准工艺的 150K 提高约 30K，预期背景主导的探测器性能远高于 200K。为了解释 Hawk 探测器的 NETD 与工作温度的关系，采用

DeWames 和 Pellegrino 设计的理论模型计算暗电流[57]。随着该模型的公开发表，有意引入复合中心已经成为 HOT 探测器工程的一项新技术。

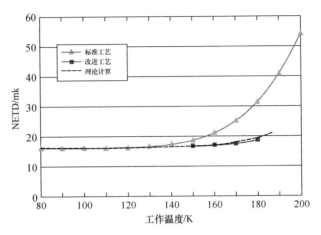

图 6.28　NETD 性能与工作温度的关系[56]

低温下，MWIR 和 LWIR FPA 的性能通常受读出电路（ROIC 的电荷存储容量）的限制。在这种情况中[58]，有

$$NETD = (\tau C \eta_{BLIP} \sqrt{N_w})^{-1} \qquad (6.13)$$

式中：N_w 为一个积分时间 τ_{int} 积分的光生载流子数，定义为

$$N_w = \eta A \tau_{int} \Phi_B \qquad (6.14)$$

BLIP 的 η_{BLIP} 只是简单的光子噪声与 FPA 复合噪声之比，即

$$\eta_{BLIP} = \left(\frac{N_{photon}^2}{N_{photon}^2 + N_{FPA}^2} \right)^{1/2} \qquad (6.15)$$

式（6.13）~式（6.15）表明，读出电路的电荷处理容量、与帧频相关的积分时间以及红外敏感材料的暗电流成为 IRFPA 的主要技术问题。NETD 与积分电荷的平方根成反比；因此，读出电路处理的电荷越多，制备出的探测器性能越高。势阱电荷容量表示可以存储在每个存储电容单元的最大电荷量。读出电路阵列的单元尺寸受到探测器像元尺寸的限制。

同时，还需要注意积分时间和 FPA 帧周期之间的区别。在高背景时，在与标准视频速率兼容的单帧时间内处理产生的大量载流子通常是不可能的。在 FPA 外部的帧积分可用于获得与探测器限制 D^* 相当、但不与电荷处理限制 D^* 相当的传感器灵敏度。

图 6.29 所示为在两个响应波段（$3.4 \sim 4.8\mu m$ 和 $7.8 \sim 10\mu m$）、且探测器积分电容填充到最大容量的 1/2（以保持动态范围）的标准工作条件下，不同 FPA 的 NETD 理论值与电荷处理容量的关系。由图 6.29 可以看出，测量得到的灵敏度与不同材料体系制备的 FPA（包括势垒型探测器和 T2SL）理论值一致。

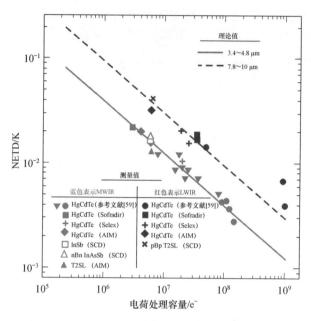

图 6.29　NETD 与电荷处理容量的关系（见彩图）

➡ 6.7　多色势垒型探测器

为了实现远程探测感知和目标识别，多种不同的探测器结构设计被应用到多色红外探测。Gautam 等[60]已经验证了三色异质结带隙工程 InAs/GaSb SWIR、MWIR 和 LWIR T2SL 探测器，其中最常用的结构是垂直叠层双波段探测器设计，由公共接地层将两个"背对背"光电二极管隔开[61]。

势垒结构（nBn 或 pBp）为双波段 T2SL 势垒型探测器满足不同波段需求的带隙调节带来便利，6.4 节介绍了双波段 nBn 结构的工作示意图（图 6.15）。该器件结构由两个 n 型（p 型）掺杂并满足工作波长要求的 InAs/GaSb T2SL 吸收区组成，被导带（价带）T2SL 势垒隔开。对于 n 型（p 型）吸收区来说，势垒的特征是价带（导带）基本上连续，可以忽略。因此，可以通过改变施加偏压的极性来实现不同吸收区（通道）工作。

双波段势垒技术得益于相对容易的生长过程和成熟的 Ⅲ-Ⅴ 制造技术。此外，由于探测器结构中没有耗尽区，因此与垂直光伏探测器设计相比，这种探测器的理论暗电流较低。

Krishna 等已经验证了 nBn 或 pBp 结构的双色势垒型探测器[62-64]，图 6.30 所示为 LW/LWIR 双波段 pBp InAs/GaSb 探测器结构示意图的例子。首先，生长与 GaSb 衬底晶格匹配的四元 AlGaAsSb 刻蚀阻挡层（ESL）；接着在 ESL 和 T2SL 接触区之间生长厚的 p 型 GaSb 接触层，以确保生长探测器结构时表面光滑；只有 p 型掺 Be 的 GaSb 层用于顶部和底部接触；另外，吸收层和势垒层都是 p 型掺杂，Be 作为掺杂材料。

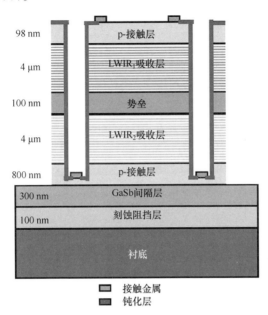

図 6.30　pBp 结构的双波段 LW/LWIR InAs/GaSb T2SL 探测器示意图[63]

双波段 pBp 探测器制作流程是从用 Cl₂ 基电感耦合等离子体（ICP）在 200℃刻蚀 9μm 深隔离槽和采用 SiO₂ 刻蚀掩模开始的，从顶部接触层刻蚀到底部接触层的中间，通过沉积 50nm Ti/50nm Pt 和 350nm Au 形成欧姆接触，然后再进行 SU-8 钝化来完成器件制作。

图 6.31 所示为双波段 pBp 探测器在 78K 时典型光谱响应曲线。当对顶部接触层施加负偏压时，从"红色"LWIR₁ 通道（顶部吸收区）收集光生载流子；当对顶部接触层施加正偏压时，可从"蓝色"LWIR₂ 通道（底部吸收区）收集光生载流子；两个通道的截止波长分别为 9.2μm（"蓝色"通道）和约 12μm（"红色"通道）。

78K 温度下测量得到的不同台面尺寸下双波段 pBp T2SL 探测器的暗电流-偏压特性如图 6.32 所示。正偏压大于 15mV 对应于"蓝色"LWIR₂ 吸收区中的少数电子传输，而负偏压低于 15mV 则对应于"红色"LWIR₁ 吸收区中的传输，在偏压为 +100mV 和 −200mV 时可以得到最佳信噪比。+100mV 和 −200mV 偏压条件下，pBp LW/LWIR T2SL 探测器在 78K 温度下体材料限制的有效电阻面积乘积 $(RA)_{eff}$ 分别为 $7.7 \times 10^5 \Omega \cdot cm^2$ 和 $1.2 \times 10^2 \Omega \cdot cm^2$。

对图 6.32 给出的实验数据分析表明，暗电流的表面漏电流分量限制了小尺寸 LW/LWIR 探测器的性能。由于制备工艺的特性，LW/LWIR 探测器下面的吸收层只是部分刻蚀，而上面的吸收层是完全刻蚀的。从理论上分析，表面漏电流对总暗电流的贡献，LW/LWIR 结构中的"红色"吸收层比"蓝色"吸收层贡献更大。p 型 LWIR 材料的表面钝化是进一步提升探测器性能的关键技术。

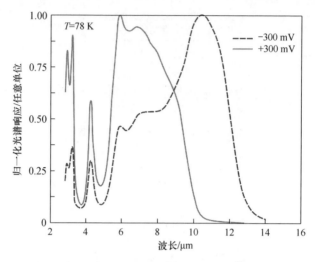

图 6.31　78K 温度下测量得到的双波段 InAs/GaSb T2SL
探测器的归一化光谱响应曲线[64]（见彩图）

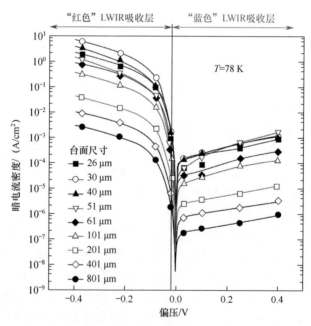

图 6.32　78K 温度和不同偏压下测量得到的 pBp LW/LWIR T2SL 探测器
暗电流密度随台面尺寸的变化曲线[64]（见彩图）

144

参考文献

1. A. M. White, "Infrared detectors," U.S. Patent 4,679,063 (22 September 1983).
2. P. C. Klipstein, "Depletionless photodiode with suppressed dark current and method for producing the same," U.S. Patent 7,795,640 (2 July 2003).
3. S. Maimon and G. Wicks, "nBn detector, an infrared detector with reduced dark current and higher operating temperature," *Appl. Phys. Lett.* **89**, 151109 (2006).
4. D. Z.-Y. Ting, A. Soibel, L. Höglund, J. Nguyen, C. J. Hill, A. Khoshakhlagh, and S. D. Gunapala, "Type-II superlattice infrared detectors," in *Semiconductors and Semimetals*, Vol. **84**, edited by S. D. Gunapala, D. R. Rhiger, and C. Jagadish, Elsevier, Amsterdam, pp. 1–57 (2011).
5. G. R. Savich, J. R. Pedrazzani, D. E. Sidor, and G. W. Wicks, "Benefits and limitations of unipolar barriers in infrared photodetectors," *Infrared Physics & Technol.* **59**, 152–155 (2013).
6. M. Reine, J. Schuster, B. Pinkie, and E. Bellotti, "Numerical simulation and analytical modeling of InAs nBn infrared detectors with p-type barriers," *J. Electron. Mater.* **42**(11), 3015–3033 (2013).
7. M. Reine, J. Schuster, B. Pinkie, and E. Bellotti, "Numerical simulation and analytical modeling of InAs nBn infrared detectors with n-type barrier layers," *J. Electron. Mater.* **43**(8), 2915–2934 (2014).
8. P. Klipstein, "'XBn' barrier photodetectors for high sensitivity operating temperature infrared sensors," *Proc. SPIE* **6940**, 69402U (2008) [doi: 10.1117/12.778848].
9. D. Z. Ting, C. J. Hill, A. Soibel, J. Nguyen, S. A. Keo, M. C. Lee, J. M. Mumolo, J. K. Liu, and S. D. Gunapala, "Antimonide-based barrier infrared detectors," *Proc. SPIE* **7660**, 76601R (2010) [doi: 10.1117/12.851383].
10. P. Klipstein, O. Klin, S. Grossman, N. Snapi, I. Lukomsky, D. Aronov, M. Yassen, A. Glozman, T. Fishman, E. Berkowicz, O. Magen, I. Shtrichman, and E. Weiss, "XBn barrier photodetectors based on InAsSb with high operating temperatures," *Opt. Eng.* **50**(6), 061002 (2011) [doi: 10.1117/1.3572149].
11. G. R. Savich, J. R. Pedrazzani, D. E. Sidor, S. Maimon, and G. W. Wicks, "Use of unipolar barriers to block dark currents in infrared detectors," *Proc. SPIE* **8012**, 80122T (2012) [doi: 10.1117/12.884075].
12. P. Martyniuk and A. Rogalski, "HOT infrared photodetectors," *Opto-Electron. Rev.* **21**, 240–258 (2013).
13. P. C. Klipstein, "XB$_n$n and XB$_p$p infrared detectors," *J. Cryst. Growth* **425**, 351–256 (2015).
14. J. B. Rodriguez, E. Plis, G. Bishop, Y. D. Sharma, H. Kim, L. R. Dawson, and S. Krishna, "nBn structure based on InAs/GaSb type-II strained layer superlattices," *Appl. Phys. Lett.* **91**, 043514 (2007).
15. P. Klipstein, D. Aronov, E. Berkowicz, R. Fraenkel, A. Glozman, S. Grossman, O. Klin, I. Lukomsky, I. Shtrichman, N. Snapi, M. Yassem, and E. Weiss, "Reducing the cooling requirements of mid-wave IR detector arrys," SPIE Newsroom, 2011 [doi: 10.1117/2.1201111.003919].

16. M. Razeghi, S. P. Abdollahi, E. K. Huang, G. Chen, A. Haddadi, and B. M. Nquyen, "Type-II InAs/GaSb photodiodes and focal plane arrays aimed at high operating temperatures," *Opto-Electr. Rev.* **19**, 261–269 (2011).

17. M. Razeghi, "Type II superlattice enables high operating temperature," *SPIE Newsroom*, 2011 [doi: 10.1117/2.1201110.003870].

18. G. R. Savich, J. R. Pedrazzani, D. E. Sidor, S. Maimon, and G. W. Wicks, "Dark current filtering in unipolar barrier infrared detectors," *Appl. Phys. Lett.* **99**, 121112 (2011).

19. A. P. Craig, M. Jain, G. Wicks, T. Golding, K. Hossain, K. McEwan, C. Howle, B. Percy, and A. R. J. Marshall, "Short-wave infrared barriode detectors using InGaAsSb absorption material lattice matched to GaSb," *Appl. Phys. Lett.* **106**, 201103 (2015).

20. G. R. Savich, D. E. Sidor, X. Du, G. W. Wicks, M. C. Debnath, T. D. Mishima, M. B. Santos, T. D. Golding, M. Jain, A. P. Craig, and A. R. J. Marshall, "III-V semiconductor extended short-wave infrared detectors," *J. Vac. Sci. & Tech. B* **35**(2), 02B105 (2017).

21. A. Khoshakhlagh, S. Myers, E. Plis, M. N. Kutty, B. Klein, N. Gautam, H. Kim, E. P. G. Smith, D. Rhiger, S. M. Johnson, and S. Krishna, "Mid-wavelength InAsSb detectors based on nBn design," *Proc. SPIE* **7660**, 76602Z (2010) [doi: 10.1117/12.850428].

22. E. Weiss, O. Klin, S. Grossmann, N. Snapi, I. Lukomsky, D. Aronov, M. Yassen, E. Berkowicz, A. Glozman, P. Klipstein, A. Fraenkel, and I. Shtrichman, "InAsSb-based XB$_n$n bariodes grown by molecular beam epitaxy on GaAs," *J. Crystal Growth* **339**(1), 31–35 (2012).

23. P. Martyniuk and A. Rogalski, "Modeling of InAsSb/AlAsSb nBn HOT detector's performance limits," *Proc. SPIE* **8704**, 87041X (2013) [doi: 10. 1117/12.2017721].

24. A. I. D'souza, E. Robinson, A. C. Ionescu, D. Okerlund, T. J. de Lyon, R. D. Rajavel, H. Sharifi, N. K. Dhar, P. S. Wijewarnasuriya, and C. Grein, "MWIR InAsSb barrier detector data and analysis," *Proc. SPIE* **8704**, 87041V (2013) [doi: 10.1117/12.2018427].

25. P. C. Klipstein, Y. Gross, A. Aronov, M. ben Ezra, E. Berkowicz, Y. Cohen, R. Fraenkel, A. Glozman, S. Grossman, O. Kin, I. Lukomsky, T. Markowitz, L. Shkedy, I. Sntrichman, N. Snapi, A. Tuito, M. Yassen, and E. Weiss, "Low SWaP MWIR detector based on XBn focal plane array," *Proc. SPIE* **8704**, 87041S (2013) [doi: 10.1117/12.2015747].

26. Y. Lin, D. Donetsky, D. Wang, D. Westerfeld, G. Kipshidze, L. Shterengas, W. L. Sarney, S. P. Svensson, and G. Belenky, "Development of bulk InAsSb alloys and barrier heterostructures for long-wavelength infrared detectors," *J. Electron. Mater.* **44**(10), 3360–3366 (2015).

27. E. H. Aifer, J. G. Tischler, J. H. Warner, I. Vurgaftman, W. W. Bewley, J. R. Meyer, C. L. Canedy, and E. M. Jackson, "W-structured type-II superlattice long-wave infrared photodiodes with high quantum efficiency," *Appl. Phys. Lett.* **89**, 053519 (2006).

28. B.-M. Nguyen, M. Razeghi, V. Nathan, and G. J. Brown, "Type-II M structure photodiodes: an alternative material design for mid-wave to long wavelength infrared regimes," *Proc. SPIE* **6479**, 64790S (2007) [doi: 10. 1117/12.711588].

29. C. L. Canedy, H. Aifer, I. Vurgaftman, J. G. Tischler, J. R. Meyer, J. H. Warner, and E. M. Jackson, "Antimonide type-II W photodiodes with

long-wave infrared R_0A comparable to HgCdTe," *J. Electron. Mater.* **36**, 852–856 (2007).

30. B.-M. Nguyen, D. Hoffman, P.-Y. Delaunay, and M. Razeghi, "Dark current suppression in type II InAs/GaSb superlattice long wavelength infrared photodiodes with M-structure," *Appl. Phys. Lett.* **91**, 163511 (2007).

31. B.-M. Nguyen, D. Hoffman, P.-Y. Delaunay, E. K. Huang, M. Razeghi, and J. Pellegrino, "Band edge tunability of M-structure for heterojunction design in Sb based type II superlattice photodiodes," *Appl. Phys. Lett.* **93**, 163502 (2008).

32. M. Razeghi, H. Haddadi, A. M. Hoang, E. K. Huang, G. Chen, S. Bogdanov, S. R. Darvish, F. Callewaert, and R. McClintock, "Advances in antimonide-based Type-II superlattices for infrared detection and imaging at center for quantum devices," *Infrared Phys. & Technol.* **59**, 41–52 (2013).

33. E. K. Huang, D. Hoffman, B.-M. Nguyen, P.-Y. Delaunay, and M. Razeghi, "Surface leakage reduction in narrow band gap type-II antimonide-based superlattice photodiodes," *Appl. Phys. Lett.* **94**, 053506 (2009).

34. O. Salihoglu, A. Muti, K. Kutluer, T. Tansel, R. Turan, Y. Ergun, and A. Aydinli, "'N' structure for type-II superlattice photodetectors," *Appl. Phys. Lett.* **101**, 073505 (2012).

35. J. L. Johnson, L. A. Samoska, A. C. Gossard, J. L. Merz, M. D. Jack, G. H. Chapman, B. A. Baumgratz, K. Kosai, and S. M. Johnson, "Electrical and optical properties of infrared photodiodes using the InAs/Ga$_{1-x}$In$_x$Sb superlattice in heterojunctions with GaSb," *J. Appl. Phys.* **80**, 1116–1127 (1996).

36. A. Khoshakhlagh, J. B. Rodriguez, E. Plis, G. D. Bishop, Y. D. Sharma, H. S. Kim, L. R. Dawson, and S. Krishna, "Bias dependent dual band response from InAs/Ga(In)Sb type II strain layer superlattice detectors," *Appl. Phys. Lett.* **91**, 263504 (2007).

37. E. H. Aifer, H. Warner, C. L. Canedy, I. Vurgaftman, J. M. Jackson, J. G. Tischler, J. R. Meyer, S. P. Powell, K. Oliver, and W. E. Tennant, "Shallow-etch mesa isolation of graded-bandgap W-structured type II superlattice photodiodes," *J. Electron. Mater.* **39**, 1070–1079 (2010).

38. I. Vurgaftman, E. H. Aifer, C. L. Canedy, J. G. Tischler, J. R. Meyer, and J. H. Warner, "Graded band gap for dark-current suppression in long-wave infrared W-structured type-II superlattice photodiodes," *Appl. Phys. Lett.* **89**, 121114 (2006).

39. D. Z.-Y. Ting, C. J. Hill, A. Soibel, S. A. Keo, J. M. Mumolo, J. Nguyen, and S. D. Gunapala, "A high-performance long wavelength superlattice complementary barrier infrared detector," *Appl. Phys. Lett.* **95**, 023508 (2009).

40. E. A. DeCuir, G. P. Meissner, P. S. Wijewarnasuriya, N. Gautam, S. Krishna, N. K. Dhar, R. E. Welser, and A. K. Sood, "Long-wave type-II superlattice detectors with unipolar electron and hole barriers," *Opt. Eng.* **51**(12), 124001 (2012) [doi: 10.1117/1.OE.51.12.124001].

41. N. Gautam, S. Myers, A. V. Barve, B. Klein, E. P. Smith, D. Rhiger, E. Plis, M. N. Kutty, N. Henry, T. Schuler-Sandyy, and S. Krishna, "Band engineering HOT midwave infrared detectors based on type-II InAs/GaSb strained layer superlattices," *Infrared Physics & Techol.* **59**, 72–77 (2013).

42. P. C. Klipstein, E. Avnon, Y. Benny, R. Fraenkel, A. Glozman, S. Grossman, O. Klin, L. Langoff, Y. Livneh, I. Lukomsky, M. Nitzani, L.

Shkedy, I. Shtrichman, N. Snapi, A. Tuito, and E. Weiss, "InAs/GaSb type II superlattice barrier devices with a low dark current and a high quantum efficiency," *Proc. SPIE* **9070**, 90700U (2014) [doi: 10.1117/12.2049825].

43. A. D. Hood, A. J. Evans, A. Ikhlassi, D. L. Lee, and W. E. Tennant, "LWIR strained-layer superlattice materials and devices at Teledyne Imaging Sensors," *J. Elect. Mater.* **39**, 1001–1006 (2010).

44. A. Rogalski, *Infrared Detectors*, 2nd edition, CRC Press, Boca Raton, Florida (2010).

45. W. E. Tennant, D. Lee, M. Zandian, E. Piquette, and M. Carmody, "MBE HgCdTe Technology: A very general solution to IR detection, described by 'Rule 07,' a very convenient heuristic," *J. Elect. Mat.* **37**, 1406 (2008).

46. P. C. Klipstein, E. Avnon, D. Azulai, Y. Benny, R. Fraenkel, A. Glozman, E. Hojman, O. Klin, L. Krasovitsky, L. Langof, I. Lukomsky, M. Nitzani, I. Shtrichman, N. Rappaport, N. Snapi, E. Weiss, and A. Tuito, "Type II superlattice technology for LWIR detectors," *Proc. SPIE* **9819**, 98190T (2016) [doi: 10.1117/12.2222776].

47. P. Klipstein, "Physics and technology of antimonide heterostructure devices at SCD," *Proc. SPIE* **9370**, 937020 (2015) [doi: 10.1117/12.2082938].

48. P. Martyniuk, W. Gawron, D. Stępień, D. Benyahia, A. Kowalewski, K. Michalczewski, and A. Rogalski, "Demonstration of mid-wavelength type-II superlattice InAs/GaSb single pixel barrier detector with GaAs immersion lens," *IEEE Electron Dev. Lett.* **37**(1), 64–65 (2016).

49. M. A. Kinch, H. F. Schaake, R. L. Strong, P. K. Liao, M. J. Ohlson, J. Jacques, C.-F. Wan, D. Chandra, R. D. Burford, and C. A. Schaake, "High operating temperature MWIR detectors," *Proc. SPIE* **7660**, 76602V (2010) [doi: 10.1117/12.850965].

50. J. F. Klem, J. K. Kim, M. J. Cich, S. D. Hawkins, T. R. Fortune, and J. L. Rienstra, "Comparison of nBn and nBp mid-wave barrier infrared photodetectors," *Proc. SPIE* **7608**, 76081P (2010) [doi: 10.1117/12.842772].

51. P. Martyniuk and A. Rogalski, "Performance comparison of barrier detectors and HgCdTe photodiodes," *Opt. Eng.* **53**(10), 106105 (2014) [doi: 10.1117/1.OE.53.10.106105].

52. D. Zuo, P. Qiao, D. Wasserman, and S. L. Chuang, "Direct observation of minority carrier lifetime improvement in InAs/GaSb type-II super-lattice photodiodes via interfacial layer control," *Appl. Phys. Lett.* **102**, 141107 (2013).

53. W. W. Bewley, J. R. Lindle, C. S. Kim, M. Kim, C. L. Canedy, I. Vurgaftman, and J. R. Meyer, "Lifetime and Auger coefficients in type-II W interband cascade lasers," *Appl. Phys. Lett.* **93**, 041118 (2008).

54. M. A. Kinch, *Fundamentals of Infrared Detector Materials*, SPIE Press, Bellingham, 2007 [doi: 10.1117/3.741688].

55. D. R. Rhiger, "Performance comparison of long-wavelength infrared type II superlattice devices with HgCdTe," *J. Elect. Mater.* **40**, 1815–1822 (2011).

56. P. Knowles, L. Hipwood, N. Shorrocks, I. M. Baker, L. Pillans, P. Abbott, R. Ash, and J. Harji, "Status of IR detectors for high operating temperature produced by MOVPE growth of MCT on GaAs

substrates," *Proc. SPIE* **8541**, 854108 (2012).

57. R. R. DeWames and J. Pellegrino, "Electrical characteristics of MOVPE grown MWIR N$^+$p(As) HgCdTe hetero-structure photodiodes build on GaAs substrates," *Proc. SPIE* **8353**, 83532P (2012) [doi: 10.1117/12.921093].

58. L. J. Kozlowski and W. F. Kosonocky, "Infrared detector arrays," in *Handbook of Optics*, Chap. 23, edited by M. Bass, E. W. Van Stryland, D. R. Williams, and W. L. Wolfe, McGraw-Hill, Inc., New York (1995).

59. L. J. Kozlowski, "HgCdTe focal plane arrays for high performance infrared cameras," *Proc. SPIE* **3179**, 200–211 (1997) [doi: 10.1117/12.276226].

60. N. Gautam, M. Naydenkov, S. Myers, A. V. Barve, E. Plis, T. Rotter, L. R. Dawson, and S. Krishna, "Three color infrared detector using InAs/GaSb superlattices with unipolar barriers," *Appl. Phys. Lett.* **98**, 121106 (2011).

61. A. Rogalski, J. Antoszewski, and L. Faraone, "Third-generation infrared photodetector arrays," *J. Appl. Phys.* **105**, 091101 (2009).

62. A. Khoshakhlagh, J. B. Rodriguez, E. Plis, G. D. Bishop, Y. D. Sharma, H. S. Kim, L. R. Dawson, and S. Krishna, "Bias dependent dual band response from InAs/Ga(In)Sb type II strain layer superlattice detectors," *Appl. Phys. Lett.* **91**(26), 263504 (2007).

63. E. Plis, S. Myers, D. Ramirez, E. P. Smith, D. Rhiger, C. Chen, J. D. Phillips, and S. Krishna, "Dual color longwave InAs/GaSb type-II strained layer superlattice detectors," *Infrared Phys.& Technol.* **70**, 93–98 (2015).

64. E. Plis, S. A. Myers, D. A. Ramirez, and S. Krishna, "Development of dual-band barrier detectors," *Proc. SPIE* **9819**, 981911 (2016) [doi: 10.1117/12.2228166].

第7章 级联红外光电探测器

传统的光电二极管中，探测器的响应率和载流子扩散长度紧密相关，超过扩散长度后进一步增加吸收层厚度可能不会使探测器的信噪比（SNR）得到改善。在高温工作时，由于扩散长度通常会减小，这种效应变得更加明显，光生电荷载流子只有在其与结的距离小于扩散长度时才能被收集。在 HOT 探测器中，探测器对 LWIR 辐射的吸收深度比扩散长度长。因此，只有有限的光生电荷对提高量子效率有贡献。

为了避免扩散长度减小所带来的局限性并有效提高光生载流子的吸收效率，在过去 10 年中研究人员引入了基于多级探测的创新性探测器设计，称为级联红外探测器（CID）。CID 包含多个分立吸收层，每个吸收层都比扩散长度短或窄。在这种分立 CID 吸收层结构中，各个吸收层夹在设计好的电子和空穴势垒之间，形成一系列级联子级。光生载流子在其下一个子级内复合之前仅通过一个级联子级，每个单独的子级可以比扩散长度短很多，并且所有吸收层的总厚度可以与扩散长度相当或甚至比扩散长度长。

在这种情况下，与传统 p-n 光电二极管相比，SNR 和探测率随分立吸收层数增加将持续提高，高温下器件性能也将得到提高。此外，可以通过对分立吸收层的数量和厚度的灵活剪裁来进行 CID 的定制设计，满足特定应用的最佳性能需求。

7.1 多级红外探测器

研究人员已经提出了多种类型的多级红外探测器，目前分为两大类：①子带间（IS）单极量子级联红外探测器（QCID）；②带间（IB）双极级联红外探测器（CID）。子带间 QCID 由量子级联激光器（QCL）的研究发展而来，现在已经有约 15 年的研究历史[1-6]。光导型 QWIP 和光伏型 QCID 的能带结构的对比示意图如图 7.1 所示。由图 7.1（a）可以看出，为了使电子在外部电路中流动并记录变化，需要对 QWIP 结构进行极化。探测器有源区由相同的量子阱结构组成，中间被较厚的势垒隔开；通过光致发射（实线箭头）或通过热电子发射（虚线箭头）激发量子阱中的电子。相比之下，QCID 通常设计为光伏探测器，它们由几个相同材料周期组成，每个周期由一个有源掺杂势阱和一些其他耦合势阱组成。光激发电子通过级联能级的声子发射，从一个有源势阱传输至下一个有源势阱。图 7.1（b）表示一个周期材料的导带。入射的光子诱导

电子从基态 E_1 到激发态 E_2，然后通过纵向光学声子弛豫方式传输至右侧的 QW，最后到达下一个周期的基态。为了提高探测率，探测器结构周期需要重复 N 次。

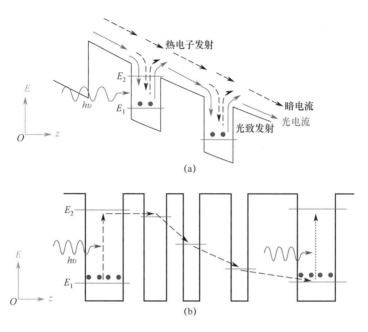

图7.1　(a) QWIP 的导带示意图；(b) QCID 的导带示意图[4]
(在 QWIP 中，电子传输是通过外部偏压实现的，而内部
电势差确保了 QCID 中的载流子传输)

使用最初为 QWIP 提出的理论可以很方便地描述 IS QCID 的性能[7]，参考文献 [1-2，5] 给出了一种理论模型。

包括 Johnson 噪声和电子散粒噪声分量的 QCID 的探测率可以表示为[1]

$$D^* = \frac{\eta \lambda q}{hc} \left(\frac{4kT}{NR_0A} + \frac{2qI_{\text{dark}}}{N} \right)^{-1/2} \tag{7.1}$$

式中：R_0A 为探测器区零偏压电阻与探测器面积的乘积，对应 QCID 的一个结构周期；T 为探测器工作温度；N 为周期数；I_{dark} 为暗电流。式 (7.1) 表明，SNR 与 $N^{1/2}$ 成正比。

IS QCID 探测器技术已在近红外到太赫兹波长范围得到了验证，图7.2给出了目前得到的 CID 探测器的探测率。目前，IS QCID 探测器已具有成熟的半导体材料体系和加工方法。一些 QCID 原型器件已经得到验证，近红外采用 InGaAs/AlAsSb、中红外采用 InGaAs/InAlAs，长波红外到太赫兹则采用 GaAs/AlGaAs 材料。这些探测器工作都需要低温制冷[3-4]。

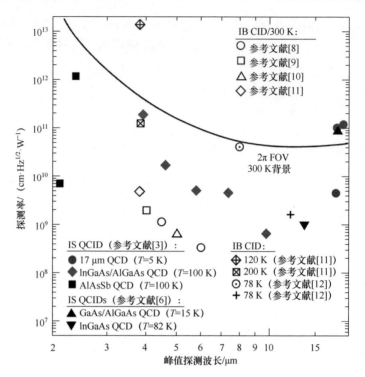

图 7.2　各种类型 CID 的探测率与波长的关系（QCD 为量子级联探测器）

● 7.2　Ⅱ类超晶格带间级联红外探测器

最近基于Ⅱ类 InAs/GaSb IB SL 吸收层的双极级联探测器件得到了验证[8-17]，它是近室温工作很好的候选探测器。这些 IB 级联探测器聚合了 IB 光学跃迁的优点和 IB 级联激光器结构载流子优异的传输特性。这些器件已被证明具有良好的性能，它们在任意指定温度和截止波长下的热产生速率比对应的 IS QCID 探测器呈现数量级的降低。与 IS 级联探测器相比，IB 级联探测器可以在高得多的温度下工作，如图 7.2 所示。

Hinkley 和 Yang[14]的研究表明，HOT 探测器的量子效率受到扩散长度较短的限制，多级结构对提高 HOT 探测器的灵敏度非常有效。对于波长大于 $5\mu m$ 的红外辐射，室温工作的 HgCdTe 光电二极管的吸收深度比扩散长度长。因此，只有有限的光生载流子对提高量子效率产生贡献。对未制冷的 $10.6\mu m$ 光电二极管理论计算结果表明，双极扩散长度小于 $2\mu m$，而吸收深度约为 $13\mu m$。对于入射光只被单次吸收的探测器，量子效率会降低约至 15%。

在 HOT T2SL 带间级联红外探测器（IB CID）中也存在类似的情况。对于每个子级吸收层长度相等的探测器，当 $\alpha L \leqslant 0.2$ 时（α 为吸收系数，L 为扩散长度），多级结构具有显著提高探测率的潜力[14]。正如图 7.2 所示，实验数据已经证实了这种理论预测。

7.2.1　工作原理

IB 级联光电探测器的工作原理与 Piotrowski 和 Rogalski 的阐述相类似，如图 7.3 所示[18-19]。早期研究人员尝试制备 HgCdTe 器件时，利用隧道结将一个吸收层的导带与相邻吸收层的价带进行电连接，这个工作原理与多节太阳能电池的工作方式类似。每个单元由 p 型掺杂窄带隙吸收层、重掺杂 n^+ 和 p^+ 异质结接触组成。这种探测器结构仅在吸收区吸收入射辐射，而异质结接触层收集光生电荷载流子，上述器件结构能够获得高量子效率、大的差分电阻和快速响应特性。一个现实问题是如何实现相邻的 n^+ 和 p^+ 层的电学传导，然而，这可以利用 n^+ 和 p^+ 界面的隧穿电流来解决。

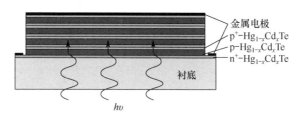

图 7.3　背光照四单元堆叠 HgCdTe 光伏探测器

T2SL 材料体系是实现多级 IB 器件的天然候选[20]。图 7.4 所示为 T2SL 级联探测器的常用设计结构[17,21]，每个子级由 AlSb/GaSb QW 电子势垒和 InAs/Al（In）Sb QW 空穴势垒及两者之间的 n 个周期 InAs/GaSb T2SL 组成。

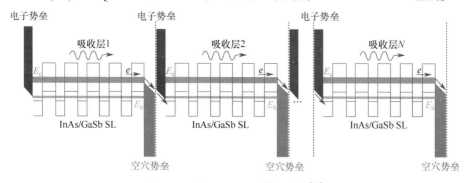

图 7.4　多级 IB CID 器件示意图[21]

（每个子级由电子和空穴势垒与夹在两者之间的 SL 吸收层组成。
E_e 和 E_h 分别表示电子和空穴微带能级。能级差 $(E_e - E_h)$ 是 SL 的带隙 E_g）

由于 IB CID 探测器的设计相对复杂，涉及许多界面层和薄应变层，因此采用 MBE 方法生长制备 IB CID 探测器充满挑战性。对于探测器设计而言，在构建弛豫和隧穿区以及接触层方面存在很大差异，这些设计在参考文献 [20] 中有详细描述。这里，重点关注 Tian 和 Krishna 提出的高性能器件结构[11]。

Tian 和 Krishna 提出了一种级联探测器结构，其工作原理示意图如图 7.5 所示[11]。入射光子被薄的 InAs/GaSb T2SL 层吸收，该超晶格夹在电子弛豫区和带间隧穿区之间，这两个区也分别用作空穴（电子弛豫，eR）和电子势垒（eB）。势垒的作用是抑制漏电流。电子弛豫区设计成便于从吸收层的导带微带中提取光生载流子，理想地（电阻很小或没有电阻）将其传输至下一个子级吸收层的价带上。导带中耦合的 InAs/AlSb MQW 能级形成 6 个能阶，其能阶分离，与纵向光学(LO)–声子能级相当。弛豫区的最高能级接近 InAs/GaSb SL 中的导带微带，最低能级位于相邻 GaSb 层价带边缘的下方，允许提取的载流子通过带间隧穿到下一个子级。eB 区由 GaSb/AlSb QW 组成，理论计算电子势垒厚度和高度分别为 45nm 和 0.72eV（与 InAs/GaSb T2SL 吸收层的导带微带最低能级有关）。

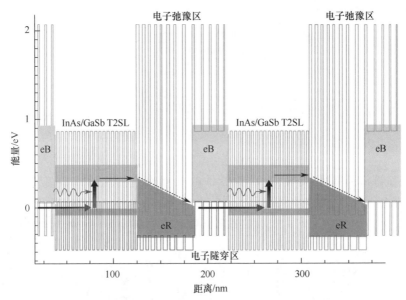

图 7.5　带间级联 InAs/GaSb T2SL 光电探测器示意图[11]
（吸收层吸收光子，产生电子–空穴对。电子扩散到 eR 区，
然后通过超快 LO 声子辅助子带间弛豫和带间隧穿传输到下一子级的价带）

7.2.2　MWIR 带间级联探测器

五级级联探测器结构是在掺 Zn 的 2in GaSb 衬底（001 晶向）上采用 MBE 方法进行外延生长的，吸收层由轻掺杂 p 型（约 $5 \times 10^{15} \mathrm{cm}^{-3}$）InAs/GaSb T2SL 和 InSb 界面层组成，以平衡 InAs 晶格失配的应力。Sb/Ga 和 As/In 所用 V/III 束流等效流量比分别设定为 4.0 和 3.2。探测器结构包括 0.5μm 的 p 型 GaSb 缓冲层、五级带间级联吸收层，最后是 45nm 厚 n 型 InAs 顶部接触层。各个吸收层分别包括 30、60 和 90 个周期的 7ML InAs/8 ML GaSb T2SL，对应吸收层总厚度分别为 0.73μm、1.45μm 和 2.16μm。利用上述结构制作直径为 25～400μm 的圆形台面

单元探测器时，沉积 200nm 厚的 SiN_x 膜用于侧壁钝化和电隔离，采用电子束蒸发 Ti/Au 形成顶部和底部接触，单元探测器台面顶部没有镀增透膜。

图 7.6 所示为 90 个周期 MWIR 带间级联器件的特征温度 – 暗电流特性。IB 级联探测器的低温 J-V 曲线相对陡峭，如图 7.6（a）所示，表明隧穿电流分量的贡献比较大。探测器在较高温度下，暗电流对工作偏压的敏感性要小得多，并且是扩散限制的。

研究人员通过对暗电流特性的进一步分析，给出了 −10mV 时探测器暗电流密度的 Arrhenius 曲线以及测量得到的 R_0A 值，如图 7.6（b）所示。由图 7.6（b）可以看出，在较高工作温度时探测器的激活能 E_A 约为 0.302eV，非常接近 InAs/GaSb T2SL 吸收层中的有效带隙，说明在较高工作温度下暗电流主要是由于扩散电流分量引起的。器件的 R_0A 值在 120K 时超过 $1.25 \times 10^7 \Omega \cdot cm^2$，200K 时为 $2470\Omega \cdot cm^2$，室温下为 $3.93\Omega \cdot cm^2$，这是 T2SL 探测器文献报道中的最高 R_0A 值。160K 时暗电流密度低至 $1.28 \times 10^{-7} A/cm^2$，得到的 R_0A 为 $9.42 \times 10^4 \Omega \cdot cm^2$，均稍好于 HgCdTe "Rule 07"[22]。

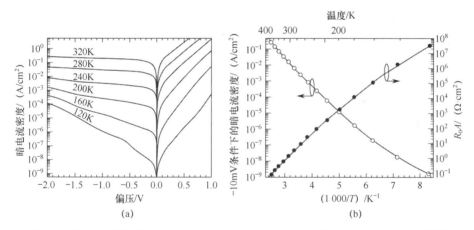

图 7.6　共 90 个周期的五级 MWIR InAs/GaSb T2SL IB 级联探测器的暗电流特性[11]
（a）电流 – 电压特性；（b）电学性能的 Arrhenius 曲线。

探测器芯片工作温度为室温时，波长为 4μm 的 MWIR T2SL 级联探测器光谱响应率约为 0.3A/W，在 380K 时也可观测到响应。图 7.7 所示为不同温度下的 Johnson 噪声限制探测率，是从上述探测器结构的测量结果中得到的响应率和 R_0A 值。对波长 3.8μm 的 MWIR T2SL 级联探测器而言，工作温度 120K 时 Johnson 限制 D^* 达到 $1.29 \times 10^{13} cm \cdot Hz^{1/2} \cdot W^{-1}$，200K 时 D^* 达到 $9.73 \times 10^{11} cm \cdot Hz^{1/2} \cdot W^{-1}$；对波长为 4μm 的五级/结器件，其 BLIP 性能时的工作温度 180K，器件的吸收量子效率为 70%，对应的外量子效率为 14%。

在上述设计中，吸收层的总厚度约为 1μm，理论上通过增加子级数可以提高吸收量子效率。但是，吸收量子效率比转换量子效率高 N 倍。

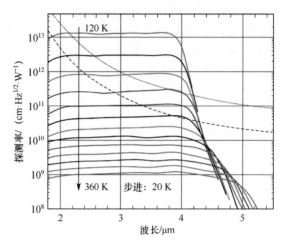

图 7.7　不同温度下五级 MWIR InAs/GaSb T2SL IB 90 个周期级联探测器的 Johnson
噪声限探测率[11]。虚线表示光电探测器的 BLIP D^*，其外量子效率为 70%；点线为
五级器件的 BLIP D^*，其吸收量子效率为 70%（均在 300K 和 2π FOV 背景条件下）

采用光谱响应率方程 $R_i = (\lambda\eta/hc)\ qg$（其中，$h$、$c$ 和 g 分别为普朗克常数、
光速和光导增益）和 $R_i \approx 0.3\,\mathrm{A/W}$ 时的实验数据，理论上可以计算出波长 $4\,\mu\mathrm{m}$
时的室温转换量子效率 $\eta g \approx 9\%$。该器件包含五级级联结构，每级估计增益为
$1/5(0.20)$，得到吸收量子效率为 45%。如果吸收层在实际空间为紧密分布且不
是很厚，可以通过增加级数来提高吸收量子效率，从而确保在每个子级中对光子
通量的吸收相同（所有子级的总厚度应与扩散长度相当）。

光激发载流子的传输非常快，并且在每个子级中传输的距离比典型扩散长度
要短得多（扩散距离取决于波长，约为 $50\sim200\,\mathrm{nm}$）。因此，横向扩散传输在这
么短的距离上可能并不明显；因此与传统光电二极管相比，在 QCID 中不需要刻
蚀太深的台面来约束光激发载流子。此外，MQW 区（弛豫区）中明显的波函数
能级重叠会导致子带间弛豫时间极短（例如，光学 – 声子散射时间约为 1ps），
远小于带间复合时间（通常为约 1ns，或者高温下存在明显俄歇复合时约为
$0.1\mathrm{ns}$）。因此，有源区中的光激发电子被高效地传输至能阶的底部，从而保证这
种机制能够在光激发后快速而有效地去除载流子。

图 7.8 所示为实验测量得到的零偏压条件下级联探测器响应时间与温度的关
系，（图 7.8（a））以及 225K、293K 和 380K 三种工作温度条件下的响应时间与
偏压的关系（图 7.8（b））。由图可以看出，带间级联探测器的响应时间短。在
零偏压、$225\sim280\mathrm{K}$ 工作温度条件下，随着温度升高，响应时间从约 1ns 增加到
5ns；工作温度进一步升高至约 360K 时，响应时间稳定在约 5ns；而在 380K 时响
应时间降至约 2ns。

对器件施加负偏压有利于缩短级联探测器的响应时间，如图 7.8（b）所示。
探测器的响应时间与 225K 和 293K 工作温度下施加的偏压之间具有的负相关特

性，这可能与偏移电流分量随偏压增大而减小有关，因为偏压增大时会导致吸收区的电场增强。这种情况下，对于 380K 下工作的探测器，偏压在 200mV 以上时，响应时间与偏压的关系未得到明确的解释，因为在这种情况下响应时间随偏压增大而增加。作者认为，在这种条件下，隧穿区的 GaSb QW 中的量子化能级与传输区中的价带之间存在能级差，这种能级差与 AlSb 中的 LO－声子能级不匹配，该声子能决定声子辅助过程引起的空穴隧穿。此外，双极迁移率降低，进而影响探测器的响应时间。

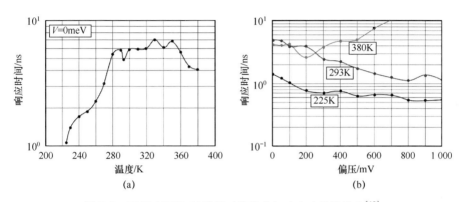

图 7.8　T2SL MWIR 级联探测器温度与响应时间的关系[15]

（a）零偏压下响应时间与温度的关系；（b）225K、293K 和 380K 温度下响应时间与偏压的关系。

最近，研究人员已经验证了首个五级 MWIR 带间级联探测器 320×256 FPA，该探测器的像元尺寸为 24μm×24μm、间距 30μm[23]，其 BLIP 性能工作温度高于 150K（300K，2π FOV）。

7.2.3　LWIR 带间级联探测器

最近，一些文献对 78K 工作温度时截止波长达到 16μm 的 LWIR 和 VLWIR 带间级联红外探测器的初步研究成果进行了介绍[12,16-17]。

图 7.9 所示为通过 MBE 生长方法制备的两级 LWIR 器件的结构示意图。上述结构的吸收层厚度为 620.0nm 和 756.4nm，每个 SL 周期包括 36.3Å 的 InAs 和 21.9Å 的 GaSb。为了实现电流匹配，下层吸收层生长得较厚。每个 SL 周期包含界面应变平衡层，通过将 1.9Å 厚 InSb 层插入 InAs-on-GaSb 和 GaSb-on-InAs 层来实现。为了使电子成为少数载流子，SL 吸收层中的 GaSb 层的一半进行 p 掺杂，掺杂密度为 $3.5×10^{16}cm^{-3}$。这些器件子级中的电子势垒层和空穴势垒层设计都相同。材料结构生长完成之后，采用传统接触式紫外（UV）光刻和湿法刻蚀制作边长为 200~1000μm 的正方形台面器件。器件包含两层钝化层，一层是 170nm 的 Si_3N_4，一层是 137nm 的 SiO_2。

上述结构制备的器件在不同工作温度下的暗电流特性与偏压的关系如图 7.10 所示。与 78K 时对应的 135meV 带隙能相比，理论计算出激活能为 102meV

(图 7.10 中的插图)。这些数据说明，探测器载流子既不是扩散限制的，也不是G-R 过程主导的（激活能大于 $E_g/2$）。有研究人员提出，偏离扩散限制与吸收区的非均匀掺杂有关，它产生的电场会形成影响吸收区中 SRH G-R 过程。由于吸收区的空穴传输效率低，因此非故意静电势垒也会降低收集效率。有人认为吸收区是 n 型的，尤其是在高温情况下。在这种情况下，载流子传输效率比电子的低，并且需要外部偏压帮助收集光生载流子。

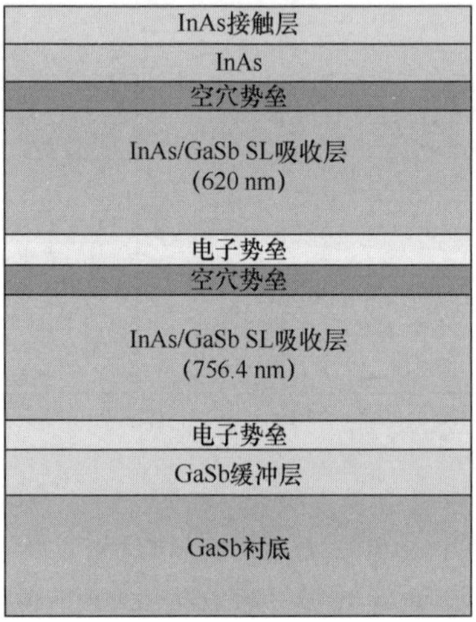

InAs接触层
InAs
空穴势垒
InAs/GaSb SL吸收层
(620 nm)
电子势垒
空穴势垒
InAs/GaSb SL吸收层
(756.4 nm)
电子势垒
GaSb缓冲层
GaSb衬底

图 7.9　两级 LWIR IB CID 的器件结构

250 K
200 K
167 K
143 K
125 K
100 K
78 K
暗电流密度/（A/cm²）
偏压/V
器件尺寸：1mm×1 mm
温度/K
偏压=50 mV
E_a=102 meV
J_d/（A/cm²）
1/KT/eV⁻¹

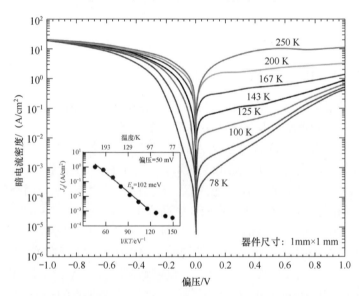

图 7.10　LWIR 探测器在不同温度下的暗电流密度－偏压特性[12]
（插图表示暗电流密度的 Arrhenius 曲线的拟合激活能）

图 7.11 所示为 LWIR 带间 QCID 在不同温度下的 Johnson 限制光谱探测率。

78K 时，得到 R_0A 乘积为 $115\Omega \cdot cm^2$，对应截止波长为 $8\mu m$ 时的探测率为 $3.7 \times 10^{10} cm \cdot Hz^{1/2} \cdot W^{-1}$。

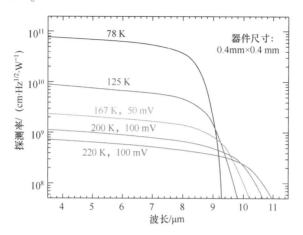

图 7.11　LWIR 带间 QCID 在不同温度下的光谱探测率[12]

　　为了提高 LWIR T2SL QCID 的性能，需要对器件设计和制备技术进一步改进，如设计更短的吸收区，优化吸收区和单极阻势垒之间带隙排列，实现吸收层 p 型掺杂以及优化器件制备工艺。

7.3　与 HgCdTe HOT 光电探测器性能的比较

　　目前，HgCdTe 是包括非制冷工作在内的红外光电探测器中最为广泛采用的可变带隙半导体材料。但是，由于热产生噪声的缘故，LWIR 工作的 HgCdTe 光电二极管的结电阻非常低。例如，小尺寸未制冷工作 $10.6\mu m$ 光电二极管（$50\mu m \times 50\mu m$）的结电阻在零偏压下小于 1Ω，远低于二极管的串联电阻。因此，传统器件的性能在高温时非常差，这些器件不能满足实际应用。

　　图 7.12 比较了 HgCdTe 光电二极管的 R_0A 值与包含 InAs/GaSb T2SL 吸收层的带间 CID 的室温实验数据。由图 7.12 可以看出，在 CID 技术的早期阶段，室温下实验测得的 R_0A 值高于目前最先进的 HgCdTe 光电二极管的值。但是，采用 CID 技术制备的探测器量子效率低，通常低于 10%，因此带间 T2SL 级联探测器比 HgCdTe 光电二极管的探测率低。

　　图 7.13 所示为光学浸没式两级热电（2TE）制冷 HgCdTe 器件的性能。非光学浸没条件下，MWIR 光伏探测器是亚 BLIP 器件，其性能接近 G-R 限制的。但是，当采用两级帕尔帖（Peltier）制冷器进行热电制冷时，设计成熟的光学浸没式器件接近 BLIP 限。这种条件下对截止波长大于 $8\mu m$ 的 LWIR 光伏探测器不太理想，其探测率比 BLIP 限的低一个数量级。通常，器件在零偏压条件下使用。由于在选取的光电二极管中存在较大的 $1/f$ 噪声，噪声频率高达约 100MHz，所

以尝试采用俄歇抑制的非平衡器件并没有成功。

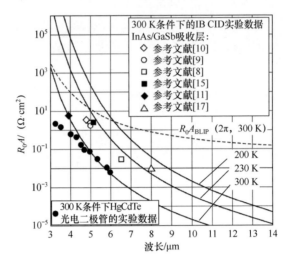

图 7.12　HgCdTe 光电二极管的 R_0A 乘积（实线）与
含 InAs/GaSb T2SL 吸收层的 IB CID 的室温实验数据比较[15]

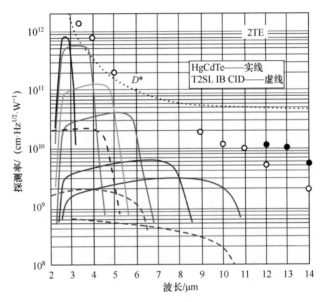

图 7.13　带两级 TE 制冷器的 HgCdTe 浸没式探测器的典型光谱探测曲线（实线）[15]
（测量得到 FOV 为 36° 时探测器实验数据（白圆点）最好。FOV = 2π 时计算得到
BLIP 探测率。黑点表示对带有四级 TE 制冷器的探测器的测量结果。为进行
比较，也列出三种 T2SL IB CID（非浸没式）的光谱探测率曲线（虚线））（见彩图）

　　用于单片浸没式 HgCdTe 探测器的透镜由对红外波段透过的 GaAs 衬底直接
制成。由于浸没设计，采用半球透镜的探测器光学面积明显增加了 n^2 倍，其中 n

是 GaAs 衬底的折射率。采用 GaAs 透镜,理论上探测率可以提高 n^2 倍,约为 10 倍。非浸没式 HgCdTe 探测器的探测率比图 7.13 所示的值约低一个数量级。因此,IB CID 的性能与 Peltier 制冷 HgCdTe 器件的性能相当。

图 7.14 所示为工作在 220K 至室温之间的结构设计不同的 T2SL 带间 CID 和 HgCdTe 光电探测器(主要是光电二极管)的实验测量所得到的响应时间。大多数零偏压 LWIR 光电二极管的响应时间都小于 10ns。在反向偏压下器件响应时间减少(具体数值小于 1ns)。通过比较看出,T2SL 级联探测器的响应时间与 HgCdTe 光电探测器的响应时间相当或更短。

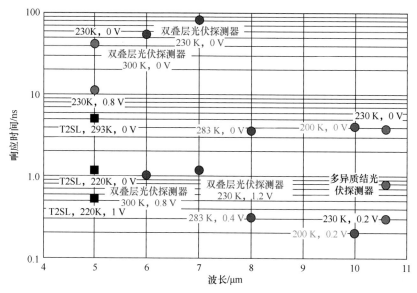

图 7.14 工作在 220~300K 的零偏压和反向偏压(图中标注)条件下 HgCdTe 光电二极管
和 T2SL MWIR 级联探测器的响应时间与波长的关系[15]

带间 QCID 具有复杂的级联探测器结构,在这种结构中每一子级载流子的扩散长度大大减小,这种设计特别适合高温工作的探测器。目前,带间 QCID 的性能与常规 HgCdTe 探测器的性能相当。然而,由于Ⅲ-Ⅴ族半导体的共价键强,QCID 可耐受的工作温度高达 400℃,而 HgCdTe 探测器达不到该工作温度。

可以预见,对量子级联器件的物理原理、结构设计及材料特性相关方面进行更深入的理解有助于提高 HOT 探测器的性能。此外,QCID 的分立结构可为控制载流子输运提供很大的灵活性,使器件能够高速工作,从而达到最大带宽。未来,有可能将带间 QCID 与有源元件(如激光器)单片集成,为基于量子器件的通信系统提供全新的途径。

参考文献

1. A. Gomez, M. Carras, A. Nedelcu, E. Costard, X. Marcadet, and V. Berger, "Advantages of quantum cascade detectors," *Proc. SPIE* **6900**, 69000J (2008) [doi: 10.1117/12.754215].
2. F. R. Giorgetta, E. Baumann, M. Graf, Q. Yang, C. Manz, K. Köhler, H. E. Beere, D. A. Ritchie, E. Linfield, A. G. Davies, Y. Fedoryshyn, H. Jäckel, M. Fischer, J. Faist, and D. Hofstetter, "Quantum cascade detectors," *IEEE J. Quantum Electron.* **45**, 1039–1052 (2009).
3. D. Hofstetter, F. R. Giorgetta, E. Baumann, Q. Yang, C. Manz, and K. Köhler, "Mid-infrared quantum cascade detectors for applications in spectroscopy and pyrometry," *Appl. Phys. B* **100**, 313–320 (2010).
4. A. Buffaz, M. Carras, L. Doyennette, A. Nedelcu, P. Bois, and V. Berger, "State of the art of quantum cascade photodetectors," *Proc. SPIE* **7660**, 76603Q (2010) [doi: 10.1117/12.853525].
5. Buffaz, A. Gomez, M. Carras, L. Doyennette, and V. Berger, "Role of subband occupancy on electronic transport in quantum cascade detectors," *Phys. Rev. B* **81**, 075304 (2010).
6. J. Q. Liu, S. Q. Zhai, F. Q. Liu, S. M. Liu, L. J. Wang, J. C. Zhang, N. Zhuo, and Z. G. Wang, "Quantum cascade detectors in very long wave infrared," *2014 Conference on Optoelectronic and Microlelectronic Materials & Devices (COMMAD)*, 14–17 Dec. 2014, Perth, Australia, pp. 127–129.
7. H. Schneider and H. C. Liu, *Quantum Well Infrared Photodetectors*, Springer, Berlin (2007).
8. R. Q. Yang, Z. Tian, Z. Cai, J. F. Klem, M. B. Johnson, and H. C. Liu, "Interband-cascade infrared photodetectors with superlattice absorbers," *J. Appl. Phys.* **107**, 054514 (2010).
9. Z. Tian, R. T. Hinkey, R. Q. Yang, D. Lubyshev, Y. Qiu, J. M. Fastenau, W. K. Liu, and M. B. Johnson, "Interband cascade infrared photodetectors with enhanced electron barriers and p-type superlattice absorbers," *J. Appl. Phys.* **111**, 024510 (2012).
10. N. Gautam, S. Myers, A. V. Barve, B. Klein, E. P. Smith, D. R. Rhiger, L. R. Dawson, and S. Krishna, "High operating temperature interband cascade midwave infrared detector based on type-II InAs/GaSb strained layer superlattice," *Appl. Phys. Lett.* **101**, 021106 (2012).
11. Z.-B. Tian and S. Krishna, "Mid-infrared interband cascade photodetectors with different absorber designs," *IEEE J. Quant. Electron.* **51**(4), 4300105 (2015).
12. H. Lotfi, L. Lu, H. Ye, R. T. Hinkey, L. Lei, R. Q. Yang, J. C. Keay, T. D. Mishima, M. B. Santos, and M. B. Johnson, "Interband cascade infrared photodetectors with long and very-long cutoff wavelengths," *Infrared Phys. & Technol.* **70**, 162–167 (2015).
13. J. V. Li, R. Q. Yang, C. J. Hill, and S. L. Chung, "Interbad cascade detectors with room temperature photovoltaic operation," *Appl. Phys. Lett.* **86**, 101102 (2005).
14. R. T. Hinkey and R. Q. Yang, "Theory of multiple-stage interband photovoltaic devices and ultimate performance limit comparison of

multiple-stage and single-stage interband infrared detectors," *J. Appl. Phys.* **114**, 104506 (2013).

15. W. Pusz, A. Kowalewski, P. Martyniuk, W. Gawron, E. Plis, S. Krishna, and A. Rogalski, "Mid-wavelength infrared type-II InAs/GaSb super-llatice interband cascade photodetectors," *Opt. Eng.* **53**(4), 043107 (2014) [doi: 10.1117/1.OE.53.4.043107].

16. H. Lotfi, L. Lin, L. Lu, R. Q. Yang, J. C. Keay, M. B. Johnson, Y. Qiu, D. Lubyshev, J. M. Fastenau, and A. W. K. Liu, "High-temperature operation of interband cascade infrared photodetectors with cutoff wavelengths near 8 μm," *Opt. Eng.* **54**(6), 063103 (2015) [doi: 10.1117/1.OE.54.6.063103].

17. L. Lei, L. Li, H. Ye, H. Lotfi, R. Q. Yang, M. B. Johnson, J. A. Massengale, T. D. Mishima, and M. B. Santos, "Long wavelength interband cascade infrared photodetectors operating at high temperatures," *J. Appl. Phys.* **120**, 193102 (2016).

18. J. Piotrowski and A. Rogalski, *High-Operating Temperature Infrared Photodetectors*, SPIE Press, Bellingham, Washington (2007) [doi: 10.1117/3.717228].

19. J. Piotrowski, P. Brzozowski, and K. Jóźwikowski, "Stacked multi-junction photodetectors of long-wavelength radiation," *J. Electron. Mater.* **32**, 672–676 (2003).

20. P. Martyniuk, J. Antoszewski, M. Martyniuk, L. Faraone, and A. Rogalski, "New concepts in infrared photodetector design," *Appl. Phys. Rev.* **1**, 041102 (2014).

21. H. Lotfi, R. T. Hinkey, L. Li, R. Q. Yang, J. F. Klem, and M. B. Johnson, "Narrow-bandgap photovoltaic devices operating at room temperature and above with high open-circuit voltage," *Appl. Phys. Lett.* **102**, 211103 (2013).

22. W. E. Tennant, D. Lee, M. Zandian, E. Piquette, and M. Carmody, "MBE HgCdTe Technology: A very general solution to IR detection, described by 'Rule 07,' a very convenient heuristic," *J. Elect. Mat.* **37**, 1406 (2008).

23. Z.-B. Tian, S. E. Godoy, H. S. Kim, T. Schuler-Sandy, J. A. Montoya, and S. Krishna, "High operating temperature interband cascade focal plane arrays," *Appl. Phys. Lett.* **105**, 051109 (2014).

第8章 红外辐射与探测器耦合

对于光电探测器，有多种不同的光耦合技术可以提高探测器的量子效率[1]。一种用于薄膜太阳能电池的方法值得关注[2-3]，可以应用到红外光电探测器制备技术上。通常，这些光吸收增强方法可分为以下四种：光学聚焦、光学抗反射结构、光程增加和光域限制，如图 8.1 所示。

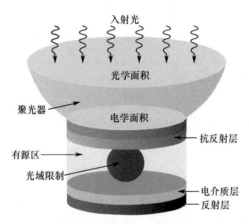

图 8.1 在光电探测器中采用各种吸收增强方法：光学聚光器、抗反射结构、光程增加结构（腔长增加）和光域限制结构

🔴➤8.1 标准耦合方法

由于用于制备光电探测器的半导体材料折射率高，使得器件表面的反射系数增大。采用抗反射结构可使器件表面的反射减至最小。增强吸收最简单的方法是采用后置反射镜技术使红外辐射被二次吸收。对薄膜型器件而言，基于光干涉现象，采用多种光学谐振器结构，使其在光电探测器内形成谐振腔，可以大大提高量子效率[1,4]。最简单的方法是使半导体后部高反射表面反射的波和前表面反射的波之间发生干涉，并通过选择半导体厚度变化在结构中形成驻波，波峰在前表面，波节在后表面。量子效率随着结构的厚度而振荡，峰值对应的厚度为 $\lambda/4n$ 的奇数倍，其中 n 是半导体材料的折射率。量子效率增益随 n 的增大而增加。利用干涉效应，即使对于低吸收系数的长波辐射，光电探测器也可以实现强烈但很不均匀的吸收。

另一种提高红外光电探测器性能的方法是采用合适的聚光器结构来聚集入射的红外辐射。与实际物理尺寸相比，这种方法增加了探测器的表观"光学"尺寸，获得的聚光效率可定义为光学面积与电学面积之比，再减去吸收和散射的损耗。

上述方法应以不减小光电探测器的入射角为前提，或者以保证红外系统的快速光学系统所需极限角为最低限度。该方法可以采用多种适合的光学聚光器，包括光锥、锥形光纤，以及其他类型的反射、衍射和折射光学聚光器[5]。

采用各种浸没式透镜是实现有效辐射会聚的方法。这些透镜可大致分为折射、反射和衍射元件，也可以采用混合元件的方案。这些透镜的例子如图 8.2 所示。在可见光波段应用广泛的 CCD 和 CMOS 有源像素成像器件一般采用将微透镜与探测器单片集成的方法，当入射光精确地入射至每个像素上时，透镜将其会聚到光敏区，如图 8.2（a）所示。当填充因子较低时，如果不使用微透镜，落在其他区域的光或者损失，或者在某些情况下通过在有源电路中产生电流而在成像时形成伪像。非制冷红外阵列传感器微透镜的概念示例如图 8.2（b）所示[6]。

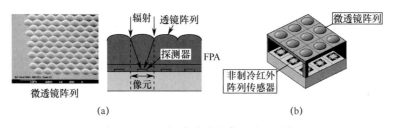

图 8.2　用于红外阵列传感器的微透镜

（a）微透镜 FPA 的显微照片和截面图；（b）带微透镜的非制冷红外阵列传感器概念图。

半球形浸没透镜的工作原理如图 8.3 所示。探测器位于浸没透镜的曲率中心，透镜将入射光会聚至探测器上产生图像，图像位于探测器平面上，不会产生球面或彗形像差（消球面差成像）。由于采用浸没式透镜，探测器的表观线性尺寸增加了 n 倍。半球形浸没式透镜可以与光学成像系统的物镜结合使用，如图 8.3（b）所示。由图可以看出，浸没式透镜起到场镜的作用，增大了光学系统的 FOV。

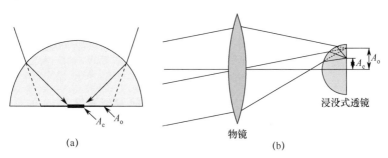

图 8.3　（a）光学浸没透镜的工作原理；（b）带有物镜和浸没透镜的光学系统的光路[5]

透镜的压缩会聚极限主要由拉格朗日不变量（$A\Omega$ 乘积）和消球差系统的正弦条件确定[5]。空气介质中探测器的物理尺寸和表观尺寸关系式为

$$n^2 A_e \sin\theta' = A_o \sin\theta \tag{8.1}$$

式中：n 为透镜的折射率；A_e 和 A_o 分别为探测器的物理尺寸和表观尺寸；θ 和 θ' 分别为折射前透镜和像平面处的边缘光线角度。因此，有

$$\frac{A_o}{A_e} = n^2 \frac{\sin\theta'}{\sin\theta} \tag{8.2}$$

对于半球形透镜，边缘光线角度为 90°。因此，透镜可实现 n^2 倍的光敏元等效面积增益，用作消球差透镜的超半球透镜可以获得较大的面积增益[5]，使线性探测器等效尺寸显著增加了 n^2 倍。在这种情况下，像平面会产生移动。

另一种方法是采用复合抛物面聚光器（CPC，也称为 Winston 收集器或 Winston 锥）[7-8]。QinetiQ 公司已经开发出一种干法刻蚀微加工技术，用来制备探测器和发光器件的锥形聚光器[9-10]。

如上所述，将红外辐射与探测器有源区进行耦合最简单的方法是把反射镜制作在探测器的背面，使通过有源区的光程加倍。目前也可采用更加复杂的技术，包括采用带有反射壁的各种腔以及表面结构化，这些方法属于陷光方法。纳米光子学的出现使得陷光成为可能，例如可以利用等离子体纳米复合材料进行亚波长光域限制。一些金属 - 介电结构使得在远小于工作波长的尺寸上进行光域限制成为可能。

光电子相关材料科学的进步，如超材料和纳米结构，已经为新的非经典方法进行相关器件设计打开了大门，这些方法有望为更广泛的应用提供性能提升和成本降低。在 20 世纪 50 年代 Ritchie 的开创性工作之后，表面等离子体在表面科学领域的作用成为广泛的共识[11]。易操作性为等离子体技术应用于光子学和光电子学提供了机会，使光电器件缩小至纳米尺寸。这是第一次真正在纳米尺寸级别实现对光的控制。此外，等离激元利用金属的介电常数很大（有些情况下为负介电常数）的特点来压缩波长和增强金属导体附近的电磁场。将光耦合到半导体材料中仍然是具有挑战性和具有活力的研究课题。微米和纳米结构表面已成为无增透膜条件下提高宽带探测器光吸收和性能所广泛使用的方法。

下面将详细介绍上述光电探测器增强的方法。

8.2 等离子体耦合方法

采用等离子体结构新技术方案为光电探测器的发展开辟了新的道路[12-16]。红外等离激元的目标是提高给定体积探测器材料的光吸收。如 1.4 节所述，探测器体积小则噪音低，吸收大则输出信号强。这种方法可使探测器结构小型化，尺寸可远小于目前器件的尺寸。等离子体材料的选择与对等离子体器件或结构的最

终应用都具有重要意义。采用表面等离激元激发的结构和材料可能在下一代光互连和传感技术中发挥关键作用。

8.2.1　表面等离子体

等离子体是电导材料中量子化的电子密度波。体内等离子体为纵向激发，而表面等离子体（SP）具有纵向和横向分量[12]，频率低于该材料等离子体激发频率（即等离子频率）的光被材料表面反射，而高于等离子体频率的光被透射。平面上的表面 SP 是非辐射电磁模式，既不能直接由光产生，也不能自发衰变成光子。但是，如果表面粗糙或表面有光栅，或以某种图形方式出现，那么等离子频率附近的光可与表面等离子体强烈耦合，产生所谓的极化子，或表面等离极化激元（SPP）。SPP 是一种横向磁性光学表面波，可以沿着金属表面传播，直到能量在金属中被吸收或辐射进入自由空间而消失。

在最简单的形式中，SPP 是一种电磁激发（电磁场/电荷密度振荡耦合），其沿着金属和电介质之间的平界面以类波方式传播，强度大小随着界面到每个介质的距离增加呈指数衰减。因此，SPP 是一种表面电磁波，其电场被限制在介电 – 金属界面附近。这种限制使材料界面处的电场增大，使得 SPP 对表面条件非常敏感。SPP 固有的二维特性阻止其与光直接耦合。一般情况下，需要在材料表面制备金属光栅来使法向入射光激发 SPP。此外，由于 SPP 的电磁场具有随着距表面距离的增加呈指数衰减的特性，因此在常规（远场）实验中无法看到，只有 SPP 通过与表面光栅的互作用而转换成光才能被观测到。

沿着金属 – 电介质界面传播的电磁波和表面电荷示意图如图 8.4 所示。电荷密度振荡和相关电磁场中包含有 SPP 波。局部场分量在表面附近增大，并在垂直于界面的方向上随距离增加呈指数衰减。

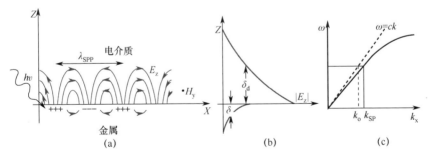

图 8.4　（a）金属和介电材料界面处的电磁波和表面电荷示意图；（b）局部电场分量在表面附近增大，并在垂直于界面方向上随距离增加呈指数衰减；（c）SP 模式的色散曲线

表面电荷密度和电磁场之间的互作用导致 SP 模式 $\hbar k_{SP}$ 的动量比相同频率 $\hbar k_{o}$（$k_o = \omega/c$ 为自由空间波矢量）时的自由空间光子动量大得多，如图 8.4（c）所示。在适当的边界条件下求解麦克斯韦方程可得到 SP 色散关系式，它是与频

率有关的 SP 波矢[17]，为

$$\boldsymbol{k}_{\mathrm{SP}} = \boldsymbol{k}_{\mathrm{o}} \left(\frac{\varepsilon_{\mathrm{d}}\varepsilon_{\mathrm{m}}}{\varepsilon_{\mathrm{d}} + \varepsilon_{\mathrm{m}}} \right)^{1/2} \tag{8.3}$$

如果在上述金属－电介质界面这种界面处存在 SP，则与频率相关的金属材料介电常数 ε_{m} 和介电材料的 ε_{d} 必须符号相反。金属材料满足这个条件，因为金属材料的 ε_{m} 是负的，且为复数（虚数部分对应金属的吸收）。$\hbar k_{\mathrm{SP}}$ 动量增大与表面对 SP 的束缚有关（如果用光产生 SP，则需要解决相同频率光和 SP 之间动量失配的问题）。

与 SP 沿表面传播特性相反，垂直于表面的电场场强呈现随距表面距离增加而呈指数衰减的特性。非辐射 SP 受束缚阻止了功率从表面传播出去，因此这种垂直于表面的场本质上是倏逝波。

由于金属吸收引起的损耗，SP 模式在平坦金属表面上传播时强度逐渐衰减。可以从 SP 色散公式得到传播长度 δ_{SP}[18]，即

$$\delta_{\mathrm{SP}} = \frac{1}{2k_{\mathrm{SP}}''} = \frac{\lambda}{2\pi} \left(\frac{\varepsilon_{\mathrm{m}}' + \varepsilon_{\mathrm{d}}}{\varepsilon_{\mathrm{m}}'\varepsilon_{\mathrm{d}}} \right)^{3/2} \frac{(\varepsilon_{\mathrm{m}}')^2}{\varepsilon_{\mathrm{m}}''} \tag{8.4}$$

式中：k_{SP}'' 为复数 SP 波矢 $\boldsymbol{k}_{\mathrm{SP}} = \boldsymbol{k}_{\mathrm{SP}}' + \mathrm{i}k_{\mathrm{SP}}''$ 的虚部；$\varepsilon_{\mathrm{m}}'$ 和 $\varepsilon_{\mathrm{m}}''$ 分别为金属介电函数 $\varepsilon_{\mathrm{m}} = \varepsilon_{\mathrm{m}}' + \mathrm{i}\varepsilon_{\mathrm{m}}''$ 的实部和虚部。传播长度与金属的介电常数和入射波长有关。

最先被研究的是可见光波段的 SP。对等离激元的绝大多数研究集中在光学频率范围中波长较短的谱段。在可见光范围内，银是 SP 损耗最低的金属，SP 的传播距离通常在 $10 \sim 100\mu\mathrm{m}$。此外，对于更长的入射波长，例如 $1.55\mu\mathrm{m}$ 近红外通信波长，银的传播长度增加到 $1\mathrm{mm}$。对于如铝等吸收较高的金属，在波长 $500\mathrm{nm}$ 时传播长度为 $2\mu\mathrm{m}$[14]。

常见普通金属（如金或银）在蓝光或深紫外波长范围内有等离子体谐振特性。最近，研究工作已扩展到红外波长范围。然而，当等离子体谐振波长从可见光范围扩展到红外波长范围内时，带有圆孔阵列的金属膜通常不透明。在波长小于 $10\mu\mathrm{m}$ 的红外范围没有可用的金属存在等离子体谐振①。此外，与高质量外延生长的半导体或电介质相比，由于沉积技术制备的金属材料质量低，所以等离子体结构与探测器有源区的集成在本质上并不兼容。因此，等离子体的许多固有特性可能被质量差的金属或半导体－金属界面所掩盖。另外，由于给定金属的等离子谐振频率是固定的，导致难以实现波长可调。因此，研究人员提出金属的其他替代方案，如高掺杂半导体 InAs/GaSb 双层结构[16,19]。

图 8.5 所示为可见光和红外波长之间的表面增强吸收差异。如图 8.5（a）所示，SPP 的光场在可见波长范围内时被紧密束缚在材料表面，

---

① 译者注：随着超材料、超表面结构的研究不断取得进展，目前已有金属材料可实现 $10\mu\mathrm{m}$ 波长以下等离子体谐振。

但在中红外波段时被束缚强度较弱。具有凹槽或圆孔的金属表面可以产生泄漏的波导（人工表面等离子体）或者可以将光耦合到介电波导中，如图 8.5（b）所示。这种有效的方法是基于金属表面较深的亚波长间距的光栅[20]。这种光栅设计不仅使得光可在光栅中谐振，而且能够将光牢固束缚，可用于提高 QWIP 和 QDIP 红外探测器的性能[21-22]。

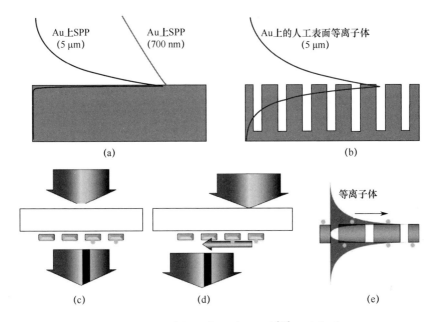

图 8.5　SP 的光场和表面增强吸收[13]（见彩图）

（a）SPP 的光场在可见光波长（700nm，绿色）紧密束缚在材料表面，但在中红外波长（5μm，蓝色）束缚较弱；（b）在波长 5μm 时金上的人工表面等离子体的光学场，表明束缚强（红色）；（c）岛状金岛上的化学物质（浅蓝色点）的吸收比非结构化衬底的吸收更多；（d）采用 SP 来增强吸收；（e）圆孔阵列中的 SP 增强的红外吸收。束缚在表面的等离子体与沉积在圆孔阵列内的分子相互作用。

　　由于在等离子体组成材料内部有损耗，目前无线电通信和光学频率范围等应用领域的等离子体器件面临重大挑战。这些损耗严重限制了这些金属的很多实际应用。除了传统等离子体材料（贵金属）之外，还研究了具有红外等离子体波长的新型材料体系，如过渡金属氮化物、透明导电氧化物（TCO）和硅化物[16,23-24]。TCO 被证明是有效的红外谱段等离子体材料，而过渡金属氮化物可延伸至可见光谱。材料的载流子浓度和载流子迁移率是决定导电材料光学特性的两个重要参数，可以根据这两个重要参数将材料分成不同类型，如图 8.6 所示。在等离激元中，载流子浓度需要足够高以提供电介质介电常数的负实部。另外，还要求可通过载流子浓度变化调节材料的介电常数。载流子迁移率较低表明阻尼损耗较高，因此材料损耗也较高。

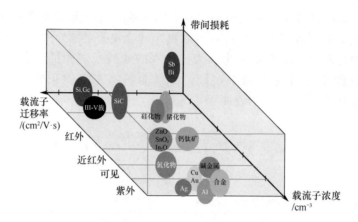

图 8.6 可用于等离子体和超材料应用的材料[24]

（材料的重要参数如载流子浓度（半导体的最大掺杂浓度）、

载流子迁移率和带间损耗等形成不同应用的最佳相空间。圆形

代表带间损耗低的材料，椭圆形代表电磁频谱中带间损耗较大的材料）（见彩图）

8.2.2　红外探测器的等离激元耦合

人们可以采用不同结构得到金属 – 电介质结构上的 SPP。这些结构包括平面金属波导、金属光栅、纳米岛/纳米球/纳米棒和纳米天线等纳米粒子，或通过金属膜中一个或多个亚波长圆孔结构实现光学传输。但是，将上述潜在前景良好的结构变为现实仍然存在很大的技术挑战。

图 8.7 所示为三种增强探测器光响应普遍采用的几何结构：图 8.7（a）为光栅耦合器结构，将入射光转换为 SPP，聚焦至小尺寸探测器内；图 8.7（b）为小尺寸探测器上的纳米粒状天线结构；图 8.7（c）为金属光子晶体结构，可以增强光响应。天线或谐振器可以增强光响应，或者使探测器具有特定工作波长和偏振等响应特性。

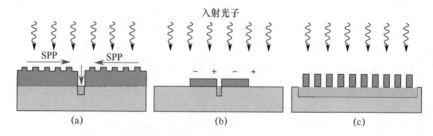

图 8.7　等离子体增强探测器的不同结构

（a）光栅耦合器将产生的 SPP 聚焦在小尺寸探测器内；（b）小尺寸探测器
上的纳米粒子天线结构；（c）金属光子晶体结构。

第一种结构涉及纳米级半导体光电探测器。小光敏面光电探测器的优点是噪声水平低、结电容小和具有高速工作的潜力。但是，由于相同光功率密度下半导体探测器的有效面积减小，因此光电探测器的输出信号较小。纳米天线离光电探测器有源材料很近，可以利用聚焦的等离子体场[25]。纳米天线的作用是将自由空间平面波无反射地转换至带有图形化金属结构的表面等离激元。利用类天线结构将入射辐射耦合到表面等离激元，这是在太赫兹探测器中普遍采用的技术[26]。

图 8.7（b）表示纳米级集成探测器结构，通过局部等离激元谐振增强光响应。谐振天线可以将强光场限制在亚波长范围内。这种结构设计使得高度受限的光场与光电探测器的有源区重叠，采用 SPP 或局部表面等离激元（LSPP）共振可大幅增强光电流。

LSPP 是束缚在小金属颗粒或纳米结构中的电荷振荡。这些振荡可以用金属球中电荷位移来表示。例如，对于电介质中的金属球，金属内部的电场通过静电场近似表示为

$$E_{in} = \frac{3\varepsilon_d E_o}{\varepsilon_m + 2\varepsilon_d} \tag{8.5}$$

式中：E_o 为远离金属球的电场。忽略式（8.5）中相对介电常数的虚部，很明显，$\varepsilon_m = -2\varepsilon_d$ 时金属球内的电场是发散的，这导致金属球外表面的电场大幅增强（实际上会受到 ε_m 虚部的限制）。从式（8.5）分母可以清楚地看出，共振会受到金属和电介质散布的限制。

增强光电探测器光响应的第三种结构如图 8.7（c）所示。通过在探测器有效面积上附加金属光子晶体（PC），或者以周期性方式设计探测器形成 PC 结构来增强光响应。将谐振结构集成到探测器中可以增加入射光和半导体有源区之间的相互作用长度。这种结构设计对吸收距离长的薄膜半导体探测器有重要意义。

由于吸收系数与波长有很大关系，因此，对于给定的探测器材料，能够产生较大光电流的波长范围受到限制。由于量子效率下降，宽带吸收通常不充分。采用 PC 结构周期性进行折射率调制的研究使得几种控制光的新方法成为可能。大多数这样的现有器件都采用二维 PC 结构，其制备过程可与标准半导体工艺兼容[28-30]。

光子晶体由规则的圆孔（缺陷）阵列组成，它能改变材料的局部折射率，使"光子"带结构具有局域模式，如图 8.8 所示。在工艺中通过去除单个圆孔形成光子能量阱，类似于量子线结构中的电子势阱。材料折射率的周期性变化使光子产生布拉格散射，从而在面内光子色散关系中建立禁带能隙。PC 具有光栅效应，可将法向入射的辐射"衍射"到面内方向。此外，$\lambda/2$ 高折射率波导平板还可以用于在垂直方向上捕获通过空气–波导平板界面处反射的内部光子。因此，采用二维 PC 的布拉格反射和内部反射相结合可以实现三维限制的光学模式。

图 8.9 所示为 SPP 红外探测器的设计示意图，它可以通过采用附近的掩埋式量子探测器对结构化表面传输的增强倏逝波进行近场探测（其距离远小于入射电磁场的波长）。

金属 PC 器件设计以及样品结构截面示意图如图 8.10 所示[30]。PC 为在

100nm 厚的 Au 膜上刻蚀周期尺寸为 3.6μm 的圆孔组成的方形阵列，圆孔直径为 1.65 ± 0.05μm。该圆孔阵列在反向和正向偏压时分别耦合到 11.3μm 和 8.1μm 的表面等离子体波，应用于 InAs 量子点红外光电探测器时获得最高的探测率（提高了 30 倍）。

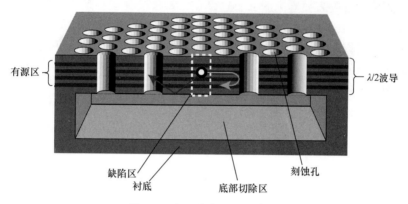

图 8.8　光子晶体微腔的截面图

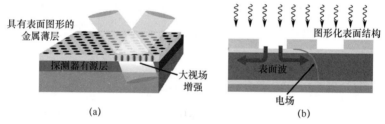

图 8.9　SPP 增强型红外探测器的概念设计（见彩图）

(a) 全视图；(b) 截面图。

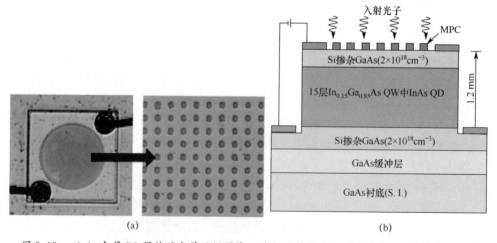

图 8.10　(a) 金属 PC 器件的光学显微图像，放大倍数为 16，显示金属 PC 器件的细节，圆孔周期为 3.6μm；(b) 金属 PC 器件的截面示意图[30]

　　通过将量子点限制在波导结构中并采用金属光栅耦合器，可以使探测器对光吸收显著增加，图 8.11 所示为金属 PC QDIP 和参考器件在 - 3.0V 和 3.4V 时的低温（10K）光响应特性[30]。图中的箭头表示参考器件，在 - 3.0V 和 3.4V 情况下均具有较宽的响应曲线，峰值都不明显。施加电压引起响应峰移动的特性可以解释为量子限制的斯塔克（Stark）效应。另外，金属 PC 器件随偏压变化的光谱响应与参考器件完全不同，表现在峰值波长，特别是响应强度方面。光谱响应曲线在相同波长有四个峰，但随着偏压变化响应峰值发生变化。11.3μm 处的峰比参考器件的峰值大得多，是反向偏压引起的最强响应峰；而 8.1μm 处其峰值比正偏压下的其他峰值都强，剩余的 5.8μm 和 5.4μm 处两个峰值相对较弱。

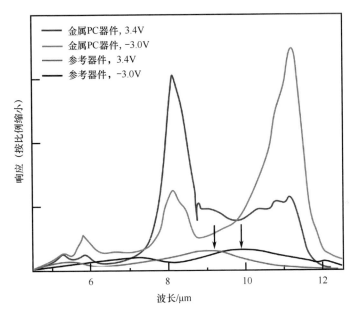

图 8.11　10K 温度、- 3.0V 和 3.4V 条件下，参考器件（底部两个光谱，箭头表示每个光谱的最高峰）和金属 PC 器件（另外两个较高响应率的光谱）的光谱响应曲线[30]（见彩图）

　　以上方法的优点是易集成到目前红外传感器的 FPA 制作工艺中，可以采用传统的光学光刻技术得到响应波长 8 ~ 10μm 的直径为 2 ~ 3μm 的圆孔。在 PC 器件中引入单元或多元缺陷直接进行修饰，可以选择性提高特定能量光子的响应。因此，通过改变缺陷尺寸可以改变谐振波长，从而在 FPA 的每个像元构建光谱单元。这种技术将对多光谱成像和高光谱成像探测器的发展产生革命性的影响。

　　一种重要的二维 PC 结构类型是光子晶体平板（PCS），由二维的周期性调制介电结构组成，它的第三维具有折射率导向特性，图 8.12（a）所示为 PCS - QWIP 结构[31]。对 PC 结构进行欠刻蚀，通过选择性去除 AlGaAs 牺牲层得到独立的 PCS，最终器件的示意图如图 8.12（b）所示。PCS-QWIP 的峰值响应较宽，但光谱曲线中有几个明显的共振峰。

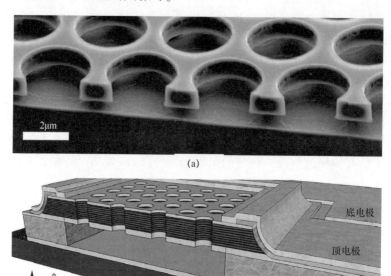

图 8.12　PCS-QWIP 结构的设计[31]

（a）切开的 PCS 的 SEM 照片；（b）PCS-QWIP 结构的截面示意图。

最近，Qiu 等[32]研究了二维金属圆孔阵列参数（圆孔阵列的周期为 p，圆孔直径为 d，金属膜厚为 t）对 InAsSb 红外探测器的等离子体增强作用，采用三维时域有限差分（FDTD）方法计算了亚波长圆孔阵列的传输性能。图 8.13 为在 InAsSb 探测器有源层上面制作二维圆孔阵列（2DHA）的截面图和俯视图。

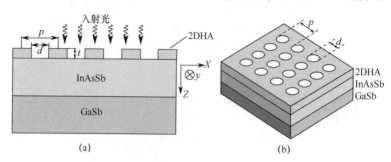

图 8.13　二维圆孔阵列的截面图和俯视图[32]

（a）截面图；（b）俯视图。

在理论计算中，圆孔直径 d 固定为 $0.46\mu m$，金属膜由厚度为 $t = 20nm$ 的 Au 制成，周期尺寸在 $0.72 \sim 1.12\mu m$ 之间变化，其他参数保持不变。光源沿 z 方向正入射，在 x 方向偏振，波长为 $1.5\sim6.5\mu m$。

理论计算圆孔阵列的主峰传输效率如图 8.14 所示，当圆孔直径固定为 $d = 0.46\mu m$，或周期尺寸固定为 $p = 0.92\mu m$ 时，传输效率具有峰值。由图可知，在谐振波长下，最大传输效率约为 3.85，表明传输的光比直接碰撞进入圆孔区域的光多得多。当圆孔直径约为周期尺寸的一半时，传输效率达到最大。

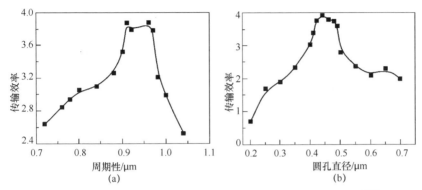

图 8.14　二维圆孔阵列传输效率随周期性及圆孔直径变化曲线[32]

(a) 传输效率与周期性 p 的关系（$d = 0.46\mu m$）；

(b) 传输效率与圆孔直径 d 的关系（$p = 0.92\mu m$）

Rosenberg 等研究了[21]利用单金属或双金属等离激元波导制备中红外光电探测器的等离激元光子晶体谐振器，其具有良好的频率和极化选择性，可用于高光谱和超极化探测器。通过适当按比例缩小光子晶体圆孔和波导宽度，这种谐振器还可以得到优化，可用于从太赫兹到可见波段的任何波长。图 8.15 所示为双金属等离子体光子晶体谐振器 FPA 的结构示意图，只是顶部金属光子晶体光刻步骤与混合阵列的标准制作工艺稍有不同。

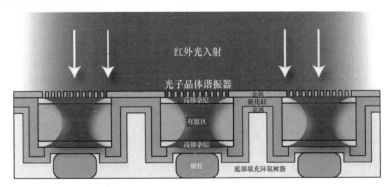

图 8.15　谐振双金属等离子体光子晶体 FPA 的设计示意图[21]（见彩图）

8.3　陷光探测器

式（1.10）表明，减小探测器有源区体积可以提高红外探测器性能。本节中，重点讨论通过陷光（PT）概念减小探测器材料体积，从而在不降低量子效率的情况下实现暗电流降低。图 8.16 显示了体积减小对量子效率和 NETD 的影响[33-34]，采用 HgCdTe（其组分 $x \approx 0.3$）和填充材料的方法合成基于包括 Bruggeman 有效介质的简单一阶模型[35]，用有效材料体积除以单元总体积计算探测器的填充因子。由图 8.16 可以看出，探测器的单元总体积减小（填充因子增大）时，探测器的量子效率增大并且 NETD 值通常减小，从而提高了探测器的性能，直至光子收集效率下降的速度快于噪声下降的临界点。跨过临界点后探测器整体性能逐渐降低，在被测器件中可看到模型揭示的这种趋势。

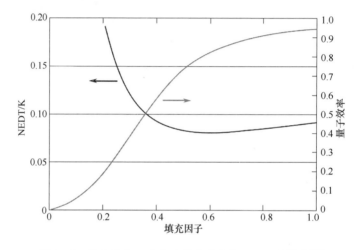

图 8.16　单元总体积减小对量子效率和 NETD 的影响[33]

研究人员已在 II-VI[33-34,36] 和 III-V[36-39] 族外延材料中验证了陷光型探测器方法。在实验中，研究人员设计了单个探测器内亚波长尺寸的半导体柱状阵列，采用自上而下或自下而上的工艺构建三维光子结构探测单元，用以大幅提高光吸收效率和探测器的量子效率。亚像元结构可以是金字塔形、正弦形或矩形等不同形状[37]。例如，图 8.17 所示为不同体积填充因子的柱状和圆孔陷光结构。这些

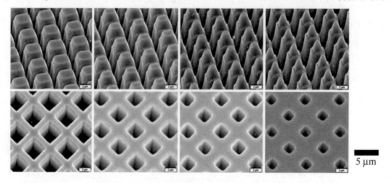

图 8.17　用于傅里叶变换红外（FTIR）演示的、具有不同填充
因子光子晶体场的 HgCdTe 陷光微结构图[33]

样品是在 Si 基衬底上采用 MBE 生长的 HgCdTe 外延层上制备，300K 工作温度下时的截止波长为 5μm。

理论计算表明，与非 PT 阵列相比，PT 阵列的光学串扰稍高，但扩散串扰很小，表明在串扰方面 PT 阵列比非 PT 阵列的器件性能明显更好，特别是对于小间距探测器阵列[40]。此外，利用点扫描阵列计算的 MTF 表明，与非 PT 结构相比，PT 结构有更好的分辨能力。因此，探测器阵列技术朝着像元尺寸减小的方向发展，PT 结构是一种未镀增透膜情况下减少扩散串扰和提高量子效率的有效手段。

柱状结构的 FDTD 模拟结果表明柱状结构间存在共振，并证实陷光技术通过全内反射可有效地充当波导，将入射能量从被去除的孔洞区域引导到剩余的吸收材料中。图 8.18 所示为单个 HgCdTe 柱和柱下方相邻的吸收层最上部分的光波振荡速率与 0.5 ~ 5.0μm 波长范围内不同波长之间的关系[41]。在 0.5μm 波长处，光波振荡集中在柱的边缘，随着波长增加，光波振荡区逐渐延伸到柱中；在 5.0μm 处，柱尖的光波振荡很少，大量的光波振荡发生在柱中和吸收层。研究人员已经发现吸收增强与陷光结构柱的晶格类型的关系很小，但晶格周期对吸收增强影响很大[42]。

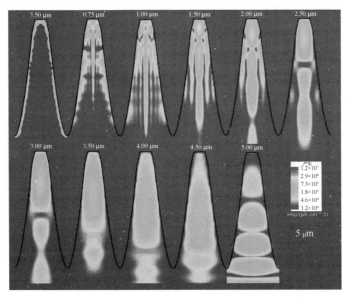

图 8.18　计算得到在 0.5 ~ 5.0μm 波长范围内用平面波背光照 HgCdTe 柱状陷光结构的光学产生分布图[41]（如图 8.17 所示，该柱是二维 HgCdTe 柱状阵列中的一个）（见彩图）

实验证明，单元体积减小可以提高探测器器件性能，并使探测器阵列能够在更高的温度下工作。研究人员已开展制备工艺的改进，开发出独特的自对准金属接触工艺和先进的步进式光刻技术，以实现先进的陷光结构探测器设计所需的关键尺寸和多次光刻，并在探测器单元内实现更小的结构。图 8.19 所示为一种先进六边形光子晶体设计，在标准的 30μm 台面上制备间距为 5μm 的圆孔。与没有陷光结构的台面相比，在 200K 时，截止波长为 4.3 ~ 5.1μm 的大规格 MBE

HgCdTe/Si 外延晶圆阵列性能得到提高，在 180K 和 200K 工作时测量得到的
NETD 分别为 40mK 和 100mK，有效像元率很高[34]。

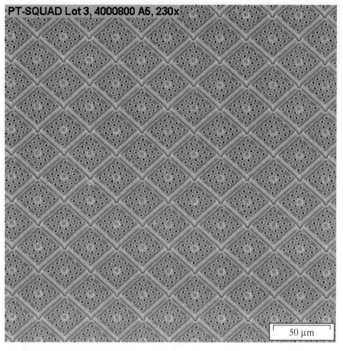

图 8.19　标准台面中，MBE 生长的 HgCdTe/Si MWIR 512×512 元阵列，
30μm 像元间距，每个像元中包含 5μm 间距光子晶体圆孔[34]

在 GaAs 衬底上用 InAsSb 吸收层代替 HgCdTe 吸收层可制作低成本、大规格
MWIR HOT FPA 阵列。Souza 及其同事[37-39] 已研究了工作在高温（150～200K）
下可见光至中波（0.5～5.0μm）的宽带 PT InAsSb 探测器，具有低暗电流和高
量子效率。

Souza 及其同事在晶格失配的 GaAs 衬底上生长了 200K 时截止波长 5.25μm
的 $InAs_{0.82}Sb_{0.18}$ 三元合金。为了对比探测器的性能，他们制备了包含体内吸收层
结构和金字塔形陷光结构的 128×128 元（60μm 像元尺寸）以及 1024×1024 元
（18μm 像元尺寸）探测器阵列。这种探测器的创新设计是金字塔形 PT InAsSb 结
构与势垒器件结构相结合，通过减小吸收区体积来抑制 G-R 暗电流和扩散电流。
窄带隙吸收层中不存在无耗尽区，使得势垒型探测器不受位错和其他缺陷的影响，
可以在晶格失配的衬底上进行生长，同时减少失配位错产生的过剩暗电流，通过穿
过接触层直至阻挡层的刻蚀工艺，就能非常简单地形成像素阵列。图 8.20（a）所
示为 200K 温度工作时截止波长 5μm 的 nBn 探测器结构，在 n 型 InAsSb 吸收层
中构建 AlAsSb 势垒层和金字塔形吸收结构。光学模拟结果显示，设计的金字塔
形结构使反射最小，并使整个 0.5～5.0μm 光谱范围内的吸收率大于 90%，如
图 8.20（b）所示，同时吸收区体积减小至原有的 1/3。

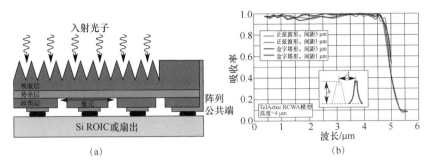

(a)　　　　　　　　　　　(b)

图 8.20　InAsSb/AlAsSb 材料体系中的陷光结构 nBn 探测器

（a）带有金字塔形吸收层的探测器结构[37]；（b）宽带探测器响应的光学模拟[36]。

图 8.21 所示为 4.5μm 高的金字塔形结构的 SEM 俯视和侧视照片，该结构是 GaAs 衬底上的 InAsSb nBn 型探测器，相邻金字塔的间距小于 0.5μm，金字塔下面的 InAsSb 层的厚度仅为 0.5μm。3in 晶圆上每个芯片代表一个 18μm 间距 1024 × 1024 元 FPA。在金字塔刻蚀工艺完成后，将晶圆翻转，并用环氧树脂将晶圆临时粘到另一个 3in 处理基片上，然后用高刻蚀速率和高选择性 ICP 干法刻蚀工艺去除 600μm 厚的 GaAs 衬底。

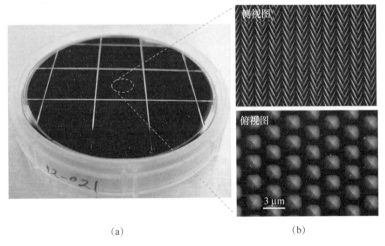

(a)　　　　　　　　　　　(b)

图 8.21　（a）3in 衬底上制作的交错金字塔形结构的照片；

（b）交错金字塔形结构的 SEM 照片[38]

与带有体内吸收层的传统二极管相比，测得金字塔形结构二极管的暗电流密度是前者的 1/3，如图 8.22（a）所示，这个结果与吸收层结构体积减小得到的结果一致，可以得到高的探测率（大于 1.0×10^{10} cm·$Hz^{1/2}$·W^{-1}）和高的内量子效率（大于 90%）。测量得到的探测器响应光谱表明，交错金字塔形结构能够抑制由标准具效应（etalon effect，不同波长在光学元件多个表面间多次反射引起的相干噪声效应）导致的不同波长间光谱响应差异，使光谱响应更加平坦，

179

如图 8.22（b）所示。尽管探测器的金字塔形吸收区体积小，但在整个 $0.5 \sim 5.0\,\mu m$ 光谱范围内，内量子效率大于 80%，理论计算结果表明工作温度 200K 时探测率大于 $1.0 \times 10^{10}\,cm \cdot Hz^{1/2} \cdot W^{-1}$。

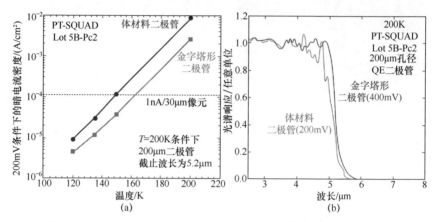

图 8.22　（a）不同温度下 nBn InAsSb 探测器与金字塔形探测器的暗电流密度比较；（b）二者的光谱响应比较[38]

参考文献

1. Z. Jakšić, *Micro and Nanophotonics for Semiconductor Infrared Detectors*, Springer, Heidelberg (2014).

2. S. J. Fonash, *Solar Cell Device Physics*, Elsevier, Amsterdam (2010).

3. G. Li, R. Zhu, and Y. Yang, "Polymer solar cells," *Nat. Photonics* **6**(3), 153–161 (2012).

4. M. S. Ünlü and S. Strite, "Resonant cavity enhanced photonic devices," *J. Appl. Phys.* **78**, 607–639 (1995).

5. J. Piotrowski and A. Rogalski, *High-Operating-Temperature Infrared Photodetectors*, SPIE Press, Bellingham, Washington (2007) [doi: 10.1117/3.717228].

6. R. Yamazaki, A. Obana, and M. Kimata, "Microlens for uncooled infrared array sensor," *Electronics and Communications in Japan*, **96**(2), 1–8 (2013).

7. R. Winston, "Principles of solar concentrators of a novel design," *Sol. Energy* **16**(2), 89–95 (1974).

8. R. Winston, "Dielectric compound parabolic concentrators," *Appl. Opt.* **15**(2), 291–293 (1976).

9. M. K. Haigh, G. R. Nash, N. T. Gordon, J. Edwards, A. J. Hydes, D. J. Hall, A. Graham, J. Giess, J. E. Hails, and T. Ashley, "Progress in negative luminescent Hg$_{1-x}$Cd$_x$Te diode arrays," *Proc. SPIE* **5783**, 376–383 (2005) [doi: 10.1117/12.603292].

10. G. J. Bowen, I. D. Blenkinsop, R. Catchpole, N. T. Gordon, M. A. C. Harper, P. C. Haynes, L. Hipwood, C. J. Hollier, C. Jones, D. J. Lees, C. D. Maxey, D. Milner, M. Ordish, T. S. Philips, R. W. Price, C. Shaw, and P. Southern, "HOTEYE: A novel thermal camera using higher

operating temperature infrared detectors," *Proc. SPIE* **5783**, 392–400 (2005) [doi: 10.1117/12.609476].

11. R. H. Ritchie, "Plasma losses by fast electrons in thin flms," *Phys. Rev.* **106**, 874–881 (1957).

12. S. A. Maier, *Plasmonic: Fundamentals and Applications*, Springer, New York (2007).

13. R. Stanley, "Plasmonics in the mid-infrared," *Nature Photonics* **6**, 409–411 (2012).

14. J. Zhang, L. Zhang, and W. Xu, "Surface plasmon polaritons: physics and applications," *J. Phys. D: Appl. Phys.* **45**, 113001 (2012).

15. P. Berini, "Surface plasmon photodetectors and their applications," *Laser Photonics Rev.* **8**, 197–220 (2013).

16. Y. Zhong, S. D. Malagari, T. Hamilton, and D. Wasserman, "Review of mid-infrared plasmonic materials," *J. of Nanophotonics* **9**, 093791 (2015).

17. J. R. Sambles, G. W. Bradbery, and F. Z. Yang, "Optical-excitation of surface-plasmons – an introduction," *Contemp. Phys.* **32**, 173–183 (1991).

18. H. Raether, *Surface Plasmons*, edited by G. Hohler, Springer, Berlin (1988).

19. Debin Li and C. Z. Ning, "All-semiconductor active plasmonic system in mid-infrared wavelengths," *Opt. Express* **19**(15), 147367 (2011).

20. P. Bouchon, F. Pardo, B. Portier, L. Ferlazzo, P. Ghenuche, G. Dagher, C. Dupuis, N. Bardou, R. Haidar, and J.-L. Pelouard, "Total funneling of light aspect ratio plasmonic nanoresonators," *Appl. Phys. Lett.* **98**, 191109 (2011).

21. J. Rosenberg, R. V. Shenoi, S. Krishna, and O. Painter, "Design of plasmonic photonic crystal resonant cavities for polarization sensitive infrared photodetectors," *Opt. Exp.* **18**(4), 3672–3686 (2010).

22. C.-C. Chang, Y. D. Sharma, Y.-S. Kim, J. A. Bur, R. V. Shenoi, S. Krishna, D. Huang, and S.-Y. Lin, "A surface plasmon enhanced infrared photodetector based on InAs quantum dots," *Nano Lett.* **10**, 1704–1709 (2010).

23. G. V. Naik, V. M. Shalaev, and A. Boltasseva, "Alternative plasmonic materials: Beyond gold and silver," *Adv. Mater.* **25**, 3264–3294 (2013).

24. J. B. Khurgin and A. Boltasseva, "Reflecting upon the losses in plasmonics and metamaterials," *MRS Bulletin* **37**, 768–779 (2012).

25. P. Biagioni, J.-S. Huang, and B. Hecht, "Nanoantennas for visible and infrared radiation," *Rep. Prog. Phys.* **75**, 024402 (2012).

26. K. Ishihara, K. Ohashi, T. Ikari, H. Minamide, H. Yokoyama, J.-I. Shikata, and H. Ito, "Therahertz-wave near field imaging with subwavelength resolution using surface-wave-assisted bow-tie aperture," *Appl. Phys. Lett.* **89**, 201120 (2006).

27. U. Kreibig and M. Vollmer, *Optical Properties of Metal Clusters*, Springer, Berlin (1995).

28. K. T. Posani, V. Tripathi, S. Annamalai, N. R. Weisse-Bernstein, S. Krishna, R. Perahia, O. Crisafulli, and O. J. Painter, "Nanoscale quantum dot infrared sensors with photonic crystal cavity," *Appl. Phys. Lett.* **88**, 151104 (2006).

29. K. T. Posani, V. Tripathi, S. Annamalai, S. Krishna, R. Perahia, O. Crisafulli, and O. Painter, "Quantum dot photonic crystal detectors," *Proc. SPIE* **6129**, 612906 (2006) [doi: 10.1117/12.641750].

30. S. C. Lee, S. Krishna, and S. R. J. Brueck, "Quantum dot infrared photodetector enhanced by surface plasma wave excitation," *Opt. Exp.* **17**(25) 23160–23168 (2009).

31. S. Kalchmair, H. Detz, G. D. Cole, A. M. Andrews, P. Klang, M. Nobile, R. Gansch, C. Ostermaier, W. Schrenk, and G. Strasser, "Photonic crystal slab quantum well infrared photodetector," *Appl. Phys. Lett.* **98**, 011105 (2011).

32. S. Qiu, L. Y .M. Tobing, Z. Xu, J. Tong, P. Ni, and D.-H. Zhang, "Surface plasmon enhancement on infrared photodetection," *Procedia Engineering* **140**, 152–158 (2016).

33. J. G. A. Wehner, E. P. G. Smith, G. M. Venzor, K. D. Smith, A. M. Ramirez, B. P. Kolasa, K. R. Olsson, and M. F. Vilela, "HgCdTe photon trapping structure for broadband mid-wavelength infrared absorption," *J. Electron. Mater.* **40**, 1840–1846 (2011).

34. K. D. Smith, J. G. A. Wehner, R. W. Graham, J. E. Randolph, A. M. Ramirez, G. M. Venzor, K. Olsson, M. F. Vilela, and E. P. G. Smith, "High operating temperature mid-wavelength infrared HgCdTe photon trapping focal plane arrays," *Proc. SPIE* **8353**, 83532R (2012) [doi: 10.1117/12.921480].

35. D. A. G. Bruggeman, "Berechnung verschiedener physikalischer Konstanten von heterogenen Substanzen," *Ann. Phys. (Leipzig)* **24**, 636–679 (1935).

36. N. K. Dhar and R. Dat, "Advanced imaging research and development at DARPA," *Proc. SPIE* **8353**, 835302 (2012) [doi: 10.1117/12.923682].

37. A. I. D'souza, E. Robinson, A. C. Ionescu, D. Okerlund, T. J. de Lyon, R. D. Rajavel, H. Sharifi, D. Yap, N. Dhar, P. S. Wijewarnasuriya, and C. Grein, "MWIR InAs$_{1-x}$Sb$_x$ nCBn detectors data and analysis," *Proc. SPIE* **8353**, 835333 (2012) [doi: 10.1117/12.920495].

38. H. Sharifi, M. Roebuck, T. De Lyon, H. Nguyen, M. Cline, D. Chang, D. Yap, S. Mehta, R. Rajavel, A. Ionescu, A. D'souza, E. Robinson, D. Okerlund, and N. Dhar, "Fabrication of high operating temperature (HOT), visible to MWIR, nCBn photon-trap detector arrays," *Proc. SPIE* **8704**, 87041U (2013) [doi: 10.1117/12.2015083].

39. A. I. D'souza, E. Robinson, A. C. Ionescu, D. Okerlund, T. J. de Lyon, R. D. Rajavel, H. Sharifi, N. K. Dhar, P. S. Wijewarnasuriya, and C. Grein, "MWIR InAsSb barrier detector data and analysis," *Proc. SPIE* **8704**, 87041V (2013) [doi: 10.1117/12.2015083].

40. J. Schuster and E. Bellotti, "Numerical simulation of crosstalk in reduced pitch HgCdTe photon-trapping structure pixel arrays," *Opt. Exp.* **21**(12), 14712 (2013).

41. C. A. Keasler, "Advanced numerical modeling and characterization of infrared focal lane arrays," Ph.D. Thesis, Boston University, Boston, Massachusetts (2012).

42. C. A. Keasler and E. Bellotti, "A numerical study of broadband absorbers for visible to infrared detectors," *Appl. Phys. Lett.* **99**, 091109 (2011).

第9章 焦平面阵列

在过去50年里，不同类型的探测器与读出电路相结合制作出各种探测器阵列。集成电路设计和制造技术的进步使这些固态阵列的尺寸和性能持续快速发展。在红外技术领域，这些器件都是以连接到探测器阵列上的读出电路为基础的。

焦平面阵列是指位于成像系统焦平面上单个探测成像单元（像元）的集合。这种定义包括一维（线性）阵列和二维阵列，但一般是指后者。通常，光电成像器件的光学元件是指那些将图像聚焦到探测器阵列上的零部件。这些凝视阵列一般采用集成读出电路进行电子扫描。探测器－读出电路组件的结构有多种形式，本章将进行讨论。

IRFPA是许多军民用先进成像系统的核心元件。本章聚焦当前对探测器扩展能力的要求，以支持未来几代红外传感器系统的应用。

9.1 红外焦平面阵列的发展趋势

图9.1所示为过去50年红外焦平面阵列尺寸的发展历程。成像IRFPA与能读取和处理阵列信号并显示最终图像的Si集成电路（IC）技术并行发展。红外焦平面阵列进展也很稳定，同时动态随机存取存储器（DRAM）等密集型电子结构也得到快速发展。FPA的发展速度与DRAM IC一样遵循摩尔定律，约18个月像元数增加2倍；但FPA的发展比DRAM滞后约5～10年。从图9.1插图中的斜率可以看出翻倍时间为18个月，表明MWIR FPA像元数与其首次商用时间的对应关系。目前，CCD的最大像素数大于30亿。

红外阵列像元规格将继续增加，但可能会低于摩尔定律发展速度。阵列规格的增加在技术上已经可行，但是市场对更大阵列的需求并没有之前对百万像元需求那么强烈。一直以来，天文学家是使光电成像器件阵列规格与摄影胶片规格匹配的驱动力。大规格阵列大幅增加了望远镜系统的数据输出，开发用于地基天文的高灵敏度大规格拼接传感器是世界许多天文观测台的需求，这使得天文界的预算与国防市场预算相当。

在IRFPA的开发中采用了多种结构，一般可分为混成式和单片式，但二者结构上的区别并不像评论说的那样重要。IRFPA主要的设计问题包括性能优势与可生产性的关系，不同应用可能倾向于采用不同的方案，取决于技术要求、计划成本和进度安排。

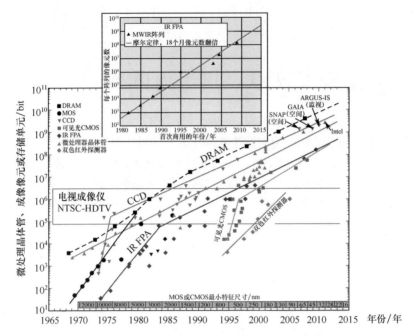

图 9.1　过去 50 年红外焦平面阵列尺寸发展历程

（成像阵列格式与 Si 微处理器技术和 DRAM 的复杂性相比较，用晶体管数量和存储器
比特（bit）容量表示[1]。MOS/CMOS 最小特征尺寸随时间变化在底部展示。注意 CMOS
成像器快速增长，这对可见光 CCD 是个挑战。根据摩尔定律，30 年来红外阵列的像元数
呈指数增长，像元数翻倍时间约为 18 个月。超过 1 亿像元的红外阵列目前已用于天文。
多种类型探测器的成像规格已经超出高清电视要求的像素）（见彩图）

在单片式 IRFPA 架构中，光辐射信号探测和电信号读出（多路传输）都集成在探测器中，而不在外部读出电路中。将探测阵列和读出电路进行单片集成可减少工艺步骤，可提高产量，降低成本。便携式摄像机和数码相机是可见和近红外波段 FPA 应用的常见例子。

目前，混成式方案在红外探测器技术中占主导地位，可以分别独立进行探测器材料优化和多路传输器优化。混成封装 FPA 的还有其他优点：填充因子接近 100%，多路传输器芯片上可以增加信号处理面积。光电二极管的功耗极低、固有阻抗高、$1/f$ 噪声可忽略，通过 ROIC 容易进行多路传输，可以拼接组装成超大规格像元数的二维阵列，目前仅受现有技术的制约。混成式光电二极管可以加反向偏压得到更高的阻抗，从而更好地与小型低噪声 Si 读出前置放大电路进行电学匹配。光电二极管的光响应大于光导器件的光响应，与高光子通量保持明显的线性关系，主要是因为光电二极管吸收层中的较高掺杂以及 pn 结对光生载流子极快的收集速度。

红外混成封装技术的开发始于 20 世纪 70 年代末，80 年代达到批量生产。在 20 世纪 90 年代初，用于凝视传感器系统的全二维成像阵列进入量产阶段。在混成结构中，探测器阵列与读出电路通过铟柱倒装焊进行互连，可以将数千或数百万个像素的信号通过多路传输复用至几条输出引线上，极大地简化了真空封装低温传感器与系统电路之间的接口。

尽管 FPA 成像仪在生活中非常普遍，但其制备工艺非常复杂。根据阵列结构的不同，制作工艺包含 150 多个独立的工艺步骤。混成工艺包括 ROIC 和探测器阵列之间进行铟柱倒装互连。为了确保高质量成像，每个传感像元与其对应的读出电路单元之间的铟柱必须是分布均匀的。倒装互连混成后，通常需要进行背减薄处理以减少衬底对辐射光的吸收。通常需要用低黏度环氧树脂填充 ROIC 和 FPA 之间的间隙，将衬底机械减薄至几微米，一些先进的 FPA 制备工艺甚至将衬底材料完全去除。

FPA 制备技术的创新和进步依赖于材料生长参数的调整优化。通常，红外探测器制造厂商自己生长材料能够保持材料质量最高，并能为不同应用定制特定结构。例如，HgCdTe 材料对许多探测器主要生产线至关重要，难以从外部获得质量相当的材料，因此全球大多数厂商使用的晶圆均由自己生产。集成红外 FPA 制造的工艺流程如图 9.2 所示，从原材料多晶组分开始生长晶锭。在 HgCdTe FPA 工艺中，将超纯多晶 CdTe 和 ZnTe 二元化合物装入熏碳的石英坩埚中。坩埚放在抽真空的石英安瓿内，将石英安瓿放进圆柱形熔炉中。通过混合和熔融上述原料，采用垂直梯度冷却法进行重结晶制备大尺寸 CdZnTe 晶锭，晶锭标准直径可达到 125mm。将晶锭衬底材料切片，切成正方形，然后晶片经抛光获得外延生长用的衬底表面。典型的衬底尺寸可达到 8cm × 8cm。通常采用 MBE 或 MOCVD 在加工好的衬底上生长 HgCdTe 层。在 MOCVD 外延技术中，也可采用大尺寸 GaAs 衬底。可以根据具体应用需求选择不同的衬底。整个外延生长过程是自动化的，每个步骤都按预定程序进行。

Ⅲ-Ⅴ半导体材料的 MBE 和 MOCVD 生长制备方法已经成熟。目前，MBE 可在超高真空环境下进行低温生长，进行原位 n 型和 p 型掺杂，能够控制外延材料的组分、掺杂浓度以及界面形状。目前，MBE 是生长多色探测器和雪崩光电二极管等复杂分层结构材料的首选方法。

红外探测器材料结构外延生长完成之后，首先根据不同质量规范对晶片进行非破坏性测试；然后将其传送到阵列制备工艺线，进行光刻、台面刻蚀、表面钝化、金属接触沉积和铟柱生长等工序获得传感单元（像元）。晶圆切片后，将 FPA 与 ROIC 进行互连。图 9.2 的右下侧图表示 ROIC 的工艺流程。探测器阵列上的每个像元在 ROIC 上都有对应的光电流收集和信号处理单元。ROIC 的每种设计都交付给 Si 工厂进行制作。接下来，ROIC 晶圆被切割分成单个芯片，准备与 FPA 互连。最先进的倒装焊机采用激光对准和亚微米级移动控制，将两种芯片键合在一起（见图 9.2 中心的图）。目前，像元间距小于 10μm 的 FPA 在对准和混成技术已经具有较高的成品率。根据要求测试每个带有 ROIC 的 FPA 并将其安装到传感器组件中。最后，设计和组装相关的封装外壳和电子元件，完成红外 FPA 的集成制造过程。

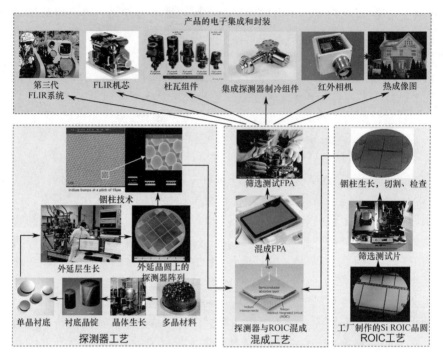

图 9.2　集成红外 FPA 制作工艺流程 （见彩图）

FPA 阵列探测器彻底改变了从 γ 射线到红外甚至无线电波的多种成像方式。有关发展背景和发展历史、技术现状和趋势的更多信息请参阅参考文献 [2 - 3]，有关组件和应用信息可在各厂商网站上找到。

9.2　IRFPA 的考量

众所周知，探测器像元尺寸 d 和红外光学系统 $F/\#$ 是红外成像系统的主要参数[4]。这两个参数主要影响红外系统的探测和识别距离。大多数军用红外系统设计的典型参数如图 9.3 所示，其中探测器像元尺寸范围为 $10 \sim 50\mu m$。远程识别系统可采用大 $F/\#$ 光学系统 （给定孔径），以减小探测器的对向角。同时，因为焦平面必须以宽角展开，所以宽视场 （WFOV） 系统通常为短焦距的小 $F/\#$ 系统。最近发表的论文已经表明远程识别不需要限定为大 $F/\#$ 的系统，很小的探测器也可以采用较小的封装体积实现高性能[5-6]。

像元尺寸大小的基本限制由光学衍射特性决定。衍射限制光斑或艾里斑直径为

$$d = 2.44\lambda F \tag{9.1}$$

式中：d 为光斑直径；λ 为波长。$F/1 \sim F/10$ 的光斑尺寸如图 9.4 所示。对于典型 $F2$ 光学系统，波长为 $4\mu m$ 时，光斑尺寸为 $20\mu m$。

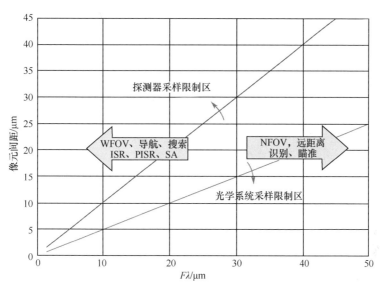

图 9.3　红外系统设计的经典参数[6]

（ISR 为情报、监视和侦察；PISR 为持久 ISR；SA 为态势感知）

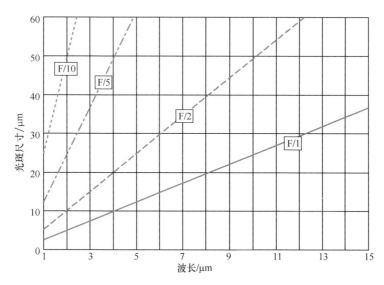

图 9.4　衍射限制光学系统的光斑尺寸（艾里斑直径）与波长对应关系

采用现代纳米加工技术可得到波长级尺度甚至亚波长级的光学系统，用以上光学系统来研究超出衍射限的像元尺寸非常有意义（衍射限的像元尺寸与目前先进的纳米制作方法得到的尺寸相比仍然相对较大）。

面积为 $1cm^2$ 的 FPA 是红外市场的主要产品，而像元间距在过去几年已经降为 $15\mu m$，目前达到 $12\mu m$[7]、$10\mu m$[8-9]，测试器件甚至已经达到 $5\mu m$[10-11]，这一趋势预计还将持续下去。由于衍射限光斑尺寸变小，因此小像元对在较短波长下工作的系统更有利。波长级像元有利于小 F 数（如 $F/1$）衍射限光学系统。对衍射光斑进行过采样可以为小像元提供附加的分辨率，但随着像元尺寸减小探测器像元响应会快速饱和。像元尺寸减小有助于系统成本的降低，包括光学系统直径、杜瓦尺寸和重量以及功耗等几方面的减小以及探测器组件可靠性提高。此外，小像元还可以提供更高的空间分辨率[12]。焦平面阵列芯片与探测器像元尺寸成比例减小并未改变探测器视场，因此对于工作在如图 9.3 所示光学限制区的红外系统而言，其空间分辨率主要取决于光学系统的空间分辨率，探测器像元尺寸减小对系统空间分辨率不产生影响。

图 9.5 所示为法国 Sofradir[①] 公司红外焦平面阵列的像元减小对阵列规格增加的影响。将像元间距为 $15\mu m$ 的不同探测器（Epsilon（384×288 元）、Scorpio（640×512 元）和 Jupiter（1280×1024 元））与 $10\mu m$ 间距 Daphnis 系列产品进行比较。

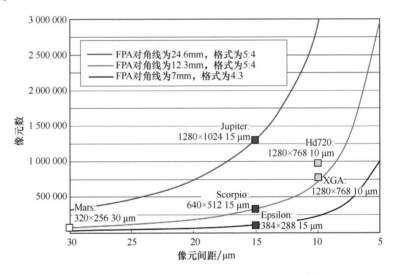

图 9.5　Sofradir 公司 IRFPA 的像元数与像元间距的关系[8]（见彩图）

在小像元间距探测器制作方面的技术进步，引起对确定最小可用探测器尺寸的研究兴趣[4-5,12]。表征红外 FPA 潜在性能的关键参数是 MTF 和 NETD。MTF 是对成像系统产生图像的锐度（或模糊度）的度量，是随正弦曲线空间频率（每单位长度的周期数）变化的图像与目标的调制比。NETD 用来表征红外系统的温度灵敏度，即 SNR 为 1 时所需的温度差。NETD 值越小表明探测器热灵敏度越好。

红外成像系统的 MTF 由光学系统、探测器和显示器的 MTF 共同决定，可通过各部分的 MTF 简单相乘得到组合后的 MTF。考虑光学和探测器组合的 MTF 为

---

① 译者注：Sofradir 公司已改名为 Lynred 公司。

$\mathrm{MTF_{DO}=MTF_{Optics}\times MTF_{Detector}}$。在本方法中忽略其他模糊度（如像差、串扰、散射等等）的影响。

Holst 研究表明[13]，FPA 的系统性能可用空间域的光学模糊斑直径或频率域的光学响应截止波长等特征来表征。使用空间域特征表征时，光学模糊斑直径与探测器尺寸相当；使用频率域特征表征（MTF 方法）时，光学系统的截止波长与探测器截止波长没有差异。这两种比较提供一种可由 $F\lambda/d$ 的函数来统一表征的度量方法，其中 F 是相对孔径（F 数），λ 是波长，d 是探测器尺寸。也就是说，从频率域来说 $F\lambda/d$ 是探测器截止频率与光学系统截止频率之比，从空间域来说 $F\lambda/d$ 是光学模糊斑直径与探测器尺寸之比。探测器的 MTF 适用于从负无穷到正无穷的所有频率。探测器截止波长定义为 $\mathrm{MTF_{Detector}}$ 中的第一个等于零时的波长，发生在空间频率等于 F/d 的时候。探测器采样频率由探测器像元间距决定，假定像元间距等于探测器像元尺寸（填充因子为 100% 的阵列），则采样频率等于探测器截止频率和 Nyquist 频率，等于 $F/2D$，其中 D 是孔径。该假设的准确性取决于相应像元间距探测器网状结构的质量。

理论上成像距离近似为[14-15]

$$\mathrm{Range}\approx\frac{D\Delta x}{M\lambda}\left(\frac{F\lambda}{d}\right)\tag{9.2}$$

NETD 近似为[15]

$$\mathrm{NETD}\approx\frac{2}{C\lambda(\eta\Phi_B^{2\pi}\tau_{int})}\left(\frac{F\lambda}{d}\right)\tag{9.3}$$

式中：D 为孔径；M 为识别目标 Δx 所需像元数；C 为场景对比度；η 为探测器的收集效率；$\Phi_B^{2\pi}$ 为进入 2π 视场的背景通量；τ_{int} 为积分时间。式（9.2）和式（9.3）表示由 $F\lambda$ 和 d 定义的参数空间可用于任何红外系统的优化设计。

红外成像系统的性能主要受限于红外探测器和红外光学系统的性能，探测器性能限制区出现在 $F\lambda/d\leqslant0.41$ 的情况下，光学系统性能限制区出现在 $F\lambda/d\geqslant2$ 的情况下，如图 9.6 所示。当 $F\lambda/d=0.41$ 时，第一艾里斑尺寸等于探测器像元尺寸。在 $0.41\leqslant F\lambda/d\leqslant2.0$ 范围内转变较大，表示从探测器性能限制向光学系统性能限制转变。条件 $F\lambda/d=2$ 相当于把 4.88 个像元放在瑞利模糊斑内。$F\lambda/d$ 常量线表示距离和 NETD 为恒量，见式（9.2）和式（9.3）。对于给定孔径 D 和工作波长 λ，探测距离由最佳分辨率条件 $F\lambda/d=2$ 决定，最小 NETD 值由 τ_{int} 决定，见式（9.2）。从这些理论分析可以得出，应按照 $F\lambda/d$ 函数的要求约束光学系统 F 数与像元尺寸的关系，以预测红外系统潜在的极限性能。

图 9.6 给出了 DRS 技术公司生产的各种热成像系统的实验数据，包括非制冷型热像仪和制冷型光子热像仪。20 世纪 90 年代初制造的最早的非制冷热像仪（钛酸锶钡（BST）电介质测辐射热计和 VO_x 微测辐射热计）包含有像元间距约 50μm 的大尺寸像元以及快速光学系统，以达到满足应用需求的系统灵敏度。随着探测器像元尺寸减小，相对孔径保持在 $F/1$ 左右。如图 9.6 所示，像

元尺寸随着技术发展已经得到减小，非制冷系统从"探测器限制"体制稳定发展到"光学系统限制"体制，然而与 $F/1$ 光学系统的最佳距离性能仍存在较大差距。

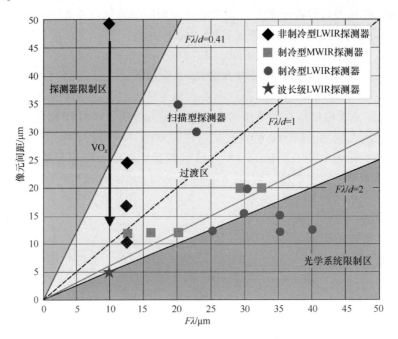

图 9.6　红外系统设计的 $F\lambda/d$ 空间，直线代表恒定的 NETD，
获得相同距离可以有无数种组合[16]（见彩图）

制冷型热成像仪包括早期的 LWIR 扫描系统和现在应用广泛的工作在 MWIR 和 LWIR 的凝视系统。LWIR 成像系统一般工作在接近 $F\lambda/d=2$ 的条件下；而对于 MWIR 成像系统，通常是 $F\lambda/d<2$，在这种条件下可用的光子通量较低，所以难以维持系统灵敏度。

图 9.7 总结了红外成像系统 MTF 的不同成像特性的区域，通过设定光学系统截止频率与探测器截止频率的关系，可以将过渡区区域进一步划分为探测器限制区、探测器主导区、光学系统主导区、光学系统限制区等。当 $F\lambda/d=1.0$[17] 时的曲线对应于光斑大小是像元尺寸的 2.44 倍。光学主导区位于衍射极限制曲线和该曲线之间，而探测器主导区在该曲线和探测器限制曲线之间。在光学主导区，光学系统变化对系统 MTF 的影响比对探测器的影响更大。同样对探测器主导区亦是如此。过去，大多数系统设计都是光学模糊斑（包括像差）小于 2.5 个像元（$\sim F\lambda/d<1.0$）。当然，这在很大程度上取决于应用领域和探测距离要求。

表 9.1 给出了各种探测器像元尺寸下 $F\lambda/d=2$ 所需要的冷屏 F 数。由表可知，对于 $F/1$ 光学系统，MWIR 探测器像元的最小尺寸可为 $2\mu m$，LWIR 探测器像元最小尺寸为 $5\mu m$。采用更为实际的 $F/1.2$ 光学系统，MWIR 探测器像元最小

可为 3μm，LWIR 的最小尺寸为 6μm。

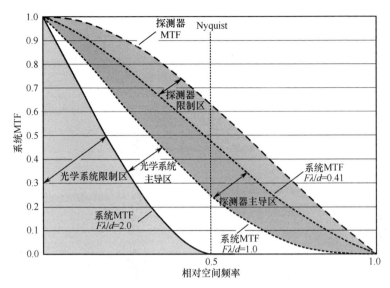

图 9.7　不同 $F\lambda/d$ 条件下系统 MTF 曲线设计空间下的不同区域，
空间频率归一化至探测器截止频率[17]（见彩图）

表 9.1　$F\lambda/d = 2.0$ 时所需要的冷屏 F 数[6]（实际 F 数通常大于 1）

$d/\mu m$	MWIR/4μm	LWIR/10μm
2.0	1.0	
2.5	1.25	
3.0	1.33	
5.0	2.5	1.0
6.0	3.0	1.3
12	6.0	2.4
15	7.5	3.0
17	8.5	3.4
20	10.0	4.5
25	12.5	5.0

　　Host 和 Driggers[6] 考虑了红外光学系统设计对相对探测距离的影响，如图 9.8 所示。当红外成像系统属于探测器限制时，探测器像元尺寸减小对探测距离的影响很大。另外，在光学系统限制区域，减小探测器像元尺寸对距离性能的影响很小。当计入大气传输和 NETD 时，探测距离还会减小。

　　正如 Kinch 所指出的[14-15]，制作小像元 FPA 需要解决的技术挑战包括：

- 像元成型；
- 像元混成；
- 暗电流；

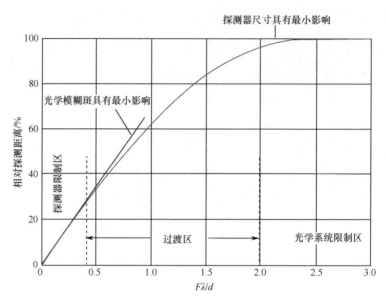

图 9.8　相对探测距离与 $F\lambda/d$ 的关系

● 单元电荷容量。

以上问题在参考文献［18］有更详细论述。

9.3　InSb 阵列

InSb 光电二极管自 20 世纪 50 年代末开始使用，主要用于 $1\sim5\mu m$ 光谱区域并且需要制冷到约 77K，也可在 77K 以上温度工作，主要应用于包括红外寻的制导、威胁告警、红外天文学、商用热成像相机和前视红外（FLIR）系统等。红外技术中一项重大进步是开发出了用于凝视系统的大规格二维 FPA，阵列格式配备了适用于高背景 $F/2$ 工作和低背景天文应用的读出电路。InSb 线列较少使用。

20 世纪 80 年代中期制备的最早的阵列为 58×62 元[19]，目前阵列高达 8192×8192 元，像元数增加超过 3 个数量级，如图 9.9 所示，阵列噪声从几百个电子降低至目前的 4 个电子[20]，探测器暗电流同样从约 $10e/s$ 降到 $0.004e/s$[21]，量子效率已经达到 90% 以上。

InSb 材料比 HgCdTe 材料成熟得多，直径为 6in 的单晶衬底目前已经实现商业化。间距小于 $10\mu m$ 的 10 亿像素级 FPA 是未来几年内的发展目标。当 InSb 探测器材料被减薄至 $10\mu m$ 以下（在表面钝化和与读出电路芯片混成之后），可容许 InSb/Si 热失配，上述大规格的阵列是可能实现的。InSb 探测器像元连接到 Si 衬底，探测器单元彼此间隙小（$1\mu m$），探测器单元基本上是浮在 Si 衬底上，铟柱之间的空隙用环氧树脂进行填充。由于采用创新的钝化技术，包括特殊的抗反射膜和独特的减薄工艺，阵列的产量和质量得到提高。所有这些工艺都是在晶圆级完成的。这一点非常重要，因为这些器件在其寿命期间需要从室温制冷到 78K 循环几千次。在超过 15000 次低温循环后，阵列有效像元率（定义为阵列中非缺陷像元数与总像元数之比）需要大于 99.6%[22]。如果每天一次低温循环，15000 次循环相当于超过 40 年的时间。

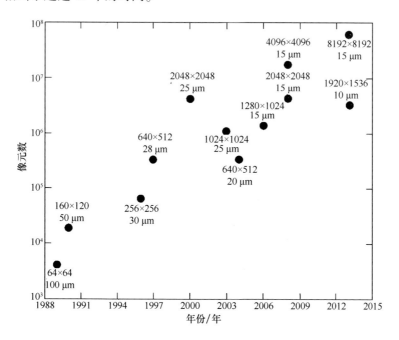

图 9.9　L3 辛辛那提电子公司 InSb FPA 的发展[22-23]

（该图表明首次工作的年份和总像元数。SCD 公司（位于以色列 Haifa）

首先制备出 10μm 间距 300 万像元阵列）

大规格凝视 InSb FPA 的发展受到天文学应用的推动。天文学家资助了大规格 FPA 的开发，用以大幅提高望远镜的产出量。首个超过 100 万像元的 InSb 阵列是 1993 年由圣巴巴拉研究中心（SBRC）首次制作的 ALADDIN 阵列，1994 年在位于美国亚利桑那州图森的国家光学天文观测台（NOAO）的望远镜上进行了验证[24]，该阵列为 27μm 间距 1024 × 1024 元，分成 4 个独立象限，每个象限包含 8 个输出放大器。选择这种解决方案是因为当时大规格阵列芯片良率不确定的缘故。

雷声视觉系统（RVS）公司的天文 FPA 的发展历史如图 9.10 所示[25]。接下来研制的天文学应用 InSb FPA 是 2048 × 2048 元 ORION 传感器芯片组件（SCA），如图 9.11 所示。在美国国家光学天文台（NOAO）的近红外相机中放置 4 个 ORION SCA，形成 4096 × 4096 元 FPA 阵列[26]，目前在基特峰国家天文台（Kit Peak）的 Mayall 4m 望远镜上工作。该阵列有 64 个输出，帧频高达 100Hz。ORION 项目中使用的许多封装概念与 RVS 公司为詹姆斯韦伯太空望远镜（JWST）

任务开发的三边拼接 2048×2048 FPA InSb 模块是一脉相承的[27]。

ALADDIN: 1024×1024   ORION: 2048×2048   PHOENIX: 2048×2048

1994年   2001年   2003年

图 9.10　RVS 公司天文用 InSb 天文阵列的发展历史[25]

图 9.11　用于制作 4096×4096 元 FPA 的 ORION 项目双边拼接模块示例[26]
（一个模块包含一个 InSb SCA，而其他模块不包含读出电路）

PHOENIX SCA 是另一种 2048×2048 InSb FPA，已经完成制作和测试。该探测器阵列与 ORION（25μm 像元）相同，但读出电路进行了低帧频和低功耗的优化，只有 4 路输出，全帧读出时间为 10s。输出数少使三边拼接的模块组件更小[26]。三边拼接可实现更大的探测面积。

不同规格 InSb FPA 还可应用于许多高背景环境，包括导弹导引系统、拦截器系统和商用成像相机系统。随着对更高分辨率的需求日益增加，一些厂商已开发出百万像素级探测器阵列。表 9.2 比较了由美国 L3 辛辛那提电子公司、圣巴巴拉焦平面公司和以色列 SCD 公司生产的商用百万像素级 InSb FPA 的性能。圣巴巴拉焦平面公司已开发出一种新的大规格 InSb 探测器，阵列为 1280×1024 元，像元尺寸为 12μm[28]。

L3 辛辛那提电子公司是大规格/广域监视传感器的制造商，传感器的像元数为 1670 万并且具有超宽视场。利用该传感器制备的成像仪能够探测和识别使用小规格传感器时可能遗漏的目标特征，目前已经装备于美国海外战区。表 9.3 列出了该 InSb 传感器的典型性能指标。

表 9.2　商用百万像素级 InSb FPA 的性能

参数	结构			
	2048×2048 （RVS ORION）	1024×1024 （L3 辛辛那提电子公司）	1024×1024 （圣巴巴拉焦平面公司）	1280×1024 （SCD）
像元间距/μm	25	25	19.5	15
像元电荷容量/e	>3×10^5	1.1×10^7	8.1×10^6	6×10^6
功耗/mV	<100	<100	<150	<120
NETD/mK	<24	<20	<20	20
帧频/Hz	10	1~10	120	120
有效像元率/%	>99.9	>99	>99.5	>99.5
网址	www.raytheon.com	www.raytheon.com	www.sbfp.com	www.scd.co.il

表 9.3　大规格 InSb 阵列传感器的性能指标

参数	L3 辛辛那提电子公司 （大规格/广域监视传感器）	SCD （Blackbird IDCA）
集成式探测器外观		
规格/元	4096×4096	1920×1536
像元尺寸/μm×μm	15×15	10×10
FPA 功耗	2/5W	400mW
制冷器稳态功率/W	<55	20
重量	~6.8kg	700g
NETD	取决于积分时间	<24mK

注：IDCA——集成探测器制冷组件。

为了提高探测器阵列的工作温度，即所谓的 HOT 探测器，需要做很多工作来减小系统 SWaP，从而降低系统成本。为了提高红外成像系统的探测和识别距离，也需要减小探测器阵列的像元尺寸。4 种不同像元间距（30μm、20μm、15μm 和 10μm）InSb FPA 的 MTF 如图 9.12 所示。

以色列 SCD 公司于 1997 年开始推出 320×256 元 30μm 像元间距红外探测器，并陆续推出了像元尺寸（像元间距）分别为 25μm、20μm、15μm 和 10μm 的更大规格红外探测器阵列。制作更小像元尺寸需要从 0.5μm CMOS 技术转到更先进的 CMOS 技术，使读出电路单位面积的电容更大，需要更低工作电压降低读出电路功耗，需要更紧凑的器件布局保持探测器阵列的高性能。15μm 间距 1280×

1024 元 Hercules InSb 探测器就是一款向着大规格、小像元发展的例子，并按该路线图发展出新型的 Blackbird 探测器，像元数为 300 万，像元尺寸为 10μm。

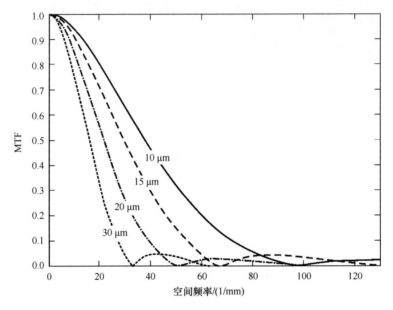

图 9.12　四种不同像元间距（30μm、20μm、15μm 和 10μm）InSb FPA 的 MTF 曲线[29]
（分别对应 SCD 公司的 Blue Fairy、Sebastian、Pelican 和 Blackbird FPA）

表 9.3 列出了 Blackbird 传感器模块的典型性能。Blackbird 封装在与低温制冷器和电路板集成的杜瓦中。这种 IDCA 被制成紧凑型 MWIR 探测器，能够产生 13bit、300 万像素图像，帧频可以达到 120Hz，环境温度为 71℃时总功耗小于 30W。图 9.13 所示为这种高温度分辨率、高空间分辨率的新型探测器拍摄的图像。

图 9.13　$F/3$ 光学系统条件下 Blackbird 探测器拍摄的 2km 远场景的图像[29]

9.4　InAsSb nBn 探测器焦平面阵列

MWIR nBn 传感器阵列由几家公司设计制造。正如在 6.1 节中提到的，nBn 传感器设计为自钝化的，能够降低探测器芯片的漏电流和相关噪声，同时提高了阵列的可靠性和可制造性。由于其结构设计简单，如图 9.14 所示，所以该阵列技术是当前大规格红外 FPA 发展中的重大进步。

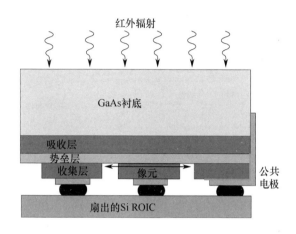

图 9.14　nBn 探测器阵列结构

由于 nBn 结构减小了耗尽区的暗电流，因此可以高温工作。例如，第 6 章图 6.11 所示为冷屏 F 数为 3.2 时 Kinglet 数字化探测器的 NETD 与温度变化的关系。该传感器基于 SCD 公司的 Pelican-D ROIC，采用 15μm 640×512 元 nBn InAs$_{0.91}$Sb$_{0.09}$/B-AlAsSb 结构，10ms 积分时间时 NETD 为 20mK，经过标准两点非均匀性校正后，有效像元率大于 99.5%。170K 以上 NETD 和有效像元率开始变化，这与理论分析的 BLIP 温度为 175K 相一致。

由洛克希德·马丁圣巴巴拉焦平面公司开发的首个商用 nBn InAsSb 阵列传感器的工作温度为 145～175K。红外相机公司（IRCameras）将圣巴巴拉焦平面公司的 MWIR nBn 传感器制成红外相机，见表 9.4，阵列规格为 1280×1024、12μm 像元间距探测器芯片被封装在直径为 1.4in 的杜瓦中，包括制冷器在内的整个杜瓦外壳长约为 3.8in，具有 25000h 的长寿命制冷机功耗约 2.5W，电路功耗 2.5W，机芯总功耗仅为 5W 左右。该 nBn 传感器在 160K 工作时得到的高空间分辨率图像如图 9.15 所示。

2015 年，Caulfield 等首先宣布制备出 5μm 像元尺寸的 2040×1156 元高清 FPA[31]。图 9.16 所示为 Cyan 系统公司用该阵列探测器制作的实验室相机拍摄的室外图像。

表 9.4　nBn InAsSb FPA 的性能

外　观	QuazIR™高清红外相机 （IRCameras）		Hercules XBn IDCA （SCD）
参　数	性　能		
阵列规格/元	1280 × 1024		1280 × 1024
像元间距/μm	12		15
电荷容量/Me⁻	2		6, 1
积分时间	500ns ~ 16ms		至 22ms
功耗/W	5		5.5
工作温度/℃	−40 ~ +71		−40 ~ +71
重量/g	~454		~750
尺　寸	2.35in（宽）×2.59in（高）×2.75in（长）		长 149mm（光轴方向）

图 9.15　1280 × 1024 元 MWIR nBn InAsSb FPA 拍摄的垒球比赛图像[30]
（当时一个棒球手正试图偷袭二垒）

图 9.16　5μm 像元 2040 × 1156 元 HOT MWIR nBn InAsSb 阵列拍摄的图像[31]

9.5　Ⅱ类超晶格焦平面阵列

FPA 的标准阵列技术包括通过铟柱将光电二极管混成到 Si 焦平面处理器（CMOS 读出电路）上，然后对表面钝化的器件进行背减薄和镀增透膜。T2SL 光电探测器的发展路线图如图 9.17 所示。

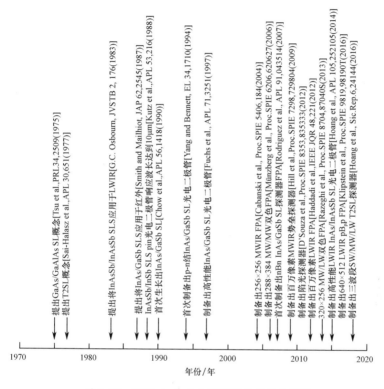

图 9.17　T2SL 红外光电探测器的发展路线图

1987 年，Smith 和 Mailhiot 提出了一种用 X 于红外探测的 InAs/GaSb T2SL[10]。尽管理论性能预测比较乐观，但在差不多 20 年后才生长出高质量的 InAs/GaSb T2SL 材料。超晶格材料 MBE 制备技术和器件加工技术的进步使得高质量单元器件和 FPA 的制备更加成熟。在过去 10 年里，研究人员分别验证了首个成像能力优异的百万像素级 MWIR 和 LWIR T2SL FPA[32-40]。在 78K 工作时 MWIR 阵列的 NETD 值小于 20mK，LWIR 阵列的 NETD 值略大于 20mK。图 9.18 所示为采用 MWIR 640 × 512 元 nBn 阵列和两个（MWIR 和 LWIR）百万像素级光伏阵列拍摄的图像。

MWIR T2SL FPA 的 NETD 值如图 9.19 所示。冷屏 F 数为 2 和积分时间 $\tau_{int} = 5ms$ 的条件下测得截止波长为 5.3μm 的 256 × 256 元 MWIR 探测器的 NETD 值非常低，约为 10mK，如图 9.19（a）所示[32]。将积分时间缩短至 1ms 测试过程表明，NETD 与积分时间的平方根成反比，这意味着即使在很短的积分时间内，探测器也是背景限的。美国西北大学研究小组也已经得到相同的结果[35]，最小 NETD 值几乎保持不变，为 11mK，其积分时间为 10.02ms，工作温度高达 120K。暗电流随温度变化而呈指数增长，表明 FPA 噪声主要由对温度不敏感的噪声主导，如系统噪声或光子噪声。在 130～150K 工作温度进行测试，积分时间选择 4.02ms，避免由于暗电流较大造成读出电路积分电容饱和。从测试结果统计来看，NETD 值增大可能与暗电流增加有关。InAs/GaSb FPA 一个非常显著的特点是均匀性好，响应率分布的标准偏差约为 3%，据初步统计，无效像元率在 1%～2% 量级，无效像元呈单个像元且无大团簇的分布特性[32]。

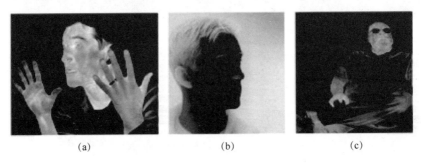

图 9.18 （a）640×512 元 nBn MWIR FPA 拍摄的图像[33]；（b）百万像素级 MWIR（p-i-n 像元）拍摄的图像[33]；（c）百万像素级锑基 LWIR（CIRBD 探测器见表6.1）光伏 FPA 拍摄的图像[34]。

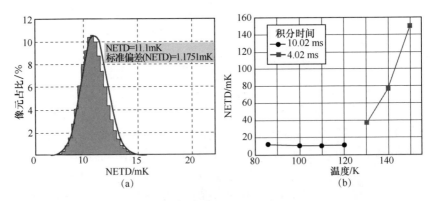

图 9.19 MWIR T2SL FPA 的 NETD

（a）冷屏 F 数为 2、$\tau_{int}=5$ms 和 77K 条件下，256×256 元 FPA 的直方图[32]；（b）冷屏 F 数为 2.3 时 320×256 元 FPA 的 NETD 与温度的关系；在 120K 温度以上积分时间减少，以避免由于暗电流较大造成读出电路积分电容饱和[35]。

美国西北大学的研究小组采用图 9.20（a）所示的 p-π-M-n 像元结构验证了高质量 1024×1024 元 LWIR FPA。这种器件结构设计结合了高的光学和电学性能。"M"结构和双异质结构设计技术有助于减小 FPA 的体内暗电流和表面漏电流。由于器件结构的吸收区厚（6.5μm），因此可以得到高的量子效率（>50%）。该器件在77K和偏压为–50mV的条件下测试得到的暗电流小于$5 \times 10^{-5} \mathrm{A/cm^2}$。图9.20（b）所示为81K工作温度、积分时间为0.13ms和冷屏 F 数为2条件下，经两点均匀性校正后测量得到的NETD直方图。在20mV反向偏压下，NETD的中值为27mK。

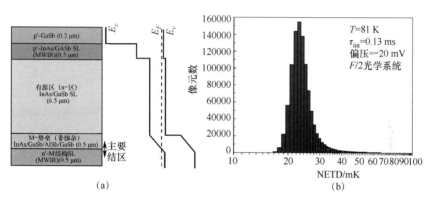

(a)   (b)

图9.20 1024×1024 元 LWIR FPA[36]

(a) p-π-M-n 像元结构；(b) 81K 条件下的 NETD 直方图。

最近，SCD 公司开发了一种先进的 pB_pp T2SL 势垒型探测器，能够得到与 HgCdTe "Rule 07" 相当的扩散限制暗电流，并且得到大于 50% 的高量子效率（见6.3节）[39]。该公司利用特殊的探测器结构设计，消除了表面漏电流的影响；开发了一种牢固的钝化工艺，在传感器阵列芯片通过铟柱与定制设计的 Si 读出电路互连之后，允许黏接剂填充和衬底减薄。为了减小制冷过程中的应力，将 GaSb 衬底抛光减薄至厚度约 10μm。15μm 像元间距 640×512 元 FPA 工作在 77K 温度下，截止波长为 9.5μm，最终得到的 IDCA 还包括一个截止波长为 9.3μm 的低温滤光片。表9.5列出了该 LWIR pB_pp T2SL 探测器的典型性能指标。

最近，弗劳恩霍夫 IAF 研究所与德国 AIM GmbH 公司合作，研制了欧洲首款 15μm 像元间距 640×512 元 LWIR InAs/GaSb T2SL 成像仪。该演示相机提供了良好的图像质量，如图9.21所示，采用 $F/2$ 光学系统在 55K 工作温度时得到 300K 背景场景下的热分辨率优于 30mK。

在分立的红外光谱带中收集的数据可用于识别场景中目标的绝对温度和独特特征，探测器的多色能力是先进红外成像系统迫切需要的。多色 FPA 是探测器发展的最新趋势。多色 FPA 的主流发展方向是将多波段功能集成至单个像元中，而不需要光谱滤光片和光谱仪的多个单色阵列集成。

除了 HgCdTe 光电二极管和 QWIP 之外，T2SL 材料体系因其带隙易于调节，同时晶格很匹配，适合作为多光谱探测的候选材料[41-42]。研究人员已经提出实现多色探测的三种基本方法：多个引出、电压切换和电压调节。这些方法在

Rogalski 专著的第 16 章中均有简要叙述[2]。

表 9.5　77K 温度下 LWIR pB_pp T2SL 阵列的性能指标[39]

参数	性能指标	Pelican-D LWIR IDCA
规格/元	640 × 512	
间距/μm	15	
截止波长/μm	9.3（带滤光片）	
量子效率	>50%	
有效像元率	>99%	
残余非均匀性（RNU）	势阱填充容量为 10% ~90% 条件下，<0.04% STD/DR	
NETD	势阱填充容量为 65%、30Hz（平均为 8 帧）条件下为 15mK	
响应非均匀性①	<2.5%（STD/DR）	
制冷器	Ricor K548	
重量	750g	
环境条件	−40 ~ +71℃	
23℃工作时的总功耗	16W	
降温时间	8min	
MTTF（根据任务要求）	15000h	

注：STD——标准偏差；DR——偏差比；MTTF——平均失效前时间。

图 9.21　弗劳恩霍夫 IAF 研究所 15μm 像元间距 640 × 512 元
LWIR 异质结 InAs/GaSb T2SL 相机拍摄的图像[40]

集成多色 FPA 的像元通常包括多个叠层探测器组成，每个探测器对不同光谱波段敏感，如图 9.22 所示。辐射入射到短波段探测器上，短波段辐射被吸收，较长波段辐射则透过短波段探测器入射到下一个探测器。每一层都会吸收比其截

————————————

① 译者注：原文为 uniformity，应为 non-uniformity，译为"非均匀性"。

止波长短的辐射，而透过较长波段的辐射，然后这些辐射会在后续的吸收层中被收集。通过在光学上将较长波段的探测器放在较短波段的探测器的后面来实现器件的多色结构。整个垂直像元结构的厚度仅约为 $5\mu m$，与双波段 HgCdTe FPA 典型总厚度约为 $15\mu m$ 相比，大大降低了制备技术难度。

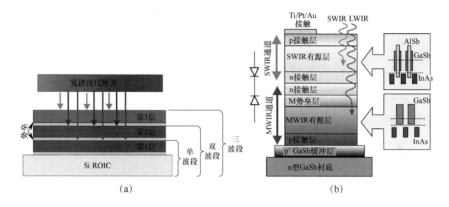

图 9.22　多色探测器像元[43]

(a) 三色探测器像元结构。第一个波段的红外辐射通量在第三层中被吸收，而较长波段
的红外辐射通量传输到下一层。薄的势垒层将不同吸收波段分开；(b) 双波段
SWIR/MWIR InAs/GaSb/AlSb T2SL 背对背 p-i-n-n-i-p 光电二极管结构和两个
吸收层中超晶格能带排列示意图（虚线表示超晶格的有效带隙）。

2005 年，AIM GmbH 公司验证了首个双波段 InAs/GaSb 超晶格红外相机。弗劳恩霍夫 IAF 研究所采用 MBE 方法制作了双色探测器材料，然后进行了双色 FPA 的制备：将每个像元的接触电极数量限制为两个，像元间距可减小到 $30\mu m$；在沟槽中沉积金属化栅极并连接至阵列有源区外的 ROIC 上，公共电极通过通孔方式连接。弗劳恩霍夫的双色 MWIR 超晶格探测器阵列技术具有时间同步、空间同址的探测能力，非常适用于机载导弹威胁告警系统[44-45]。图 9.23 所示为一个加工完成的双色 288×384 元 FPA。在积分时间 0.2ms 和工作温度为 78K 条件下，超晶格相机蓝色通道（$3.4\mu m \leq \lambda \leq 4.1\mu m$）的 NETD 为 29.5mK，红色通道（$4.1\mu m \leq \lambda \leq 5.1\mu m$）的 NETD 为 14.3mK。

图 9.24 比较了 $40\mu m$ 间距 384×288 元双色 InAs/GaSb SL 探测器阵列的 NETD 数据，每个像元有两个背对背同质结光电二极管，可同时探测蓝色（$3\sim4\mu m$）和红色（$4\sim5\mu m$）波段[46]。该图展示了用新的电介质表面钝化方法之前（图 (a)）和之后（图 (b)）得到的典型双色 FPA 的 NETD 分布。$1/f$ 噪声大的像元在均方根噪声分布中产生拖尾现象。虽然蓝色通道直方图数据实际上不受改进工艺的影响，但是噪声像元造成的 NETD 分布拖尾目前已经消失，有效像元率已经提高到 99% 以上。这种改进的技术大大减少了产生突变信号或随机电报噪声等特性的像元数量。

图 9.25 所示为 288×384 元 InAs/GaSb 双色相机拍摄的优质图像。该图像是

青色和红色互补色编码的两个通道图像叠加，分别探测波长范围是 3 ~ 4μm 和 4 ~ 5μm。红色标记是场景中热 CO_2 的排放，由于瑞利散射系数与频率有关，所以蒸汽排放或云中的水蒸气显示为青色。

(a)　　　　　　　　　　　　　　(b)

图 9.23　双色 InAs/GaSb SLS FPA[44]

(a) 探测器像元截面示意图[40]；(b) 双色像元设计的照片，可在 3 ~ 4μm（蓝色通道）
和 4 ~ 5μm（红色通道）下进行时间同步、空间同址光子探测。

注：像元间距为 30μm 时每个像元的三个接触区可时间和空间同步地对两个波段进行探测。

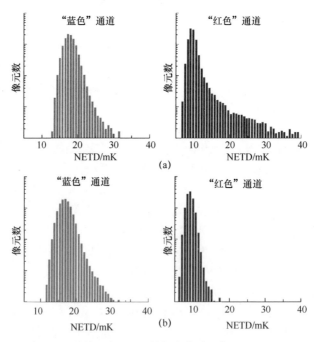

图 9.24　采用旧工艺 (a) 和新工艺 (b) 制备的典型双色 384 × 288 元 InAs/GaSb SL FPA
的 NETD 直方图数据比较[46]

美国西北大学的研究小组已经验证了通过调整偏压选择 SW/MW、MW/LW 和 LW1/LW2 等双波段的 T2SL FPA 阵列[35,38,47-48]。图 9.22 (b) 所示为双波段

SW/MW 背对背 p-i-n-n-i-p 光电二极管结构示意图以及两个吸收层中超晶格的能带排列。

图 9.25　384×288 元双色 InAs/GaSb SL 相机拍摄工业场地的双光谱红外图像。

双色通道 3～4μm 和 4～5μm 分别由青色和红色互补色表示[44]　（见彩图）

　　MW/LW 采用背对背 n-M-π-p-p-π-M-n 结构，其中 MW 有源区由周期为 7.5ML InAs 和 10ML GaSb 以及掺杂的 M 势垒层组成。在 LW 有源区，超晶格周期为 13ML InAs 和 7ML GaSb。将 n 型 GaSb 半透明衬底经机械减薄至 30～40μm 厚并抛光成镜面。图 9.26（a）所示为 77K 时 MW 和 LW 通道的探测率。LW 通道在偏压 0.2V 时 RA 值接近 $600\Omega\cdot cm^2$。MW、LW 通道在积分时间分别为 10ms、0.18ms 时，NETD 的中值分别为约 10mK 和约 30mK，得到的图像如图 9.26（b）所示。

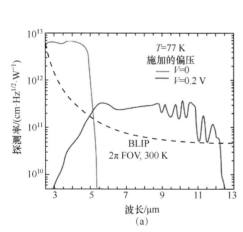
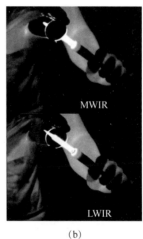

图 9.26　偏压选择的双波段 MW/LW T2SL 阵列[48]　（见彩图）

（a）77K 时 MWIR 和 LWIR 的探测率和 BLIP 探测率（2π FOV、300K 背景条件）；

（b）81K、11.3μm 窄带滤光片条件下 MWIR 和 LWIR 的成像结果。

　　最近，研究人员验证了一种基于 T2SL 的双引出端三波段 SWIR/MWIR/LWIR 光电探测器新型器件设计，类似于图 9.27 所示结构[48]。这种光电探测器件可根据所加偏压的大小选择三个独立的单色光电探测器顺序工作。三波段 SW-MW-

LW 光电二极管设计包括 SWIR 中的 1.5μm 厚非掺杂有源层、0.5μm 厚 n 掺杂 SWIR 层（$n \approx 10^{18}\,\mathrm{cm}^{-3}$）、2.0μm 厚 MWIR 有源层和 0.5μm 厚非掺杂层，然后是 1.0μm 厚 p 掺杂 LWIR 有源层（$p \approx 10^{16}\,\mathrm{cm}^{-3}$）和 0.5μm 厚的底部 p 接触（$p \approx 10^{18}\,\mathrm{cm}^{-3}$）。器件结构的总厚度为 6μm。

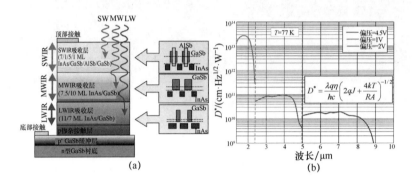

图 9.27　三波段 SWIR/MWIR/LWIR T2SL 光电二极管[49]（见彩图）

(a) 双端接触电极和能带排列结构示意图；(b) 采用插图中的公式计算 77K 时的探测率。

注：SWIR 探测工作在 –2V 条件下，MWIR 探测的工作电压为 1V，LWIR 探测的工作电压为 4.5V 正偏压。

图 9.27 (b) 所示为在测量得到的量子效率、暗电流和 RA 值的基础上，计算得到的 77K 时三种工作模式下的器件散粒噪声限制探测率。该器件在 –2V、1V 和 4.5V 偏压下，峰值响应波长处（$\lambda = 1.7$、4.0 和 7.2μm）的 D^* 分别为 $3.0 \times 10^{13}\,\mathrm{cm \cdot Hz^{1/2} \cdot W^{-1}}$、$1 \times 10^{11}\,\mathrm{cm \cdot Hz^{1/2} \cdot W^{-1}}$ 和 $2.0 \times 10^{10}\,\mathrm{cm \cdot Hz^{1/2} \cdot W^{-1}}$。

参考文献

1. P. Norton, "Detector focal plane array technology," in *Encyclopedia of Optical Engineering*, edited by R. Driggers, Marcel Dekker Inc., New York, pp. 320–348 (2003).

2. A. Rogalski, *Infrared Detectors*, 2nd edition, CRC Press, Boca Raton, Florida (2010).

3. J. D. Vincent, S. E. Hodges, J. Vampola, M. Stegall, and G. Pierce, *Fundamentals of Infrared and Visible Detector Operation and Testing*, Wiley, Hoboken, New Jersey (2016).

4. G. C. Holst and T. S. Lomheim, *CMOS/CCD Sensors and Camera Systems*, JCD Publishing, Winter Park, Florida and SPIE Press, Bellingham, Washington (2007).

5. R. G. Driggers, R. Vollmerhausen, J. P. Reynolds, J. Fanning, and G. C. Holst, "Infrared detector size: How low should you go?" *Opt. Eng.* **51**(6), 063202 (2012) [doi: 10.1117/1.OE.51.6.063202].

6. G. C. Holst and R. G. Driggers, "Small detectors in infrared system design," *Opt. Eng.* **51**(9), 096401 (2012) [doi: 10.1117/1.OE.51.9.096401].

7. R. L. Strong, M. A. Kinch, and J. M. Armstrong, "Performance of 12-μm- to 15-μm-pitch MWIR and LWIR HgCdTe FPAs at elevated temperatures," *J. Electron. Mater.* **42**, 3103–3107 (2013).

8. Y. Reibel, N. Pere-Laperne, T. Augey, L. Rubaldo, G. Decaens, M. L. Bourqui, S. Bisotto, O. Gravrand, and G. Destefanis, "Getting small, new 10 μm pixel pitch cooled infrared products," *Proc. SPIE* **9070**, 907034 (2014) [doi: 10.1117/12.2051654].

9. Y. Reibel, N. Pere-Laperne, L. Rubaldo, T. Augey, G. Decaens, V. Badet, L. Baud, J. Roumegoux, A. Kessler, P. Maillart, N. Ricard, O. Pacaud, and G. Destefanis, "Update on 10 μm pixel pitch MCT-based focal plane array with enhanced functionalities," *Proc. SPIE* **9451**, 945182 (2015) [doi: 10.1117/12.2178954].

10. J. M. Armstrong, M. R. Skokan, M. A. Kinch, and J. D. Luttmer, "HDVIP five micron pitch HgCdTe focal plane arrays," *Proc. SPIE* **9070**, 907033 (2014) [doi: 10.1117/12.2053286].

11. W. E. Tennanat, D. J. Gulbransen, A. Roll, M. Carmody, D. Edwall, A. Julius, P. Dreiske, A. Chen, W. McLevige, S. Freeman, D. Lee, D. E. Cooper, and E. Piquette, "Small-pitch HgCdTe photodetectors," *J. Electron. Mater.* **43**, 3041–3046 (2014).

12. R. Bates and K. Kubala, "Direct optimization of LWIR systems for maximized detection range and minimized size and weight," *Proc. SPIE* **9100**, 91000M (2014) [doi: 10.1117/12.2053785].

13. G. C. Holst, "Imaging system performance based on Fλ/d," *Opt. Eng.* **46**(10), 103204 (2007) [doi: 10.1117/1.2790066].

14. M. A. Kinch, "The rationale for ultra-small pitch IR systems," *Proc. SPIE* **9070**, 907032 (2014) [doi: 10.1117/12.2051335].

15. M. A. Kinch, *State-of-the-Art Infrared Detector Technology*, SPIE Press, Bellingham, Washington (2014) [doi: 10.1117/3.1002766].

16. J. Robinson, M. Kinch, M. Marquis, D. Littlejohn, and K. Jeppson, "Case for small pixels: system perspective and FPA challenge," *Proc. SPIE* **9100**, 91000I (2014) [doi: 10.1117/12.2054452].

17. D. Lohrmann, R. Littleton, C. Reese, D. Murphy, and J. Vizgaitis, "Uncooled long-wave infrared small pixel focal plane array and system challenges," *Opt. Eng.* **52**(6), 061305 (2013) [doi: 10.1117/1.OE.52.6.061305].

18. A. Rogalski, P. Martyniuk, and M. Kopytko, "Challenges of small-pixel infrared detectors: a review," *Rep. Prog. Phys.* **79**(4) 046501 (2016).

19. G. Orias, A. Hoffman, and M. Casselman, "58 × 62 indium antimonide focal plane array for infrared astronomy," *Proc. SPIE* **627**, 408–417 (1986) [doi: 10.1117/12.968118].

20. C. W. McMurtry, W. J. Forrest, J. L. Pipher, and A. C. Moore, "James Webb Space Telescope characterization of flight candidate NIR InSb array," *Proc. SPIE* **5167**, 144–158 (2003) [doi: 10.1117/12.506569].

21. A. W. Hoffman, E. Corrales, P. J. Love, J. Rosbeck, M. Merrill, A. Fowler, and C. McMurtry, "2K × 2K InSb for astronomy," *Proc. SPIE* **5499**, 59–67 (2004) [doi: 10.1117/12.461131].

22. M. Devis and M. Greiner, "Indium antimonide large-format detector arrays," *Opt. Eng.* **50**, 061016 (2011) [doi: 10.1117/1.390722].

23. G. Gershon, A. Albo, M. Eylon, O. Cohen, Z. Calahorra, M. Brumer, M. Nitzani, E. Avnon, Y. Aghion, I. Kogan, E. Ilan, and L. Shkedy, "3 Mega-pixel InSb detector with 10 μm pitch," *Proc. SPIE* **8704**, 870438 (2013) [doi: 10.1117/12.2015583].

24. A. M. Fowler, D. Bass, J. Heynssens, I. Gatley, F. J. Vrba, H. D. Ables,

A. Hoffman, M. Smith, and J. Woolaway, "Next generation in InSb arrays: ALADDIN, the 1024 × 1024 InSb focal plane array readout evaluation results," *Proc. SPIE* **2268**, 340 (1994) [doi: 10.1117/12.185844].

25. E. Beuville, D. Acton, E. Corrales, J. Drab, A. Levy, M. Merrill, R. Peralta, and W. Ritchie, "High performance large infrared and visible astronomy arrays for low background applications: Instruments performance data and future developments at Raytheon," *Proc. SPIE* **6660**, 66600B (2007) [doi: 10.1117/12.734846].

26. A. W. Hoffman, E. Corrales, P. J. Love, J. Rosbeck, M. Merrill, A. Fowler, and C. McMurtry, "2K × 2K InSb for astronomy," *Proc. SPIE* **5499**, 59 (2004) [doi: 10.1117/12.461131].

27. A. M. Fowler, K. M. Merrill, W. Ball, A. Henden, F. Vrba, and C. McCreight, "Orion: A 1-5 micron focal plane for the 21st century," in *Scientific Detectors for Astronomy: The Beginning of a New Era*, edited by P. Amico, Kluwer, and Dordrecht, pp. 51–58 (2004).

28. http://www.sbfp.com/documents/FPA%20S019-0001-08.pdf

29. G. Gershon, A. Albo, M. Eylon, O. Cohen, Z. Calahorra, M. Brumer, M. Nitzani, E. Avnon, Y. Aghion, I. Kogan, E. Ilan, A. Tuito, M. Ben Ezra, and L. Shkedy, "Large format InSb infrared detector with 10 μm pixels," *OPTRO 2014 SYMPOSIUM– Optoelectronics In Defence and Security*, 28–30 January 2014.

30. A. Adams and E. Rittenberg, "HOT IR sensors improve IR camera size, weight, and power," *Laser Focus World*, January 2014, pp. 83–87.

31. J. Caulfield, J. Curzan, J. Lewis, and N. Dhar, "Small pixel oversampled IR focal plane arrays," *Proc. SPIE* **9451**, 94512F (2015) [doi: 10.1117/12.2180385].

32. W. Cabanski, K. Eberhardt, W. Rode, J. Wendler, J. Ziegler, J. Fleißner, F. Fuchs, R. Rehm, J. Schmitz, H. Schneider, and M. Walther, "Third generation focal plane array IR detection modules and applications," *Proc. SPIE* **5406**, 184 (2005) [doi: 10.1117/12.605818].

33. C. J. Hill, A. Soibel, S. A. Keo, J. M. Mumolo, D. Z. Ting, S. D. Gunapala, D. R. Rhiger, R. E. Kvaas, and S. F. Harris, "Demonstration of mid and long-wavelength infrared antimonide-based focal plane arrays," *Proc. SPIE* **7298**, 729804 (2009) [doi: 10.1117/12.818692].

34. S. D. Gunapala, D. Z. Ting, C. J. Hill, J. Nguyen, A. Soibel, S. B. Rafol, S. A. Keo, J. M. Mumolo, M. C. Lee, J. K. Liu, and B. Yang, "Demonstration of a 1024 × 1024 pixel InAs-GaSb superlattice focal plane array," *IEEE Phot. Tech. Lett.* **22**, 1856–1858 (2010).

35. M. Razeghi, H. Haddadi, A. M. Hoang, E. K. Huang, G. Chen, S. Bogdanov, S. R. Darvish, F. Callewaert, and R. McClintock, "Advances in antimonide-based Type-II superlattices for infrared detection and imaging at center for quantum devices," *Infrared Phys. & Technol.* **59**, 41–52 (2013).

36. M. Razeghi, H. Haddadi, A. M. Hoang, E. K. Huang, G. Chen, S. Bogdanov, S. R. Darvish, F. Callewaert, P. R. Bijjam, and R. McClintock, "Antomonide-based type-II superlattices: A superior candidate for the third generation of infrared imaging systems," *J. Electron. Mater.* **43**, 2802–2807 (2014).

37. P. Manurkar, S. Ramezani-Darvish, B.-M. Nguyen, M. Razeghi, and J. Hubbs, "High performance long wavelength infrared mega-pixel focal plane array based on type-II superlattices," *Appl. Phys. Lett.* **97**, 193505

(2010).

38. M. Razeghi and B.-M. Nguyen, "Advances in mid-infrared detection and imaging: a key issues review," *Rep. Prog. Phys.* **77**, 082401 (2014).

39. P. C. Klipstein, E. Avnon, D. Azulai, Y. Benny, R. Fraenkel, A. Glozman, E. Hojman, O. Klin, L. Krasovitsky, L. Langof, I. Lukomsky, M. Nitzani, I. Shtrichman, N. Rappaport, N. Snapi, E. Weiss, and A. Tuito, "Type II superlattice technology for LWIR detectors," *Proc. SPIE* **9819**, 981920 (2016) [doi: 10.1117/12.2222776].

40. R. Rehm, V. Daumer, T. Hugger, N. Kohn, W. Luppold, R. Müller, J. Niemasz, J. Schmidt, F. Rutz, T. Stadelmann, M. Wauro, and A. Wörl, "Type-II superlattice infrared detector technology at Fraunhofer IAF," *Proc. SPIE* **9819**, 98190X (2016) [doi: 10.1117/12.2223887].

41. A. Rogalski, J. Antoszewski, and L. Faraone, "Third-generation infrared photodetector arrays," **105**, 091101 (2009) [doi: 10.1117/12.2223887].

42. A. Rogalski, "New material systems for third generation infrared photodetectors," *Opto-Electron. Rev.* **16**, 458–482 (2008).

43. A. M. Hoang, G. Chen, A. Haddadi, and M. Razeghi, "Demonstration of high performance bias-selectable dual-band short-/mid-wavelength infrared photodetectors based on type-II InAs/GaSb/AlSb superlattices," *Appl. Phys. Lett.* **102**, 011108 (2013).

44. R. Rehm, M. Walther, J. Schmitz, F. Rutz, A. Wörl, R. Scheibner, and J. Ziegler, "Type-II superlattices: the Fraunhofer perspective," *Proc. SPIE* **7660**, 76601G (2010) [doi: 10.1117/12.850172].

45. F. Rutz, R. Rehm, J. Schmitz, J. Fleissner, and M. Walther, "InAs/GaSb superlattice focal plane array infrared detectors: manufacturing aspects," *Proc. SPIE* **7298**, 72981R (2009) [doi: 10.1117/12.819090].

46. R. Rehm, F. Lemke, M. Masur, J. Schmitz, T. Stadelman, M. Wauro, A. Wörl, and M. Walther, "InAs/GaSb superlattice infrared detectors," *Infrared Physics & Technol.* **70**, 87–92 (2015).

47. M. Razeghi, A. M. Hoang, A. Haddadi, G. Chen, S. Ramezani-Darvish, P. Bijjam, P. Wijewarnasuriya, and E. Decuir, "High-performance bias-selectable dual-band short-/Mid-wavelength infrared photodetectors and focal plane arrays based on InAs/GaSb/AlSb type-II superlattices," *Proc. SPIE* **8704**, 870454 (2013) [doi: 10.1117/12.2019145].

48. M. Razeghi, A. Haddadi, A. M. Hoang, G. Chen, S. Ramezani-Darvish, and P. Bijjam, "High-performance bias-selectable dual-band mid-/long-wavelength infrared photodetectors and focal plane arrays based on InAs/GaSb type-II superlattices," *Proc. SPIE* **8704**, 87040S (2013) [doi: 10.1117/12.2019147].

49. A. M. Hoang, A. Dehzangi, S. Adhikary, and M. Razeghi, "High performance bias-selectable three-color short-wave/mid-wave/ long-wave infrared photodetectors based on type-II InAs/GaSb/AlSb superlattices," *Sci. Rep.* **6**, 24144 (2016).

第 10 章　结束语

目前，Ⅲ-Ⅴ族锑基探测器技术作为 HgCdTe 探测器材料可能的替代技术正得到强劲发展。在断带隙 T2SL 中能独立调节导带和价带的带边位置，有助于单极势垒设计。单极势垒用于实现势垒型探测器结构，可以提高光生载流子的收集效率，减少耗尽区内的暗电流，但不会阻止光电流。在过去 10 年里，锑基 FPA 技术已接近 HgCdTe 的水平。T2SL 的快速成功不仅依赖于过去 50 年Ⅲ-Ⅴ材料的发展，而且主要还依赖于近期红外光电探测器设计中出现的创新理念。但是，该技术目前仍处于起步阶段，带隙工程的出现使Ⅲ-Ⅴ族探测器重新得到快速发展。

与 InSb（工作温度约 80K）相比，HOT MWIR T2SL 材料有更高的工作温度（高达 150K）已得到验证。此外，对于大规格 FPA 应用而言，T2SL 的性能和可制造性也更好，直径达 6in 的 GaSb 衬底已实现商业化。

从本书讨论中可以得出，虽然与目前的探测器技术相比，Ⅲ-Ⅴ族半导体探测器（T2SL 和势垒型探测器）技术有很多优点（包括减少隧穿和表面漏电流、垂直入射吸收和抑制俄歇复合），但是这些探测器的优越性能还尚未实现，其暗电流密度仍然大于 HgCdTe 光电二极管的暗电流密度，特别是在 MWIR 范围。

为了充分发挥Ⅲ-Ⅴ族半导体探测器的潜力，需要克服以下基本技术难题：载流子寿命短、表面钝化技术和异质结构设计。Ⅲ-Ⅴ族半导体探测器的很多进步都依赖 SRH 陷阱的识别和数量最小化。如果能够克服当前 SRH 的缺陷限制，当施加偏压时，引入势垒设计可显著阻止暗电流流动而不阻止光电流，T2SL 材料的性能有可能超越 HgCdTe。理论分析认为，Ⅲ-Ⅴ族势垒型探测器技术的未来发展将使暗电流在更宽红外光谱范围内降至"Rule 07"水平。

从性能角度看，Ⅲ-Ⅴ族扩散电流限制 FPA 的性能确实已经接近 HgCdTe 的性能，但始终需要较低的工作温度。需要指出的是，随着探测器的性能提升和像元尺寸减小，红外系统成本的最终降低只能通过室温工作的耗尽电流限制的 FPA 来实现，并且阵列像元密度完全达到由光学系统导致的背景限和衍射限成像性能要求。在这种情况下，SRH 寿命长的 HgCdTe 材料系统可用于室温工作[1]，而提高 SRH 寿命来降低 InAs/GaSb T2SL 耗尽暗电流相当困难。自从 20 世纪 50 年代首次报道以来，InSb 的 SRH 寿命问题一直是探测器制备的最大技术难题。研究人员在不含 Ga 的 InAs/InAsSb T2SL 中观察到了较好的情况，这是由于材料具有较长的载流子寿命（包括 SRH 寿命）。

Kinch 最近发表的专著[2]中对未来红外探测器技术的 HgCdTe 和 T2SL 之争作了重点阐述。他提出，红外系统成本最终降低只能通过室温工作的耗尽电流限制阵列来实现，并且像元密度完全达到与系统光学确定的背景限性能和衍射限性能需求。这一理论分析要求采用长寿命 S-R 红外材料制备探测器阵列。目前，符合这一要求的唯一材料是 HgCdTe。Kinch 预测，在未来 10 年内可得到室温工作的大面积、超小像元、衍射限和背景限光子探测型 MWIR 和 LWIR HgCdTe FPA。

10.1　p-on-n HgCdTe 光电二极管

在轻掺杂 HgCdTe 探测器的吸收层得到很低载流子浓度的方法是施加足够大的反向偏压使其完全耗尽，如图 10.1 所示。在这种条件下，消除了自由载流子和俄歇复合。如果 G-R 电流足够低，则探测器性能由背景噪声决定。

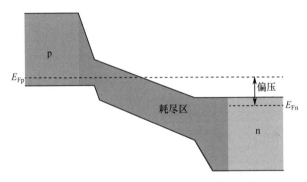

图 10.1　反向偏压 p-i-n 光电二极管的能带图

在目前的技术水平下，上述要求在 p-on-n HgCdTe 双层光电二极管（DLPH）中得以实现，如图 10.2 所示[4]。吸收层被宽带隙盖层和缓冲层包围，以抑制从这些区域产生的暗电流。吸收层 n 型掺杂浓度足够低，可以在适当的偏压下完全耗尽。为了抑制反向偏压下的隧穿电流，需要采用宽带隙盖层。该平面结构具有潜在自钝化特性，类似于Ⅲ-Ⅴ族势垒型探测器 pBn 的几何结构。此外，正如参考文献［2，5］中讨论的那样，全耗尽结构与小像元间距兼容，探测器在反向偏压下产生内建垂直电场，从而可以实现低串扰。正如 5.4 节所提到的，完全耗尽的吸收层和宽带隙盖层都可以降低 $1/f$ 噪声和随机电报噪声。

理论上，完全耗尽型探测器的 G-R 电流可表示为

$$J_{GR} = q \frac{n_i}{\tau_{SRH}} w \tag{10.1}$$

式中：w 为耗尽区宽度；τ_{SRH} 为 SRH 寿命。

图 10.3 比较了截止波长为 $10\mu m$ 的 HgCdTe 背景辐射限制的电流密度和"Rule 07"的电流密度，计算得到两种 SRH 寿命（$30\mu s$ 和 $15ms$）条件下的 G-R 电流分量。选择的寿命值使 G-R 电流、背景辐射电流分别在 300K 和 77K 相等。

根据这些计算可以得出，在300K和77K时达到背景辐射限制要求的SRH寿命分别大于30μs和15ms。

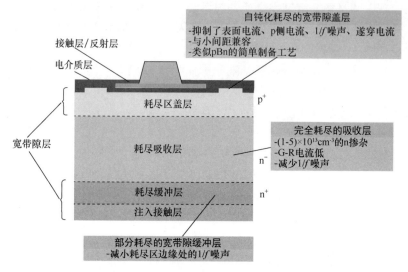

图 10.2　异质结 p-i-n 光电二极管结构[4]

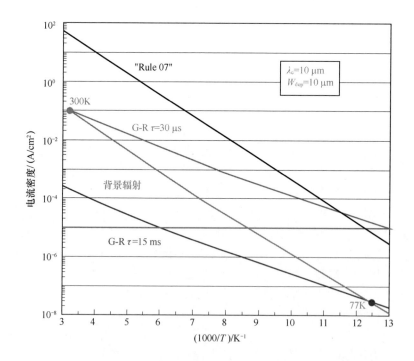

图 10.3　10μm 截止波长辐射限制 HgCdTe 的暗电流密度 Arrhenius
曲线，与 G-R 电流和"Rule 07"相比较[4]（见彩图）

　　30K 时的实验数据表明，$18\mu m$ 像元间距、$10.7\mu m$ 截止波长阵列的 SRH 寿命结果比较理想，SRH 寿命的下限估计为 100ms[6]。在此条件下，得到如图 10.4 所示的三种不同吸收层掺杂浓度下的电流密度，以及在 π 立体角内背景黑体辐射电流密度。如图所示，掺杂浓度低于 $10^{13}\ cm^{-3}$ 时辐射电流占主导。

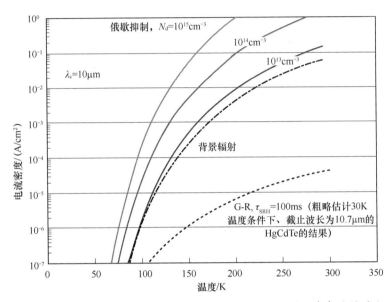

图 10.4　$10\mu m$ 截止波长 HgCdTe 光电二极管 30K 温度下测量的寿命值得到的 G-R 电流密度，与俄歇抑制的电流密度和背景辐射电流密度进行比较[4]

10.2　焦平面阵列的可制造性

　　红外系统性能与应用场景密切相关，需要设计人员在选择探测器性能时综合考虑各种因素，这是因为适用某种应用的方案，并不一定适合另外一种应用[7]。例如，虽然 MWIR HgCdTe 的暗电流比 InSb 低几个数量级，但是从可批量进行生产的因素考虑，有些应用更倾向于选择 InSb。

　　尽管 HgCdTe 是目前应用最广泛的高性能红外探测器材料体系，但是 HgCdTe 器件还存在一些缺点：作为 Ⅱ-Ⅵ 族半导体材料，Hg-Te 离子键较弱，Hg 蒸气压高；HgCdTe 材料软而且脆，在生长、制造和贮存中需要格外小心；生长 HgCdTe 外延层比生长 Ⅲ-Ⅴ 族材料更困难，导致产量较低且成本较高；HgCdTe 材料的缺陷密度和表面漏电流较高，会降低器件性能，特别是对 LWIR 器件会产生不利影响。此外，组分均匀性对 HgCdTe 器件来说也是一个挑战，特别是对 LWIR 器件，均匀性差会导致截止波长的变化。除此之外，HgCdTe 器件的 $1/f$ 噪声会导致像元均匀性随时间变化，这很难通过图像处理算法来校正。因此，LWIR HgCdTe 探测器只能制作成小规格的 FPA。

在 HgCdTe 的外延生长中，最常采用与 HgCdTe 晶格匹配的 CdZnTe 作为衬底。但是，CdZnTe 衬底与 Si 读出集成电路晶格并不匹配，很难制作质量较高的大尺寸 CdZnTe 衬底，并且 CdZnTe 衬底只能从有限的渠道获得。

多年来，由于 InGaAs、InSb、QWIP 和非制冷微测辐射热计的技术逐渐成熟，HgCdTe 的市场已经开始萎缩。HgCdTe 是一种 II-VI 族材料，没有其他的商业应用。因此，在整体数量需求有限的情况下维持整个工业基础变得更加困难。另外，T2SL 是 III-V 族材料，具有低成本生产器件的工业基础。现有用于生产 III-V 族材料的设备是由商用产品（例如手机芯片和毫米波集成电路）市场来支撑，这为政府支持红外产业基础减少了很多问题。

T2SL 的一个重要优点是材料的高质量、高均匀性和高稳定性。通常，由于 III-V 族半导体比 II-VI 族半导体离子键少、更加稳定，因此，III-V 族 FPA 的有效像元率、空间均匀性、时间稳定性、尺寸可扩展性、可生产性和成本方面表现优异，即具有所谓的"能力"优势[8]。T2SL 的能隙和电学特性由层厚度决定，而不是像 HgCdTe 那样由摩尔分数决定，因而可以通过更好地控制结构和提高重复性来生长 T2SL。由于气体流量和温度不均匀性对组分的影响不像在三元/四元材料中那么重要，所以 T2SL 的空间均匀性也得到提高。

当前，美国政府的"重要红外传感器技术加速"（VISTA）项目正在研究增强红外传感器能力的 IRFPA 制备技术的创新方法。与用于 HgCdTe 工业的传统垂直集成模式明显不同，VISTA 项目采用水平集成模式。例如，在 VISTA 项目中，HRL 实验室充当 FPA 代工厂的角色，采用 IQE 和智能外延技术（IET）公司生长的晶圆，基于 JPL 的设计制备双波段 FPA，然后与 RVS 公司的 ROIC 进行混成[9]。

目前，采用 HgCdTe 还不能制备出超高性能和超大规格的 LWIR FPA，而系统应用对超大规格超高性能 LWIR FPA 的需求非常迫切。VISTA 项目的研究重点是 III-V 族超晶格材料外延材料研究，用于制备可进行 MWIR/LWIR 探测和双波段传感应用的大规格和小像元先进红外 FPA。

2017 年 4 月，在美国加利福尼亚州阿纳海姆举行的 SPIE 防务安全研讨会期间介绍了 VISTA 项目取得的最新进展，相关内容可参考第 10177 卷 SPIE 会议论文集，这期 SPIE 文集介绍了本次研讨会上最令人印象深刻的研究成果。在 VISTA 项目支持下，HRL 实验室在 GaAs 衬底上生长和制作了 III-V 族 MWIR HOT 探测器。测试结果显示，由于制作成本更低、易于按比例扩展到更大规格（例如，8192×8192 元/$10\mu m$）以及均匀性更好，小像元（$5 \sim 10\mu m$ 像元间距）阵列技术作为 HgCdTe 技术强有力的替代方案是可行的。通过开发用于台面成型的高深宽比的干法刻蚀技术（填充因子大于 80%）、利用电介质层进行合适的器件钝化以及高深宽比的铟柱设计，有效像元率大于 99.9% 的 2048×2048 元（$10\mu m$ 像元间距）和 2048×1024 元（$5\mu m$ 像元间距）规格的红外 FPA 已经得到了验证。

10.3　结论

综上所述，可以得到以下结论：

（1）Ⅲ-Ⅴ族材料的固有 SRH 寿命短于 1μs，需要采用 nBn 结构才能工作在合适的温度下；因其是扩散电流限制的，既适用于制备简单合金也适用于 T2SL。

（2）HgCdTe 合金的 SRH 寿命较长（200μs～50ms），具体取决于材料的截止波长[3]。因此，它们可在任一结构下工作，可以是扩散限制的或耗尽电流限制的。

（3）在相同截止波长条件下，Ⅲ-Ⅴ族探测器的性能与 HgCdTe 探测器的性能接近，但由于 SRH 寿命存在固有差异，Ⅲ-Ⅴ族探测器在工作温度方面有相当大的损失。

目前，尚不清楚Ⅲ-Ⅴ族合金材料和 HgCdTe 之间 SRH 寿命的差异是否是材料的固有特性。最常见的Ⅲ-Ⅴ族红外材料 InSb 在 50 年来其 SRH 寿命一直未得到提高，最长只有约 400ns。

在 FPA 制备中，T2SL 的主要技术问题是缺乏稳定可靠的钝化技术。通常，表面施主污染和绝缘体固定的正电荷很常见，这对于 nBn 结构来说不是问题，但对于 p 型 T2SL 则会出现非常不利的情况。p 型 T2SL 势垒光电探测器对施主核心位错也很敏感；另一方面，nBn 势垒型探测器则基本不受施主核心位错的影响。

表 10.1 列出不同材料体系（包括 T2SL）制备的 LWIR 探测器的发展现状。其中，TRL 表示技术成熟度，最好的 TRL（理想成熟度）可达到 10[7]。达到最高技术成熟度（TRL=9）的有 HgCdTe 光电二极管和微测辐射热计，成熟度稍差（TRL=8）的是 QWIP。T2SL 结构在 LWIR 应用潜力巨大，其性能可与相同截止波长的 HgCdTe 相媲美，但需要大量投入资金和基础材料性能的突破才能使其更加成熟。

表 10.1　先进 LWIR 探测器的比较

探测器类型	测辐射热计	HgCdTe	QWIP	T2SL
成熟度情况	TRL 9 根据应用选择材料，要求中到低性能	TRL 9 根据应用选择材料，要求高性能	TRL 8 商用	TRL 5～6 研究和开发
工作温度	非制冷型	制冷型	制冷型	制冷型
可制造性	优	差	优	良好
成本	低	高	中	中
发展大规格阵列的前景	优	很好	优	优
大尺寸衬底可获得性	优	差	优	很好

（续）

探测器类型	测辐射热计	HgCdTe	QWIP	T2SL
军事用途	武器瞄准具、夜视镜、导引头、小型UAV传感器、无人地面系统	导弹拦截、战术地面和机载成像、高光谱、导引头、导弹跟踪、空间传感	可用于军事和天文传感的评估	正在大学和行业研究部门开发和评估
局限性	灵敏度低，时间常数长	性能易受制造工艺的影响。截止波长很难扩展到>14μm	带宽窄和灵敏度低	需要大量投资和材料基本性能突破才能成熟
优点	成本低、无须主动制冷、采用标准制造设备	接近理论性能；未来10～15年依然是首选材料	低成本应用；采用商业制造流程；材料均匀性好	理论上优于HgCdTe；可采用商用Ⅲ-Ⅴ制造技术

注：TRL——技术成熟度。

从经济和未来技术视角看，探测器阵列发展的一个重要方面包括工业生产组织方式。HgCdTe 阵列是垂直集成模式；由于 HgCdTe FPA 没有广泛的商业应用，所以没有商业化的晶圆供应商，只能在每个 FPA 制造厂（或其专门的合作伙伴）生长晶圆。这种垂直集成方式的一个重要缺点就是制造成本高。而Ⅲ-Ⅴ族半导体的水平集成方式效益更高，这种解决方案特别有效地避免了在固定设备的大量投入和随后的设备升级与维护方面、高技能工程师和技术研发成本方面的高昂成本。

参考文献

1. M. A. Kinch, *Fundamentals of Infrared Detector Materials*, SPIE Press, Bellingham, Washington (2007) [doi: 10.1117/3.741688].
2. M. A. Kinch, *State-of-the-Art Infrared Detector Technology*, SPIE Press, Bellingham, Washington (2014) [doi: 10.1117/3.1002766].
3. M. A. Kinch, "An infrared journey," *Proc. SPIE* **9451**, 94512B (2015) [doi: 10.1117/12.2183067].
4. D. Lee, M. Carmody, E. Piquette, P. Dreiske, A. Chen, A. Yulius, D. Edwall, S. Bhargava, M. Zandian, and W. E. Tennant, "High-operating temperature HgCdTe: A vision for the near future," *J. Electronic Mater.* **45**(9), 4587–4595 (2016).
5. A. Rogalski, P. Martyniuk, and M. Kopytko, "Challenges of small-pixel infrared detectors: a review," *Rep. Prog. Phys.* **79**(4) 046501 (2016).
6. C. McMurtry, D. Lee, J. Beletic, A. Chen, R. Demers, M. Dorn, D. Edwall, C. B. Fazar, W. Forrest, F. Liu, A. Mainzer, J. Pipher, and A. Yulius, "Development of sensitive long-wave infrared detector arrays

for passively cooled space missions," *Opt. Eng.* **52**(9), 091804 (2014) [doi: 10.1117/1.OE.52.9.091804].

7. *Seeing Photons: Progress and Limits of Visible and Infared Sensor Arrays*, Committee on Developments in Detector Technologies; National Research Council, 2010, http://www.nap.edu/catalog/12896.html.

8. D. Z. Ting, A. Soibel, A. Khoshakhlagh, L. Höglund, S. A. Keo, B. Rafol, C. J. Hill, A. M. Fisher, E. M. Luong, J. Nguyen, J. K. Liu, J. M. Mumolo, B. J. Pepper, and S. D. Gunapala, "Antimonide type-II superlattice barrier infrared detectors," *Proc. SPIE* **10177**, 101770N (2017) [doi: 10.1117/12.2266263].

9. P.-Y. Delaunay, B. Z. Nosho, A. R. Gurga, S. Terterian, and R. D. Rajavel, "Advances in III-V based dual-band MWIR/LWIR FPAs at HRL," *Proc. SPIE* **10177**, 101770T (2017) [doi: 10.1117/12.2266278].

主要缩略语

APD	Avalanche Photodiode Detector	雪崩光电二极管探测器
BBT	Band-to-band Tunneling	带间隧穿
BIB	Blocked Impurity Band	阻挡杂质带
BLIP	Background-limited Infrared Photodetector	背景限红外光电探测器
BLIP	Background-limited Performance	背景限性能
BSI	Backside illuminated	背光照
CB	Conduction-band	导带
CBIRD	Complementary-barrier Infrared Detector	互补势垒红外探测器
CBO	Conduction Band Offset	导带带阶
CCD	Charged-coupled Device	电荷耦合器件
CID	Cascade Infrared Detectors	级联红外探测器
CMOS	Complementary Metal-oxide Semiconductor	互补金属氧化物半导体
DH	Double Heterojunction	双异质结
DRAM	Dynamic Random Access Memory	动态随机存取存储器
e-APD	Electron-APD	电子-APD
eB	Electron Barrier	电子势垒
eR	Electron Relaxation	电子弛豫
ESL	Etch Stop Layer	刻蚀阻挡层
FDTD	Finite-difference Time-Domain	时域有限差分
FOV	Field of View	视场
FPA	Focal Plane Array	焦平面阵列
FWHM	Full Width at Half Maximum	半峰宽
G-R	Generation-recombination	产生-复合
HOT	High-operating-temperature	高工作温度
HRTEM	High-resolution Transmission Electron Microscopy	高分辨率透射电镜
HRXRD	High-resolution x-ray Diffraction	高分辨率 X 射线衍射
IB	Interband	带间
IBC	Interband Cascade	带间级联
ICP	Inductively Couple Plasma	电感耦合等离子体
IDCA	Integrated Detector Cooler Assembly	集成式探测器制冷器组件

IL	Immersion Len	浸没透镜
IR	Infrared	红外
IRFPA	Infrared FPA	红外焦平面阵列
IS	Intersubband	子带间
LO	Longitudinal Optical	纵向光学
LPE	Liquid Phase Epitaxy	液相外延
LSPP	Localized Surface Plasmon Polariton	局部表面等离激元
LWIR	Long Wavelength IR	长波红外
MBE	Molecular Beam Epitaxy	分子束外延
ML	Monolayer	单层
MOCVD	Metal Organic Chemical Vapor Deposition	金属有机化学气相沉积
MQW	Multiple Quantum Wells	多量子阱
MTF	Modulation Transfer Function	调制传递函数
MWIR	Mid-wavelength IR	中波红外
NEI	Noise Equivalent Irradiance	噪声等效辐照度
NEP	Noise Equivalent Power	噪声等效功率
NETD	Noise Equivalent Temperature Difference	噪声等效温差
NFOV	Narrow Field of View	窄视场
PC	Photoconductive Detector	光导探测器
PC	Photonic Crystal	光子晶体
PCS	Photonic Crystal Slab	光子晶体板
PD	Photodiode	光电二极管
PSD	Power Spectral Density	功率谱密度
PT	Photon Trapping	陷光
PV	Photovoltaic Detector	光伏探测器
QCID	Quantum Cascade Infrared Detector	量子级联红外探测器
QCL	Quantum Cascade Lasers	量子级联激光器
QDIP	Quantum Dot Infrared Photodetector	量子点红外光电探测器
QW	Quantum Well	量子阱
QWIP	Quantum Well Infrared Photodetector	量子阱红外光电探测器
ROIC	Readout Integrated Circuit	读出集成电路
SEM	Scanning Electron Microscope	扫描电子显微镜
SEMI	Shallow-etch Mesa Isolation	浅刻蚀台面隔离
SL	Superlattice	超晶格
SLS	Strained-layer Superlattice	应变层超晶格
SNR	Signal-to-noise ratio	信噪比
SP	Surface Plasmon	表面等离子体

SPP	Surface Plasmon Polariton	表面等离极化激元
SRH	Shockley-Read-Hall	肖特基-里德-霍耳
SWaP	Size, Weight and Power Consumption	尺寸、重量和功耗
SWIR	Short Wavelength IR	短波红外
T2SL	Type-II Superlattice	II 类超晶格
TAT	Trap-assisted Tunneling	陷阱辅助隧穿
VB	Valence-band	价带
VBO	Valence Band Offset	价带带阶
VLWIR	Very Long Wavelength IR	甚长波红外
WFOV	Wide-field-of-view	宽视场

作者简介

安东尼·罗加尔斯基（Antoni Rogalski）是波兰华沙军事技术大学应用物理学院教授，是红外光电子领域最主要研究者之一。在其科学研究中，他对不同类型红外探测器的理论、设计和技术做出了开创性贡献。1997年，他获得了波兰科学基金会的奖项（波兰最负盛名的科学奖），表彰其在红外探测器三元合金系统的研究成果（主要是替代 HgCdTe 的新型三元合金探测器，如铅盐、In-AsSb、HgZnTe 和 HgMnTe）。其专著《红外探测器》（2011年由泰勒和弗朗西斯出版社出版）被翻译成俄文和中文。另一本合著为《高温工作红外光电探测器》（SPIE 2007年出版），该书总结了波兰在近室温长波红外探测器领域波兰取得的理论和工程成果。他当选为波兰科学院院士（2004年），后来成为常任院士（2013年）。2015年6月，他被任命为波兰科学院四分部——工程科学学部主任。

马戈尔热塔·科佩特科（Małgorzata Kopytko）于 2005年获得波兰弗罗茨瓦夫理工大学电子系电子与通信理学硕士学位，于 2011年获得波兰华沙军事技术大学光电学院的电子学博士学位。目前在军事技术大学应用物理学院工作，研究领域包括 HgCdTe 和 InAsSb 等不同类型红外探测器的物理特性、结构设计、制备技术与建模。

皮奥特·马蒂纽克（Piotr Martyniuk）于 2001年获得波兰华沙军事技术大学应用物理学院应用物理理学硕士学位，于 2008年获得波兰华沙理工大学电子学博士学位。目前在华沙军事技术大学应用物理学院工作，研究领域包括 HgCdTe 和 InAs/GaSb T2SL 以及 InAsSb 红外探测器的性能表征、设计、仿真和制备。

译者简介

　　男，研究员，博士生导师，中国电科集团首席科学家，国家核高基科技重大专项"三代红外焦平面"项目总师。长期从事高性能红外焦平面技术创新探索、技术攻关、产品研制、工程应用及平台建设等工作，推动了我国高端红外探测器技术"从跟踪仿研到自主创新"、"从解决有无到与国外同步"的跨越式发展。多项研究成果获国家科技进步二等奖及国防科技进步一等奖、二等奖，2018 年荣获首次颁发的中国航天基金奖特别奖，2020 年被评为全国劳动模范。

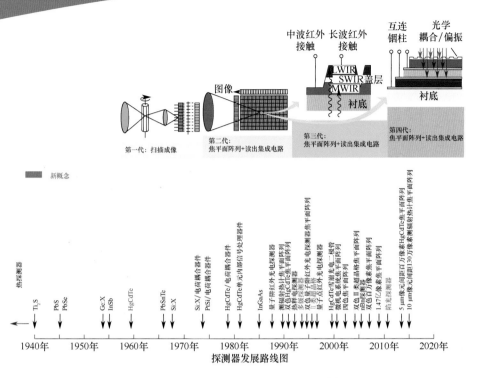

图 1.1　红外探测器和系统的发展历史[3]

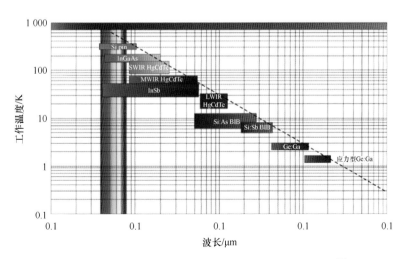

图 1.5　具有最高灵敏度的低背景材料系统的工作温度[3]

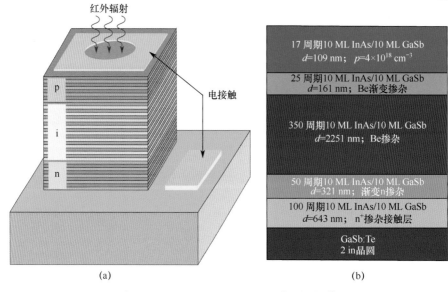

(a)

(b)

图 5.2　MWIR InAs/GaSb T2SL 光电二极管

（a）光电二极管结构示意图；（b）光电二极管设计[19]。

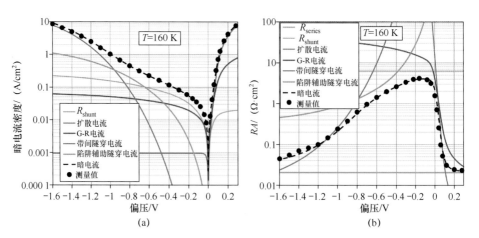

(a)

(b)

图 5.4　MWIR p-I-n InAs/GaSb T2SL 光电二极管在 160K 下的测量和模拟特性

（a）暗电流密度与偏压的关系；（b）电阻面积乘积与偏压的关系[20]。

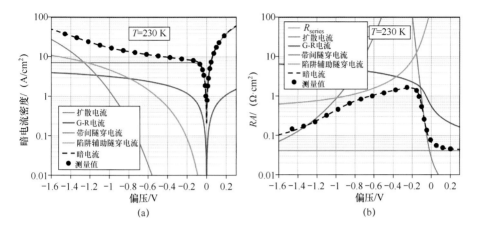

图 5.5　MWIR p-i-n InAs/GaSb T2SL 光电二极管在 230 K 下的测量和模拟特性
（a）暗电流密度与偏压的关系；（b）RA 与偏置电压的关系[20]。

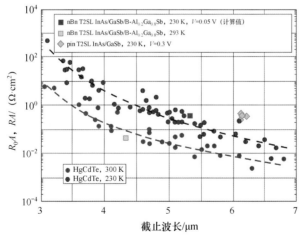

图 5.6　近室温下工作的 MWIR InAs/GaSb/B-Al$_{0.2}$Ga$_{0.8}$Sb T2SL nBn 探测器、
HgCdTe 体二极管和 InAs/GaSb T2SL p-i-n 二极管的 RA 和 R_0A
乘积与截止波长的关系[19]

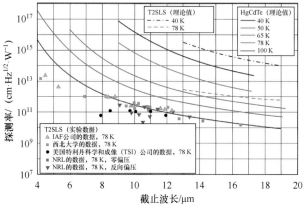

图 5.14 T2SL 和 p-on-n HgCdTe 光电二极管的理论预测探测率与截止波长和
温度的关系。实验数据有几个来源[36]

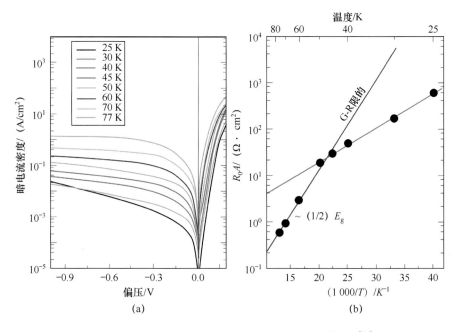

图 5.15 LWIR InAs/InAsSb SL 光电二极管的电学特性[42]

（a）暗电流密度 – 偏压特性与温度的关系；（b）R_0A 与温度的关系。

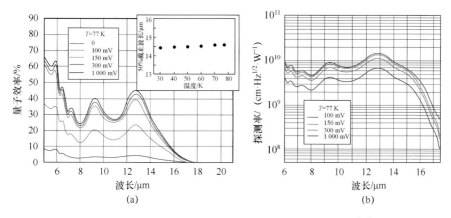

(a) 波长/μm

(b) 波长/μm

图 5.16　LWIR InAs/InAsSb SL 光电二极管的光谱特性[42]

（a）77 K 时不同偏压下的量子效率曲线，插图：截止为 50% 时波长与温度的关系；

（b）计算得到 77K 时不同偏压下的散粒噪声限制和 Johnson 噪声限制探测率。

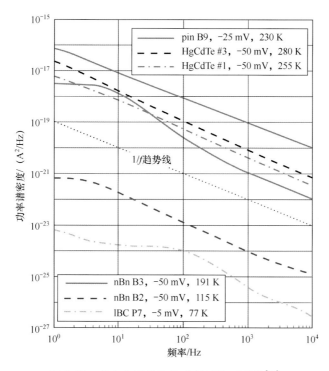

频率/Hz

图 5.20　反向偏置样品的噪声 PSD 测量值[65]

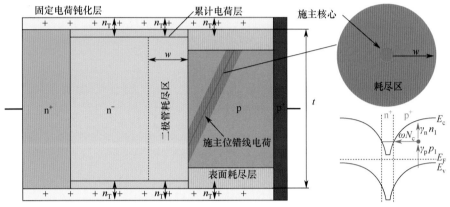

图 5.21 具有固定正电荷钝化表面的 n^+-n^--p-p^+ 二极管结构以及 p 型半导体区域的施主管道位错概念[66]

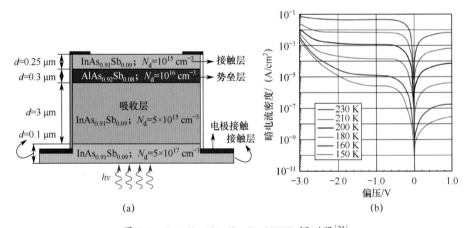

(a)

(b)

图 6.9 InAsSb/AlAsSb nBn MWIR 探测器[24]

(a) 器件结构；(b) 不同温度下暗电流密度与偏压的关系，

探测器为 4096 元（18μm 间距）并联（150K 时 λ_c 约为 4.9μm）。

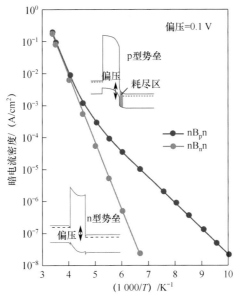

图 6.10 具有相反势垒掺杂极性的两个 InAsSb/AlSbAs nBn 器件的
暗电流密度与温度的关系（150 K 时有源层带隙波长为 4.1μm）[13]

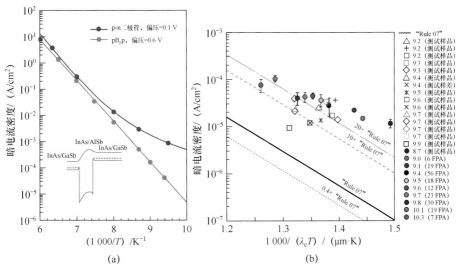

图 6.17 pBₚp T2SL 势垒型探测器（面积为 $100\mu m \times 100\mu m$）的暗电流密度[46]

（带隙波长范围：$9.0 < \lambda_e < 10.3\mu m$；实线表示 HgCdTe "Rule 07"，

虚线表示不确定因子为 0.4、10 和 20 时的曲线）

（a）与 p-n 二极管比较[13]；（b）不同厚度有源层条件下势垒结构的 "Rule 07" 曲线。

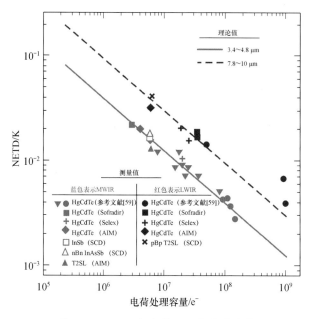

图 6.29　NETD 与电荷处理容量的关系

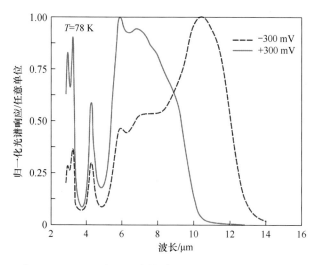

图 6.31　78K 温度下测量得到的双波段 InAs/GaSb T2SL
探测器的归一化光谱响应曲线[64]

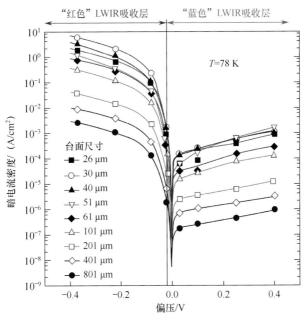

图 6.32　78K 温度和不同偏压下测量得到的 pBp LW/LWIR T2SL 探测器
暗电流密度随台面尺寸的变化曲线[64]

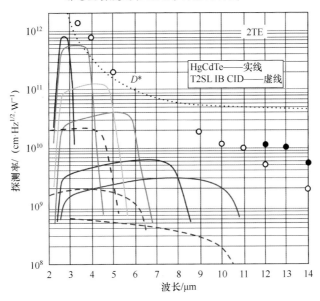

图 7.13　带两级 TE 制冷器的 HgCdTe 浸没式探测器的典型光谱探测曲线 (实线)[15]
(测量得到 FOV 为 36° 时探测器实验数据 (白圆点) 最好。FOV = 2π 时计算得到
BLIP 探测率。黑点表示对带有四级 TE 制冷器的探测器的测量结果。为进行
比较, 也列出三种 T2SL IB CID (非浸没式) 的光谱探测率曲线 (虚线))

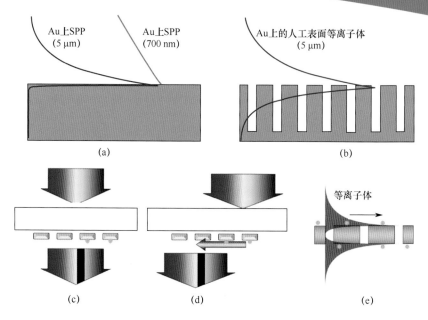

图 8.5 SP 的光场和表面增强吸收[13]

（a）SPP 的光场在可见光波长（700nm，绿色）紧密束缚在材料表面，但在中红外波长（5μm，蓝色）
束缚较弱；（b）在波长 5μm 时金上的人工表面等离子体的光学场，表明束缚强（红色）；（c）岛状金岛
上的化学物质（浅蓝色点）的吸收比非结构化衬底的吸收更多；（d）采用 SP 来增强吸收；（e）圆孔
阵列中的 SP 增强的红外吸收。束缚在表面的等离子体与沉积在圆孔阵列内的分子相互作用。

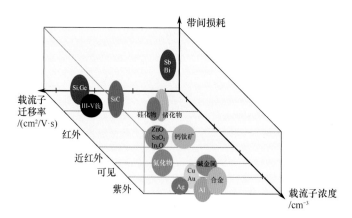

图 8.6 可用于等离子体和超材料应用的材料[24]

（材料的重要参数如载流子浓度（半导体的最大掺杂浓度）、
载流子迁移率和带间损耗等形成不同应用的最佳相空间。圆形
代表带间损耗低的材料，椭圆形代表电磁频谱中带间损耗较大的材料）

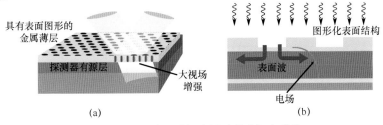

具有表面图形的
金属薄层   图形化表面结构

探测器有源层   大视场
增强   表面波

电场

(a)   (b)

图 8.9   SPP 增强型红外探测器的概念设计

（a）全视图；（b）截面图。

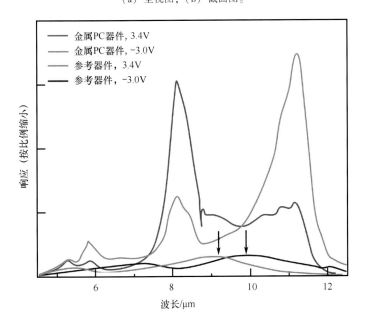

图 8.11   10K 温度、-3.0V 和 3.4V 条件下，参考器件（底部两个光谱，箭头表示每个光谱的最高峰）和金属 PC 器件（另外两个较高响应率的光谱）的光谱响应曲线[30]

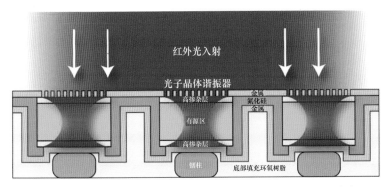

图 8.15   谐振双金属等离子体光子晶体 FPA 的设计示意图[21]

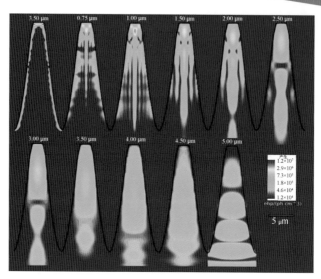

图 8.18　计算得到在 0.5~5.0μm 波长范围内用平面波背光照 HgCdTe 柱状陷光结构的光学产生分布图[41]（如图 8.17 所示，该柱是二维 HgCdTe 柱状阵列中的一个）（见彩图）

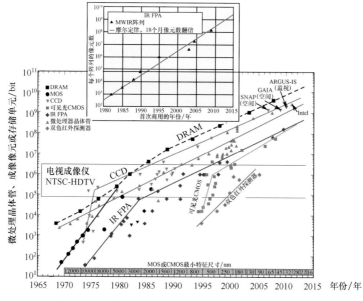

图 9.1　过去 50 年红外、焦平面阵列尺寸发展历程

（成像阵列格式与 Si 微处理器技术和 DRAM 的复杂性相比较，用晶体管数量和存储器比特（bit）容量表示[1]。MOS/CMOS 最小特征尺寸随时间变化在底部展示。注意 CMOS 成像快速增长，这对可见光 CCD 是个挑战。根据摩尔定律，30 年来红外阵列的像元数呈指数增长，像元数翻倍时间约为 18 个月。超过 1 亿像元的红外阵列目前已用于天文。多种类型探测器的成像规格已经超出高清电视要求的像素）

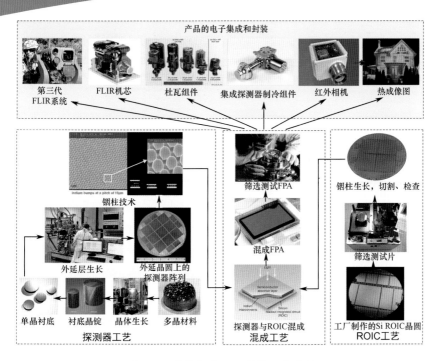

图 9.2　集成红外 FPA 制作工艺流程

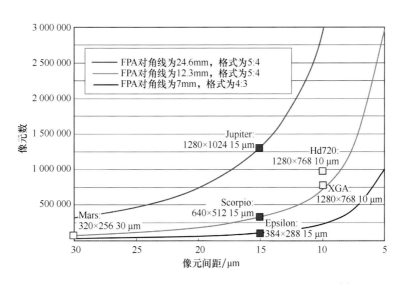

图 9.5　Sofradir 公司 IRFPA 的像元数与像元间距的关系[8]

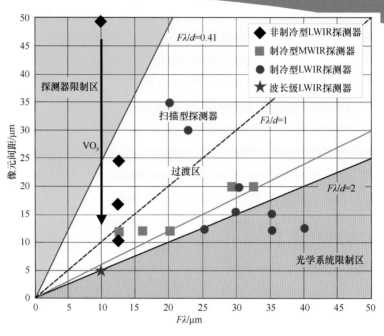

图9.6 红外系统设计的 $F\lambda/d$ 空间，直线代表恒定的 NETD，
获得相同距离可以有无穷组合[16]

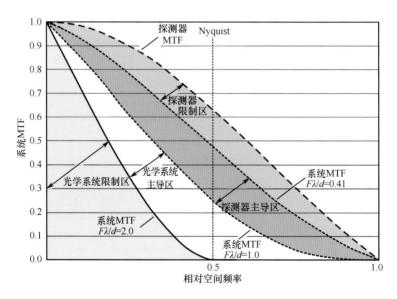

图9.7 系统 MTF 曲线表示在各种 $F\lambda/d$ 和设计空间下的不同区域，
空间频率归一化至探测器截止频率[17]

图 9.25　384×288 元双色 InAs/GaSb SL 相机拍摄工业场地的双光谱红外图像。
双色通道 3～4μm 和 4～5μm 分别由青色和红色互补色表示[44]

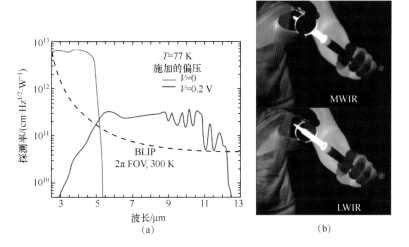

(a) (b)

图 9.26　偏置选择的双波段 MW/LW T2SL 阵列

（a）77K 时 MWIR 和 LWIR 的探测率和 BLIP 限探测限（2π FOV、300K 背景条件）；

（b）81K、11.3μm 窄带通滤光片条件下 MWIR 和 LWIR 的成像结果[48]。

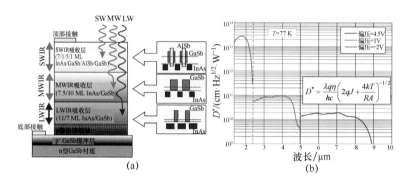

图 9.27　三波段 SWIR/MWIR/LWIR T2SL 光电二极管[49]

（a）两端接触和能带排列结构示意图；（b）采用插图中的公式计算 77K 时的探测率。

注：SWIR 探测工作在 2V 条件下。MWIR 探测的工作电压为 1V，LWIR 探测的工作电压为 4.5V 正偏压。

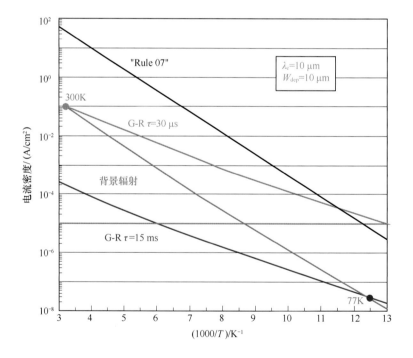

图 10.3　10μm 截止波长辐射限 HgCdTe 的暗电流密度 Arrhenius

曲线，与 GR 电流和"Rule 07"线相比较[4]